面向多视图数据融合的表示学习

张　楠　孙仕亮　著

U0245605

北京航空航天大学出版社

内 容 简 介

随着信息技术的飞速发展，当今数据越来越呈现出多源异构特性，具有多种表示的数据（即多视图数据）大量涌现。多视图数据主要是人类在对真实世界进行感知过程中采用不同手段而产生的，这些数据具有小样本、多样性、多模态、价值密度低等特征。实现多视图数据的表示学习是充分合理地利用多视图数据信息的关键。本书以多视图表示学习思想为潜在主线循序渐进地展开介绍，首先介绍基于深度生成模型的多视图表示学习方法与基于样本间图结构的多视图受限玻耳兹曼机模型，然后给出在时间序列上的多视图表示学习方法，最后介绍两种在视图缺失场景中的多视图表示学习方法。

本书可作为机器学习、人工智能、智能科学等专业的高年级本科生和研究生的学习用书，并对从事相关领域的研究人员具有重要的参考价值。

图书在版编目(CIP)数据

面向多视图数据融合的表示学习 / 张楠，孙仕亮著
. -- 北京 ：北京航空航天大学出版社，2023.2
ISBN 978-7-5124-4012-8

Ⅰ. ①面… Ⅱ. ①张… ②孙… Ⅲ. ①机器学习
Ⅳ. ①TP181

中国国家版本馆 CIP 数据核字(2023)第 013273 号

版权所有，侵权必究。

面向多视图数据融合的表示学习
张 楠 孙仕亮 著
策划编辑 董宜斌 责任编辑 王 实
*
北京航空航天大学出版社出版发行
北京市海淀区学院路 37 号（邮编 100191） http://www.buaapress.com.cn
发行部电话：(010)82317024 传真：(010)82328026
读者信箱：emsbook@buaacm.com.cn 邮购电话：(010)82316936
北京富资园科技发展有限公司印装 各地书店经销
*
开本：710×1 000 1/16 印张：10.25 字数：218 千字
2023 年 2 月第 1 版 2023 年 11 月第 3 次印刷
ISBN 978-7-5124-4012-8 定价：69.00 元

若本书有倒页、脱页、缺页等印装质量问题，请与本社发行部联系调换。联系电话：(010)82317024

前　言

随着计算机和信息技术的发展，当今数据越来越呈现出多源异构特性，具有多种表示的多视图数据大量涌现。在多视图数据中，经常假设每个样本的不同视图都足以完成模式识别或者其他特定任务，并且不同的视图通常包含互补的数据信息。例如，指纹、人脸、步态等不同的生理特征或者行为特征都可以用来实现生物识别，而且不同的生物特征融合可以使识别过程更加精准与安全。多视图数据融合的表示学习（简称为多视图表示学习）能够从多视图数据中挖掘不同视图间的关联性与每个视图内的知识，从而发现多视图数据的规律并找到更好的数据表达方式。

多视图表示学习可以充分利用多视图数据，并发现其内在的本质结构以方便后续机器学习任务。全书以多视图表示学习思想为潜在主线，循序渐进地展开介绍多视图表示学习方法。全书共分 8 章，主要内容如下：

第 1 章从基本概念与典型学习系统两个角度介绍多视图表示学习。在多视图表示学习模型中，常见的两种假设是视图一致性假设和公共特征表示假设。从视图一致性假设或公共特征表示假设出发，多视图表示学习系统在实际应用领域中普遍存在，如多模态生物特征识别、多传感器融合的自动驾驶、基于图像的多模态机器翻译等。

第 2 章概述多视图表示学习基础，包括视图一致性度量方法和多视图表示融合方法。在视图一致性度量方法中，不同视图的数据经过各自视图上的特征映射函数或标注函数能得到一致的特征表示，视图一致性通过视图间的相似性或者相关性来度量。多视图表示融合方法能够根据每个视图特征学习到公共表示或公共图结构，多视图表示融合方法可分成基于图的方法和基于神经网络的方法。

第 3 章介绍多视图受限玻耳兹曼机模型，包括后验一致性受限玻耳兹曼机模型与后验一致性和领域适应受限玻耳兹曼机模型。后验一致性受限玻耳兹曼机模型确保不同视图上受限玻耳兹曼机模型隐藏层特征间的一致性。在此基础上，后验一致性和领域适应受限玻耳兹曼机模型将每个视图的隐藏层分成两部分：一部分包含不同视图之间的一致性信息，另一部分包含该视图特有的信息。

第 4 章详述基于图结构的多视图玻耳兹曼机模型，包括基于近邻正则化的图受限玻耳兹曼机模型和基于样本间图结构的多视图受限玻耳兹曼机模型。基于近邻正则化的图受限玻耳兹曼机模型，根据样本自身和样本邻域确定每个样本的隐藏表示，并将每个样本的邻域信息视为固定值以处理更大规模的数据。在此基础上，基于样本间图结构的多视图受限玻耳兹曼机模型引入视图一致性和互补性原则处理多视图数据。

第5章介绍基于多视图关键子序列的多元时间序列表示学习模型。针对无监督关键子序列学习问题，基于自适应近邻的无监督关键多元子序列学习模型可以进行关键多元子序列和样本间的局部图结构的联合学习。在此基础上，基于自适应近邻的多视图无监督关键多元子序列学习模型把不同长度的关键多元子序列学习到的特征视为不同视图，使用多视图模型来指导关键多元子序列的更新。

第6章介绍面向视图缺失场景的不完整多视图非负表示学习模型。针对视图缺失问题，不完整多视图非负表示学习模型利用每个单独的不完整视图的邻居结构来构建多个相似图，并将这些图分解为一致性非负特征和视图私有的图特征。此外，不完整多视图非负表示学习模型还使用额外的图正则化项来约束一致性非负特征，以便学习到的一致性非负特征可以保留更多的图结构信息。

第7章详述基于图补全和自适应近邻的不完整多视图表示学习模型。基于图补全和自适应近邻的不完整多视图表示学习模型，将每个视图上的完整图结构和不完整图结构分解为一致性非负特征和两个视图私有表示，其中一致性非负特征还需要满足公共图的正则化约束。通过这种方式，该模型能够充分利用来自可用视图和缺失视图的信息来学习具有表现力的一致性非负特征。

第8章给出全书的总结和展望。本章首先对全书内容分章节进行总结，然后介绍两个前沿方向——可信多视图表示学习和面向视图缺失场景/视图不对齐场景的多视图表示学习。

本书针对多视图表示学习研究中的基本概念、典型模型与算法、具体多视图场景上的应用等重要问题，系统论述了多视图表示学习的最新研究成果。本书的特点体现在理论与实验有机结合，基础理论与最新研究成果并重，循序渐进地展开，介绍面向多视图数据融合的表示学习方法。书中的主体内容，均来自作者主持开展的创新性研究。本书可作为机器学习、人工智能、智能科学等专业的高年级本科生和研究生的学习用书，并对从事相关领域的研究人员具有重要的参考价值。

由于作者的学识水平所限，书中不妥之处在所难免，敬请读者批评指正。

本书得到了国家自然科学基金“面向多视图场景的深度高斯过程模型与算法研究”(No. 62076096)、“多视图场景下的深度生成认知网络模型研究”(62006076)和浙江省基础公益研究计划“面向资源受限场景的多视图表示学习方法研究”(No. LY23F020002)的资助。

作　者

2022年10月

目　　录

第1章

绪 论

随着计算机技术和网络的飞速发展,我国政府对人工智能重视程度不断提高,人工智能已经发展成为国家战略。近年来,随着信息技术的飞速发展,当今数据越来越呈现出多源异构特性,具有多种表示的数据(即多视图数据)大量涌现。多视图数据主要是人类在对真实世界进行感知的过程中采用不同手段而产生的,具有多样性、多模态、互补性等特征。如果把多个视图直接拼接成一个视图,不仅增加了特征空间的维数,而且得到的特征具有不同的物理意义,从而给学习带来不必要的困难。因此,如何合理利用多个视图以提取有用信息或知识,已成为当前模式识别与机器学习领域的重要研究方向之一。

1.1 基本概念

在多视图数据中,每个样本的不同视图都足以完成模式识别或者其他特定任务,并且不同的视图通常包含互补的数据信息。例如,指纹、人脸、步态等不同的生理特征或者行为特征都可以用来实现生物识别,但是不同的生物特征融合可以使识别过程更加精准与安全。多视图数据融合的表示学习(简称为多视图表示学习)需要从多视图数据中挖掘不同视图间的关联性与每个视图内的知识,从而发现多视图数据的规律并找到多视图数据更好的表达(或称为多视图数据融合的表示)[1]。因此,多视图表示学习可以充分利用这些多视图数据,并发现其内在的本质结构以方便后续机器学习任务。目前已经有一系列多视图表示学习模型被提出,它们大多是基于不同视图间的关联性提出的。在多视图表示学习模型中,常见的两种假设是视图一致性假设和公共特征表示假设[2]。

1.1.1 视图一致性假设

在多视图表示学习中，视图一致性假设指所有视图上都包含的多视图数据特征信息或标注信息。也就是说，假设每个视图上都存在各自的特征映射函数或标注函数，同一输入样本的不同视图经过各自视图上特征映射函数或标注函数都能得到一致的特征表示或标注结果。在使用视图一致性假设时，模型通常对这些特征映射函数或标注函数进行建模并使用各视图上函数输出的差异来衡量不一致性，通过限制不一致性来减少算法的搜索空间并学习得到视图一致性特征表示。其中，一些多视图表示学习模型同时考虑视图一致性与互补性学习更为完备的特征表示，其中互补性特征表示则是各个视图独有且其余视图缺失的信息。

以文本数据为例，文本数据是指不能参与算术运算的任何字符，也称为字符型数据。文本数据是一种半结构化数据，它除了可能包含结构字段外，还包含大量的非结构化数据，如摘要和内容。对文本数据进行分析，首先要对其进行预处理得到结构化数据。例如，Cornell 数据集[3]针对文本数据的语义性得到文档的内容特征和引文特征，其中内容特征通过统计内容中单词出现的次数得到，引文特征通过统计文档间的引用关系得到。此时，每个文档对应的内容特征和引文特征可以看作这篇文档的不同视图，它们直接存在一致性与互补性。虽然内容特征或引文特征都可以用来判断出这个文档的类别，但是融合两种特征的多视图表示可以更为准确地判断文档的类别。

以图像标注任务为例，图像标注是计算机根据图像自动生成相对应的描述文字，其中训练数据中描述图片的语句往往需要人工标注。为了获得仅专注于图像本身所描述事实的描述语句，标注人员需要在对有关图片拍摄背景等其他额外信息未知的情况下，专注于描述图片中显示的人物、物体、场景和活动。但是由于标注人员的关注点、表述习惯等不同，因此对同一张图片往往有不同的描述语句。如图 1－1 所示，Flickr30k 数据集[4]的每幅图像都对应五条描述语句，其中一幅图像对应的每条语句都是这个图像的事实性描述，但是每条语句的侧重点略有不同。此时，每幅图像所对应的五个描述语句可以看作这个图像的五个视图，因此可以根据视图一致性与互补性学习得到这幅图像的特征表示。

Gray haired man in black suit and yellow tie working in a financial environment.
A graying man in a suit is perplexed at a business meeting.
A businessman in a yellow tie gives a frustrated look.
A man in a yellow tie is rubbing the back of his neck.
A man with a yellow tie looks concerned.
A butcher cutting an animal to sell.
A green-shirted man with a butcher's apron uses a knife to carve out the hanging carcass of a cow.
A man at work, butchering a cow.
A man in a green t-shirt and long tan apron hacks apart the carcass of a cow while another man hoses away the blood.
Two men work in a butcher shop; one cuts the meat from a butchered cow, while the other hoses the floor.

图 1－1　Flickr30k 数据集

1.1.2 公共特征表示假设

在多视图表示学习中，公共特征表示假设认为存在一个公共的特征表示空间可以映射到每个视图的特征表示上。也就是说，多视图数据的每个视图都可以通过对公共的特征表示空间进行某种映射的函数得到。使用公共特征表示假设时，模型通常对公共特征表示空间到每个视图数据/特征的映射函数（或者每个视图数据/特征到公共特征表示空间上的映射函数）进行建模，这样模型就能够根据公共特征表示生成多视图数据或者根据多视图数据得到公共特征表示，此时得到的多视图公共特征表示可以用于后续任务。

以视觉图像识别为例，视觉图像是人类视觉的基础，是自然景物的客观反映，是人类认识世界和人类本身的重要源泉。视觉图像识别的重要途径是图像特征提取，图像特征主要包括颜色特征、纹理特征、形状特征等。图像颜色特征是应用最为广泛的特征，可以通过对图像中的像素值进行相应转换得到，例如颜色直方图。图像纹理特征体现了物体表面的具有缓慢变化或者周期性变化的表面结构组织排列属性，可以通过像素及其周围空间的灰度分布体现。图像形状特征以图像中物体或区域的分割为基础，例如尺度不变特征变换和方向梯度直方图是两种常见的形状特征提取方法。尺度不变特征变换是在尺度空间中提取图像局部特征点，方向梯度直方图通过计算图像局部区域的梯度方向直方图来得到用于检测物体的特征描述。图像的颜色特征、纹理特征、形状特征和同一特征的不同特征提取方法都可以看作是图像的不同视图。公共特征表示假设认为，这些视图存在一个公共特征空间可以同时生成图像的这些特征，并且得到的多视图公共特征可以应用在图像识别等后续任务上。

1.2 典型的多视图表示学习系统

本节主要介绍几种典型的多视图表示学习系统和一些多视图数据融合的实际应用领域，以帮助读者理解多视图数据。

1.2.1 多模态生物特征识别

生物识别技术利用人的生理特征（如指纹、人脸、虹膜等）或者行为特征（如笔迹、声音、步态等）来进行个人身份鉴定，其中每种生物特征都可以看作一个视图或者一种模态。在信息时代，生物特征识别已经与每个人的社会生活息息相关。例如，指纹与人脸识别在手机等个人设备解锁、门禁系统、电子支付等领域已经普及开来，掌纹、虹膜等生物特征在刑侦领域与个人隐私安全等领域得到广泛应用，DNA 在亲子鉴定、罪犯认定等领域应用广泛。

单模态生物特征识别已经得到广泛应用，但每种生物特征的特点都会限制其应用领域，例如，人脸会随着年龄、遮挡、美容手术等发生变化，指纹也会磨损。而且单模态生物特征识别也会因信息泄露而被破解，例如3D打印机可以打印人脸通过手机等系统的人脸验证。多模态生物识别技术是基于多种生物特征的生物识别技术，它可以利用多模态/多视图数据融合提高识别准确率，并且更具普适性和安全性。多模态生物特征融合一般分为数据层融合和决策层融合。多模态生物特征数据层融合就是基于公共特征表示假设，根据多种模态的生物特征得到公共特征表示，再根据公共特征表示进行生物识别或者鉴定。多模态生物特征决策层融合就是根据视图一致性假设，针对每种模态生物特征建立标注函数或匹配函数来进行加权融合的。

1.2.2 多传感器融合的自动驾驶

自动驾驶是人工智能、视觉计算、多传感器感知与计算等高新技术深度协作，使机器在没有任何人类主动的操作下自动安全地操作机动车辆的技术。其中一个关键技术就是多传感器数据融合的环境感知技术。在自动驾驶中，常见的传感器数据有五种类型：摄像头的图像可以提供车辆周围环境的详细信息，但对光照和天气敏感；红外热成像摄像头的图像可以提供车辆周围与物体热量有关的环境信息，对白天/夜间的变化更为鲁棒；激光雷达数据能够以三维点的形式提供周围环境的精确深度信息，受雾、雨等各种天气条件的影响较小，但不能捕捉到物体的精细纹理，而且它们的点与远处的物体变得稀疏；毫米波雷达数据通过发射无线电波被障碍物反射得到，可以用来估计物体的径向速度，对各种光照和天气条件鲁棒，但分辨率较低；超声波数据通过高频声波来测量物体的距离，但会受到空气湿度、温度或灰尘的影响。由此可以看出，不同的传感器有不同的特点和适用场景，它们所感知的数据可以看作车辆行驶环境的一个视图，多种传感器融合才能实现对车辆行驶环境的感知，才能保障自动驾驶的安全性。

自动驾驶需要对车辆行驶环境有全面的了解，如车道线、路标、障碍物等。没有单一的传感器数据可以为自动驾驶提供足够的数据支持。因此，一个有效的自动驾驶系统必须具有复杂的架构与任务，而不同的自动驾驶任务依赖于不同的传感器数据。如图1-2所示，nuScenes数据集[5]包含对环境感知的可见光图像、激光雷达数据、毫米波雷达数据。

一般情况下，以可见光图像和激光雷达数据为基础的障碍物检测技术比以可见光图像为主的检测技术更为可靠，这是因为车辆自动驾驶系统是三维的，并且激光雷达数据能够包含可见光图像感知不到的三维信息。例如，2019年3月，在佛罗里达，一辆特斯拉Model 3以110 km/h的速度侧面撞击了一辆正在穿过马路的白色拖挂卡车。特斯拉自动驾驶采用以可见光图像为主的障碍物检测技术，特斯拉公司后来给出的官方解释是："在强烈的日照条件下，驾驶员和自动驾驶都未能注意到拖挂车的白色车身，因此未能及时启动刹车系统。"

在多传感器融合的自动驾驶任务中，多传感器融合一般分为数据层融合、特征层融合和决策层融合。数据层融合一般是针对同一种传感器所进行的同类传感器感知

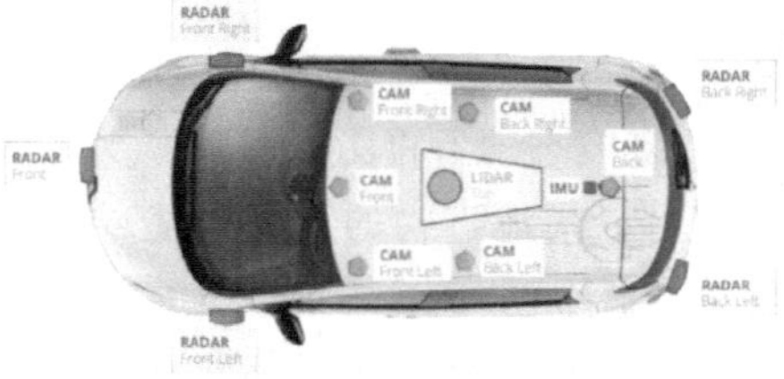

(a) 数据采集平台的传感器设置

(b) 车辆行驶环境

(c) 激光雷达(LIDAR)采集的3D数据

(d) 毫米波雷达(RADAR)采集的3D数据

(e) 六个摄像头(CAM)采集的2D数据

图 1-2 以 nuScenes 为例,自动驾驶的传感器设置、行驶环境及多传感器采集数据样例

数据的融合,例如图 1-2(e)将前置或后置的三个可见光图像融合。特征层融合就是基于公共特征表示假设,将不同传感器的数据融合得到行驶环境的公共特征表示,再根据公共特征表示完成障碍物检测等下游任务。决策层融合是根据视图一致性假设，针对每种传感器数据建立标注函数，然后再进行判别、分类、逻辑运算等加权融合。

1.2.3 基于图像的多模态机器翻译

多模态学习指结合多模态数据完成某个任务。多模态学习将图像、视频、文本等不同的数据类型看作不同模态，而多视图学习是将足以描述事物的不同描述或表示看作一个视图。也就是说，如果一种模态不足以描述事物，那么其不能成为多视图数据的一个视图。多视图数据的视图可以是同一种模态，只要每个视图都能描述同一事物。多模态机器翻译是指在多个数据源上进行机器翻译，是多模态学习与机器翻译相结合的应用。多模态机器翻译的常见任务是将源语言文本转换为目标语言文本，并通过来自图像、视频、语音等其他模态的信息增强翻译效果。在多模态数据集中，图像-文本数据集相对比较常见。基于图像的多模态机器翻译就是结合图像的信息将源语言转换为目标语言的机器翻译。

在基于图像的多模态机器翻译中，图像信息可以作为媒介把源语言与目标语言连接起来，在一定程度上消除源语言的多义性，使翻译更为准确且符合语境。认知心理学家 Steven Pinker 认为，人们用心理语言而不是英语或者中文思考[6]。心理语言作为一种抽象的语言，是自然语言、图像、语音、文本等其他语言的高度统一表达。在基于图像的多模态机器翻译中，图像、源语言和目标语言都可以看作心理语言的视图，这样图像视图可以在源语言视图到目标语言视图的转换过程中提供视图一致性特征信息和独特的图像视图特征信息。根据训练样本中是否存在源语言-目标语言样本对，基于图像的多模态机器翻译可以划分成图像辅助的多模态机器翻译和基于图像的零资源机器翻译。

图像辅助的多模态机器翻译任务需要大量的源语言-目标语言-图像样本对，图像视图在源语言到目标语言的翻译过程中仅起到辅助作用。在图像辅助的多模态机器翻译中，图像与源语言的融合方式可以划分成数据层融合、特征层融合、多模态约束和多阶段融合。数据层融合就是将源语言与图像的信息简单融合后一并处理，直接利用典型的机器翻译模型翻译成目标语言。特征层融合是针对源语言和图像专门设计的网络模型，在多模态表示学习的过程中进行融合。特征层融合方式可以是对每个模态的特征进行线性组合，也可以通过注意力机制对每个模态的特征进行加权融合，还可以利用多视图生成模型学习得到源语言和图像的公共特征表示。多模态约束在机器翻译时并没有直接将图像信息与文本信息进行交互，而是利用视图间的一致性构建损失函数使文本的特征表示在距离上靠近图片的特征表示。这三种融合方式都是根据数据训练得到一个端到端的模型，而多阶段融合方式有不同功能的组件/系统组合，其模型结构更复杂且组件功能明确。

由于数据采集困难，基于图像的零资源机器翻译任务只有源语言-图像样本对和目标语言-图像样本对。由于不存在源语言-目标语言样本对，因此基于图像的零资源机器翻译任务需要以图像作为桥梁完成源语言到目标语言的翻译，其中图像在该任务中是不可或缺的。基于图像的零资源机器翻译模型往往以视图间的一致性为基础构建损失函数，使源语言的特征表示的分布与图像的特征表示的分布一致，并依据目标语言-图像样本对来完成源语言到目标语言的翻译。基于图像的零资源机器翻译模型也有一些多阶段模型。例如，有的多阶段模型首先依据现有数据合成源语言-目标语言样本对，然后根据合成的样本对完成机器翻译。

1.3 后续章节安排

全书以多视图表示学习思想为潜在主线，从基本概念到典型模型与算法再到具体多视图场景上的应用，循序渐进地展开介绍多视图表示学习。全书共分 8 章，可以分为五个部分：第 1～2 章为第一部分，主要介绍基本概念与国内外代表性模型；第 3～4 章为第二部分，主要介绍基于深度生成模型的多视图表示学习方法与基于样本间的图结构的多视图玻耳兹曼机模型；第 5 章为第三部分，主要介绍在时间序列上的多视图表示学习方法；第 6～7 章为第四部分，主要介绍两种在视图缺失场景上的多视图表示学习方法；第 8 章为第五部分，主要给出本书的总结。

参考文献

[1] Sun S, Mao L, Dong Z, et al. Multiview machine learning [M]. Berlin: Springer, 2019.

[2] 毛亮. 基于变分近似的多视图核方法研究[D]. 上海：华东师范大学，2021.

[3] Guo Y. Convex subspace representation learning from multi-view data[C]// Proceedings of AAAI Conference on Artificial Intelligence. Bellevue: AAAI Press, 2013: 523-530.

[4] Young P, Lai A, Hodosh M, et al. From image descriptions to visual denotations: New similarity metrics for semantic inference over event descriptions [J]. Transactions of the Association for Computational Linguistics, 2014, 2: 67-78.

[5] Caesar H, Bankiti V, Lang AH, et al. nuScenes: A multimodal dataset for autonomous driving[C]//Proceedings of IEEE/CVF Conference on Computer Vision and Pattern Recognition. Seattle: IEEE, 2020: 11618-11628.

[6] Otis L. Going with your gut: some thoughts on language and the body[J]. The Lancet, 2008, 372(9641): 798-799.

第2章

多视图表示学习基础

多视图表示学习涉及多视图数据的融合与特征学习问题，提取有用的多视图数据信息，以便于后续的模式识别或其他特定任务执行。由于多视图数据在生物特征识别、自动驾驶、机器翻译等现实领域应用越来越普遍，多视图表示学习越来越受到关注。在这些多视图数据中，不同视图的数据通常包含互补信息。在这种情况下，虽然每个视图都能为后续任务学习提供有效的数据特征，但是多视图表示学习能够得到比单视图学习更全面的数据表示。目前有一系列多视图表示学习的理论与方法被提出，如鲁棒多视图表示学习、公平多视图表示学习、缺失多视图表示学习和视图不对齐的多视图表示学习。

不管是在现实应用上，还是在前沿研究方向上，多视图表示学习模型大多是视图一致性假设或公共特征表示假设提出的。在基于视图一致性假设中，不同视图的数据经过各自视图上的特征映射函数或标注函数能得到一致的特征表示，并且视图一致性可以通过视图间的相似性或相关性来度量。在公共特征表示假设中，存在公共表示可以映射到每个视图的数据或特征表示上，并且多视图表示融合可以划分成基于图的方法和基于神经网络的方法[1]。由于视图一致性度量方法和多视图表示融合方法是多视图表示学习方法的基础，本章首先介绍视图一致性度量方法，然后介绍多视图表示融合方法。

2.1 视图一致性度量方法

2.1.1 视图相似性度量方法

假设 $\boldsymbol{X}^1 \in \mathbb{R}^{N \times D_1}$ 和 $\boldsymbol{X}^2 \in \mathbb{R}^{N \times D_2}$ 表示二视图数据的两个视图，两个视图上的特征映射函数或标注函数分别为 $f_1: \boldsymbol{X}^1 \rightarrow \boldsymbol{H}^1$ 和 $f_2: \boldsymbol{X}^2 \rightarrow \boldsymbol{H}^2$。下面分几种情况进行

分析。

情况一

如果两个视图的表示 $\boldsymbol{H}^1 \in \mathbb{R}^{N\times J}$ 和 $\boldsymbol{H}^2 \in \mathbb{R}^{N\times J}$ 都是对齐的，那么两个视图上的特征表示之间的一致性可以通过两个表示间的距离来度量。一般情况下，距离越小视图越相似。也就是说，视图相似性可以用距离的负数或倒数来度量。常见的距离有欧式距离、闵氏距离、余弦距离等，具体如下：

1. 欧式距离

若每个二视图样本对应两个视图上的表示是 $\boldsymbol{h}^1 \in \mathbb{R}^J$ 和 $\boldsymbol{h}^2 \in \mathbb{R}^J$，则 $\boldsymbol{h}^1$ 和 $\boldsymbol{h}^2$ 间的欧式距离可以表示为

$$\mathrm{ED}(\boldsymbol{h}^1,\boldsymbol{h}^2)=\|\boldsymbol{h}^1-\boldsymbol{h}^2\|_2=\sqrt{\sum_i (h_i^1-h_i^2)^2} \tag{2-1}$$

视图一致性假设的目标是最小化 $\boldsymbol{h}^1$ 和 $\boldsymbol{h}^2$ 间的距离，可以计算每个视图上的特征映射函数或者标注函数 $f_v:\boldsymbol{X}^v\rightarrow\boldsymbol{H}^v$ 的梯度，并以此更新函数 $f_v(\boldsymbol{X}^v;\boldsymbol{\theta}^v)$ 上的权重 $\boldsymbol{\theta}^v$。例如，第一个视图上的权重 $\boldsymbol{\theta}^1$ 的梯度是

$$\nabla\boldsymbol{\theta}^1=\frac{\partial \mathrm{ED}(\boldsymbol{h}^1,\boldsymbol{h}^2)}{\partial \boldsymbol{h}^1}\frac{\partial \boldsymbol{h}^1}{\partial \boldsymbol{\theta}^1}=\frac{(\boldsymbol{h}^1-\boldsymbol{h}^2)}{\|\boldsymbol{h}^1-\boldsymbol{h}^2\|_2}\frac{\partial \boldsymbol{h}^1}{\partial \boldsymbol{\theta}^1} \tag{2-2}$$

2. 闵氏距离

闵氏距离不是一种距离，而是一组距离的定义。$\boldsymbol{h}^1$ 和 $\boldsymbol{h}^2$ 间的闵氏距离可以表示为

$$\mathrm{MD}(\boldsymbol{h}^1,\boldsymbol{h}^2)=\sqrt[p]{\sum_i (h_i^1-h_i^2)^p} \tag{2-3}$$

其中，$p>0$，p 是一个变参数。可以看出，当 $p=2$ 时，闵氏距离就是欧式距离；当 $p=1$ 时，闵氏距离就是曼哈顿距离；当 $p\rightarrow\infty$时，闵氏距离就是切比雪夫距离。此时，第一个视图上的权重 $\boldsymbol{\theta}^1$ 的梯度是

$$\nabla\boldsymbol{\theta}^1=\frac{\partial \mathrm{MD}(\boldsymbol{h}^1,\boldsymbol{h}^2)}{\partial \boldsymbol{h}^1}\frac{\partial \boldsymbol{h}^1}{\partial \boldsymbol{\theta}^1}=\frac{(\boldsymbol{h}^1-\boldsymbol{h}^2)^{p-1}}{\left(\sum_i (h_i^1-h_i^2)^p\right)^{1-\frac{1}{p}}}\frac{\partial \boldsymbol{h}^1}{\partial \boldsymbol{\theta}^1} \tag{2-4}$$

3. 余弦距离

余弦距离是根据夹角余弦的概念提出的，就是计算两个向量间夹角的余弦值。$\boldsymbol{h}^1$ 和 $\boldsymbol{h}^2$ 间的余弦距离可以表示为

$$\cos(\boldsymbol{h}^1,\boldsymbol{h}^2)=\frac{(\boldsymbol{h}^1)^{\mathrm{T}}\boldsymbol{h}^2}{\|\boldsymbol{h}^1\|_2\|\boldsymbol{h}^2\|_2}=\frac{\sum_i h_i^1h_i^2}{\sqrt{\sum_i (h_i^1)^2}\sqrt{\sum_i (h_i^2)^2}} \tag{2-5}$$

此时，第一个视图上的权重 $\boldsymbol{\theta}^1$ 的梯度为

$$\nabla\boldsymbol{\theta}^1=\frac{\partial\cos(\boldsymbol{h}^1,\boldsymbol{h}^2)}{\partial\boldsymbol{h}^1}\frac{\partial\boldsymbol{h}^1}{\partial\boldsymbol{\theta}^1}$$

$$=\frac{\sqrt{\sum_i(h_i^1)^2}\sqrt{\sum_i(h_i^2)^2}\boldsymbol{h}^2-\frac{\sum_i h_i^1h_i^2\sqrt{\sum_i(h_i^2)^2}}{\sqrt{\sum_i(h_i^1)^2}}\boldsymbol{h}^1}{\sum_i(h_i^1)^2\cdot\sum_i(h_i^2)^2}\frac{\partial\boldsymbol{h}^1}{\partial\boldsymbol{\theta}^1}\tag{2-6}$$

情况二

如果二视图数据每个视图上的特征表示 f_v 都是分布而不是固定值，可以用散度距离来衡量。常见的散度距离有 KL 散度、JS 散度等，具体如下：

1. KL 散度

KL 散度(Kullback-Leibler 散度)，又称为相对熵，是两个概率分布间差异的非对称性度量。在离散和连续随机变量的情形下，两个分布 f_1 和 f_2 间 KL 散度可以分别表示为

$$\mathrm{KL}(f_1\parallel f_2)=\sum_x f_1(x)\log\frac{f_1(x)}{f_2(x)}\tag{2-7}$$

$$\mathrm{KL}(f_1\parallel f_2)=\int_x f_1(x)\log\frac{f_1(x)}{f_2(x)}\mathrm{d}x\tag{2-8}$$

KL 散度是不对称的，即 $\mathrm{KL}(f_1\parallel f_2)\neq\mathrm{KL}(f_2\parallel f_1)$。这样，虽然 KL 散度不是一个真正的距离或者度量，但是可以根据 KL 散度构造对称的距离。例如，参考参考文献[2]采用以下方式定义视图一致性：

$$\frac{1}{2}[\mathrm{KL}(f_1\parallel f_2)+\mathrm{KL}(f_2\parallel f_1)]\tag{2-9}$$

其中，每个视图上的特征表示 f_v 符合高斯分布，即 $f_v\sim\boldsymbol{N}(\boldsymbol{\mu}_v,\boldsymbol{\Sigma}_v)$。参考文献[2]中的视图一致性可以定义为

$$\frac{1}{2}\Big[\frac{1}{2}(\log|\boldsymbol{\Sigma}_2|-\log|\boldsymbol{\Sigma}_1|+\mathrm{tr}(\boldsymbol{\Sigma}_2^{-1}\boldsymbol{\Sigma}_1)+(\boldsymbol{\mu}_2-\boldsymbol{\mu}_1)^{\mathrm{T}}\boldsymbol{\Sigma}_2^{-1}(\boldsymbol{\mu}_2-\boldsymbol{\mu}_1)-N)+$$
$$\frac{1}{2}(\log|\boldsymbol{\Sigma}_1|-\log|\boldsymbol{\Sigma}_2|+\mathrm{tr}(\boldsymbol{\Sigma}_1^{-1}\boldsymbol{\Sigma}_2)+(\boldsymbol{\mu}_1-\boldsymbol{\mu}_2)^{\mathrm{T}}\boldsymbol{\Sigma}_1^{-1}(\boldsymbol{\mu}_1-\boldsymbol{\mu}_2)-N)\Big]$$
$$=\frac{1}{4}\Big[\mathrm{tr}(\boldsymbol{\Sigma}_2^{-1}\boldsymbol{\Sigma}_1)+\mathrm{tr}(\boldsymbol{\Sigma}_1^{-1}\boldsymbol{\Sigma}_2)+(\boldsymbol{\mu}_2-\boldsymbol{\mu}_1)^{\mathrm{T}}(\boldsymbol{\Sigma}_1^{-1}+\boldsymbol{\Sigma}_2^{-1})(\boldsymbol{\mu}_2-\boldsymbol{\mu}_1)-2N\Big]$$
$$\tag{2-10}$$

并且可以最大化视图一致性来更新每个视图的特征映射函数。

2. JS 散度

JS 散度(Jenson's Shannon 散度)解决了 KL 散度不对称的问题。两个分布 f_1 和 f_2 间 JS 散度可以表示为

$$\mathrm{JS}(f_1 \| f_2)=\frac{1}{2}\mathrm{KL}\left(f_1 \| \frac{f_1+f_2}{2}\right)+\frac{1}{2}\mathrm{KL}\left(f_2 \| \frac{f_1+f_2}{2}\right) \quad (2-11)$$

情况三

如果两个视图的表示 $\boldsymbol{H}^1 \in \mathbb{R}^{N\times J_1}$ 和 $\boldsymbol{H}^2 \in \mathbb{R}^{N\times J_2}$ 是不对齐的，两个视图上的特征表示之间的一致性可以通过两个表示间的相似性来度量。跨模态因子分析[3]、监督语义索引[4]等方法都可以处理视图表示不对齐的场景，具体如下：

1. 跨模态因子分析

跨模态因子分析是根据偏最小二乘回归提出的一种方法。给定不同视图上的特征表示 $\boldsymbol{H}^1,\boldsymbol{H}^2$，跨模态因子分析[3]通过最小化下面的目标函数发现正交化的矩阵 $\boldsymbol{W}^1,\boldsymbol{W}^2$：

$$\left.\begin{aligned}&\min_{\boldsymbol{W}^1,\boldsymbol{W}^2} \| \boldsymbol{H}^1\boldsymbol{W}^1-\boldsymbol{H}^2\boldsymbol{W}^2 \|_F^2\\&\text{s. t. } (\boldsymbol{W}^1)^{\mathrm{T}}\boldsymbol{W}^1=\boldsymbol{I},(\boldsymbol{W}^2)^{\mathrm{T}}\boldsymbol{W}^2=\boldsymbol{I}\end{aligned}\right\} \quad (2-12)$$

其中：$\|\cdot\|_F$ 表示矩阵的 Frobenius 范数，$\boldsymbol{I}$ 是单位矩阵。可以看出，跨模态因子分析的求解与偏最小二乘回归类似。同时，可以将 $\boldsymbol{H}^1,\boldsymbol{H}^2$ 看作变量，迭代更新 $\boldsymbol{W}^1,\boldsymbol{W}^2$ 和 $\boldsymbol{H}^1,\boldsymbol{H}^2$。

2. 监督语义索引

给定一个多视图数据的两个视图 $\boldsymbol{h}^1$ 和 $\boldsymbol{h}^2$，监督语义索引[4]的目标是学习得到一个线性评分函数来度量 $\boldsymbol{h}^1$ 和 $\boldsymbol{h}^2$ 的相关性：

$$g(\boldsymbol{h}^1,\boldsymbol{h}^2)=(\boldsymbol{h}^1)^{\mathrm{T}}\boldsymbol{W}\boldsymbol{h}^2=\sum_i\sum_j h_i^1 W_{ij} h_j^2 \quad (2-13)$$

监督语义索引的目标是学习一个相似函数使一个数据对应的两个视图表示间的排名损失最小，然后定义目标函数更新 $\boldsymbol{W}$。同时，可以将 $\boldsymbol{H}^1,\boldsymbol{H}^2$ 看作变量，迭代更新 $\boldsymbol{W}$ 和 $\boldsymbol{H}^1,\boldsymbol{H}^2$。

2.1.2　视图相关性度量方法

视图相关性度量方法是另一种视图一致性度量方法，可以通过典型相关分析等方法通过最大化多视图特征表示之间的相关性。代表性视图相关性度量方法有典型相关分析[5]、稀疏典型相关分析[6]、核典型相关分析[7]、深度典型相关分析[8]，具体如下：

1. 典型相关分析

典型相关分析[5]能够有效地学习两组或多组变量之间的关系，并通过最大化这些变量之间的相关性来计算得到两组或多组变量的一致性特征表示。如果一组二视图数据上两个视图的特征映射函数分别为 $f_1:\boldsymbol{X}^1\rightarrow\boldsymbol{H}^1$ 和 $f_2:\boldsymbol{X}^2\rightarrow\boldsymbol{H}^2$，典型相关分析可以找到两个线性映射 $\boldsymbol{W}^1,\boldsymbol{W}^2$ 使两个视图表示在新的投影空间更相关。两个视

图表示在新的投影空间的相关系数可以表示为

$$\rho=\operatorname{corr}(\boldsymbol{H}^1\boldsymbol{W}^1,\boldsymbol{H}^2\boldsymbol{W}^2)=\frac{(\boldsymbol{W}^1)^{\mathrm{T}}\boldsymbol{C}^{12}\boldsymbol{W}^2}{\sqrt{\left[(\boldsymbol{W}^1)^{\mathrm{T}}\boldsymbol{C}^{11}\boldsymbol{W}^1\right]\left[(\boldsymbol{W}^2)^{\mathrm{T}}\boldsymbol{C}^{22}\boldsymbol{W}^2\right]}} \tag{2-14}$$

其中,协方差矩阵 $\boldsymbol{C}^{12}$ 定义为

$$\boldsymbol{C}^{12}=\frac{1}{N}\sum_i\left(\boldsymbol{H}^1_{i.}-\frac{1}{N}\sum_n\boldsymbol{H}^1_{n.}\right)^{\mathrm{T}}\left(\boldsymbol{H}^2_{i.}-\frac{1}{N}\sum_n\boldsymbol{H}^2_{n.}\right) \tag{2-15}$$

协方差矩阵 $\boldsymbol{C}^{11}$ 和 $\boldsymbol{C}^{22}$ 的定义与 $\boldsymbol{C}^{12}$ 类似。这样,典型相关分析可以写成一个有约束的优化问题:

$$\left.\begin{aligned}&\min_{\boldsymbol{W}^1,\boldsymbol{W}^2}(\boldsymbol{W}^1)^{\mathrm{T}}\boldsymbol{C}^{12}\boldsymbol{W}^2\\&\text{s. t. }(\boldsymbol{W}^1)^{\mathrm{T}}\boldsymbol{C}^{11}\boldsymbol{W}^1=1,\quad(\boldsymbol{W}^2)^{\mathrm{T}}\boldsymbol{C}^{22}\boldsymbol{W}^2=1\end{aligned}\right\} \tag{2-16}$$

典型相关分析可以将上述问题通过拉格朗日对偶转化成广义特征值问题来求解 $\boldsymbol{W}^1,\boldsymbol{W}^2$:

$$\left.\begin{aligned}\boldsymbol{C}^{12}(\boldsymbol{C}^{22})^{-1}\boldsymbol{C}^{21}(\boldsymbol{W}^1)^{\mathrm{T}}=\lambda^2\boldsymbol{C}^{11}(\boldsymbol{W}^1)^{\mathrm{T}}\\\boldsymbol{C}^{21}(\boldsymbol{C}^{11})^{-1}\boldsymbol{C}^{12}(\boldsymbol{W}^2)^{\mathrm{T}}=\lambda^2\boldsymbol{C}^{22}(\boldsymbol{W}^2)^{\mathrm{T}}\end{aligned}\right\} \tag{2-17}$$

此外,典型相关分析在得到 $\boldsymbol{W}^1,\boldsymbol{W}^2$ 后,根据视图表示间的相关性优化每个视图上的特征映射函数。

2. 稀疏典型相关分析

由于预测结果通常依赖于少量的关键变量,稀疏典型相关分析[6]在典型相关分析的基础上对线性映射矩阵 $\boldsymbol{W}^1,\boldsymbol{W}^2$ 添加稀疏约束:

$$\left.\begin{aligned}&\min_{\boldsymbol{W}^1,\boldsymbol{W}^2}\frac{(\boldsymbol{W}^1)^{\mathrm{T}}\boldsymbol{C}^{12}\boldsymbol{W}^2}{\sqrt{(\boldsymbol{W}^1)^{\mathrm{T}}\boldsymbol{C}^{11}\boldsymbol{W}^1(\boldsymbol{W}^2)^{\mathrm{T}}\boldsymbol{C}^{22}\boldsymbol{W}^2}}\\&\text{s. t. }\|\boldsymbol{W}^1\|_0\leqslant s_1,\quad\|\boldsymbol{W}^2\|_0\leqslant s_2\end{aligned}\right\} \tag{2-18}$$

LASSO 回归法、最小角回归法等方法可以优化稀疏典型相关分析问题。

3. 核典型相关分析

虽然典型相关分析具有多视图特征学习的能力,但它忽略了多视图数据的非线性关系。核方法能够有效地分析数据间的非线性关系,核典型相关分析[7]在典型相关分析的基础上引入核方法解决非线性问题。核典型相关分析的核心思想是通过核函数 $k(\cdot,\cdot)$将原始数据嵌入合适的高维特征空间:

$$\left.\begin{aligned}f_1(\boldsymbol{h}^1)=\sum_i\alpha_ik_1(\boldsymbol{H}^1_{i.},\boldsymbol{H}^1)=\sum_i\alpha_i\phi_1(\boldsymbol{H}^1_{i.})\\f_2(\boldsymbol{h}^2)=\sum_i\beta_ik_2(\boldsymbol{H}^1_{i.},\boldsymbol{H}^2)=\sum_i\beta_i\phi_2(\boldsymbol{H}^2_{i.})\end{aligned}\right\} \tag{2-19}$$

然后对高维特征空间进行相关性分析:

$$\rho=\frac{f_1^{\mathrm{T}}\hat{\boldsymbol{C}}^{12}f_2}{\sqrt{(f_1^{\mathrm{T}}\hat{\boldsymbol{C}}^{11}f_1)(f_2^{\mathrm{T}}\hat{\boldsymbol{C}}^{22}f_2)}} \tag{2-20}$$

其中，协方差矩阵 $\hat{\boldsymbol{C}}^{12}$ 定义为

$$\hat{\boldsymbol{C}}^{12}=\frac{1}{N}\sum_{i}\left[\phi_1(\boldsymbol{H}^1_{i.})-\frac{1}{N}\sum_{n}\phi_1(\boldsymbol{H}^1_{n.})\right]^{\mathrm{T}}\left[\phi_2(\boldsymbol{H}^2_{i.})-\frac{1}{N}\sum_{n}\phi_2(\boldsymbol{H}^2_{n.})\right] \tag{2-21}$$

协方差矩阵 $\hat{\boldsymbol{C}}^{11}$ 和 $\hat{\boldsymbol{C}}^{22}$ 的定义与 $\hat{\boldsymbol{C}}^{12}$ 类似。令 $\boldsymbol{K}_1=(\boldsymbol{I}-\boldsymbol{1}/N)k_1(\boldsymbol{H}^1,\boldsymbol{H}^1)\cdot(\boldsymbol{I}-\boldsymbol{1}/N)$ 和 $\boldsymbol{K}_2=(\boldsymbol{I}-\boldsymbol{1}/N)k_2(\boldsymbol{H}^2,\boldsymbol{H}^2)(\boldsymbol{I}-\boldsymbol{1}/N)$，核典型相关分析的优化目标可以写成

$$\left.\begin{array}{l}\min\limits_{\boldsymbol{\alpha},\boldsymbol{\beta}}\dfrac{\boldsymbol{\alpha}^{\mathrm{T}}\boldsymbol{K}_1\boldsymbol{K}_2\boldsymbol{\beta}}{\sqrt{[\boldsymbol{\alpha}^{\mathrm{T}}(\boldsymbol{K}_1^2+\varepsilon_1\boldsymbol{K}_1)\boldsymbol{\alpha}][\boldsymbol{\beta}^{\mathrm{T}}(\boldsymbol{K}_2^2+\varepsilon_2\boldsymbol{K}_2)\boldsymbol{\beta}]}}\\ \text{s. t. }\ \boldsymbol{\alpha}^{\mathrm{T}}(\boldsymbol{K}_1^2+\varepsilon_1\boldsymbol{K}_1)\boldsymbol{\alpha}=1,\quad \boldsymbol{\beta}^{\mathrm{T}}(\boldsymbol{K}_2^2+\varepsilon_2\boldsymbol{K}_2)\boldsymbol{\beta}=1\end{array}\right\} \tag{2-22}$$

与典型相关分析一样，核典型相关分析可以将上述问题通过拉格朗日对偶转化成广义特征值问题来求解 $\boldsymbol{\alpha},\boldsymbol{\beta}$：

$$\left.\begin{array}{l}(\boldsymbol{K}_1+\varepsilon_1\boldsymbol{I})^{-1}\boldsymbol{K}_2(\boldsymbol{K}_2+\varepsilon_2\boldsymbol{I})^{-1}\boldsymbol{K}_1\boldsymbol{\alpha}=\lambda^2\boldsymbol{\alpha}\\(\boldsymbol{K}_2+\varepsilon_2\boldsymbol{I})^{-1}\boldsymbol{K}_1(\boldsymbol{K}_1+\varepsilon_1\boldsymbol{I})^{-1}\boldsymbol{K}_2\boldsymbol{\beta}=\lambda^2\boldsymbol{\beta}\end{array}\right\} \tag{2-23}$$

4. 深度典型相关分析

核典型相关分析虽然能学习多视图数据的非线性表示，但是会受到核函数的限制而不能处理大规模数据集。如图 2－1 所示，深度典型相关分析[8]在典型相关分析的基础上引入深度非线性映射，能够学习不同视图间相关的深度非线性表示。如果两个视图上的深度映射函数分别为 $f_1:\boldsymbol{X}^1\rightarrow\boldsymbol{H}^1$ 和 $f_2:\boldsymbol{X}^2\rightarrow\boldsymbol{H}^2$，则深度典型相关分

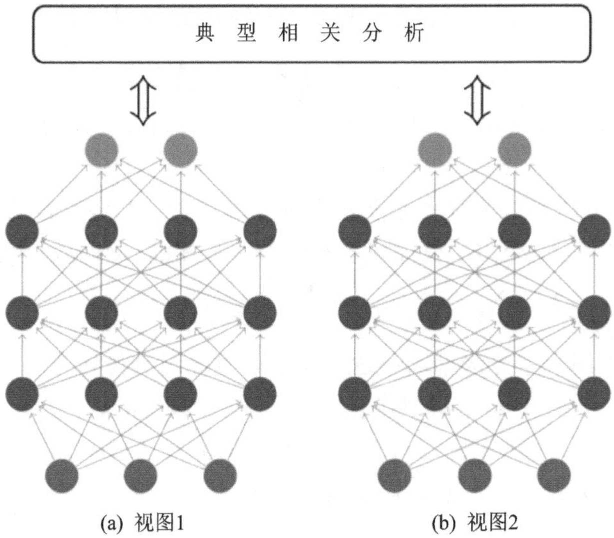

图 2－1　深度典型相关分析的模型示意图[8]

析将最大化深度表示 $\boldsymbol{H}^1$ 和 $\boldsymbol{H}^2$ 间的相关性来更新每个视图的深度网络权重 $\boldsymbol{\theta}^1,\boldsymbol{\theta}^2$：

$$\max_{\boldsymbol{\theta}^1,\boldsymbol{\theta}^2} \operatorname{corr}\left[f_1(\boldsymbol{X}^1;\boldsymbol{\theta}^1), f_2(\boldsymbol{X}^2;\boldsymbol{\theta}^2)\right] \tag{2-24}$$

对于深度神经网络权重 $\boldsymbol{\theta}^1,\boldsymbol{\theta}^2$ 的学习，深度典型相关分析采用基于梯度的优化方法估计参数，例如 L-BFGS 算法。

2.2 多视图表示融合方法

2.2.1 基于图的多视图表示融合方法

基于图的多视图表示融合方法可以分为两种类型：基于图结构的方法和基于概率图的方法。基于图结构的方法根据每个视图的特征表示或图结构学习多个视图的公共图结构，并得到多视图数据的公共特征表示。例如，自加权多视图学习方法[9]和基于公共与视图特定的多视图子空间学习方法[10]是典型的基于图结构的多视图表示融合方法。

1. 自加权多视图学习方法

自加权多视图学习方法[9]首先根据每个视图的数据或者特征表示学习得到每个视图的图结构 $\{\boldsymbol{A}^v\}_{v=1}^V$，然后学习多视图间的公共图结构 $\boldsymbol{S}$ 和公共特征表示 $\boldsymbol{H}$。自加权多视图学习方法的优化目标有两个：一是最小化公共图结构 $\boldsymbol{S}$ 与各视图上图结构 $\{\boldsymbol{A}^v\}_{v=1}^V$ 间的距离；二是最小化公共图结构 $\boldsymbol{S}$ 和公共特征表示 $\boldsymbol{H}$ 构成的拉普拉斯图正则化项。这样，自加权多视图学习方法的目标函数为

$$\left.\begin{aligned} &\min_{\boldsymbol{S},\boldsymbol{H}} \sum_v \alpha_v \| S-\boldsymbol{A}^v \|_F^2 + 2\lambda \operatorname{tr}(\boldsymbol{H}^{\mathrm{T}}\boldsymbol{L}_S\boldsymbol{H}) \\ &\text{s.t.}\ \boldsymbol{S}_{i.}\boldsymbol{1}=1,\quad S_{ij}\geqslant 0,\quad \boldsymbol{H}^{\mathrm{T}}\boldsymbol{H}=\boldsymbol{I} \end{aligned}\right\} \tag{2-25}$$

式中：α_v 为每个视图的权重，$\boldsymbol{L}_S$ 为 $\boldsymbol{S}$ 的拉普拉斯矩阵，tr(·)为矩阵的迹，λ 为正则化参数。

自加权多视图学习方法迭代优化公共图结构 $\boldsymbol{S}$ 和公共特征表示 $\boldsymbol{H}$：

① 固定公共特征表示 $\boldsymbol{H}$，自加权多视图学习方法的目标函数会变成

$$\min_{\boldsymbol{S}_{i.}\boldsymbol{1}=1, S_{ij}\geqslant 0} \sum_v \Big(\sum_{i,j} \alpha_v (S_{ij}-A_{ij}^v)^2 \Big) + \lambda \sum_{i,j} \| \boldsymbol{H}_{i.} - \boldsymbol{H}_{j.} \|_2^2 S_{ij} \tag{2-26}$$

此时，自加权多视图学习方法可以通过优化上述目标函数得到公共图结构 $\boldsymbol{S}$。

② 固定公共图结构 $\boldsymbol{S}$，自加权多视图学习方法的目标函数变成

$$\min_{\boldsymbol{H}^{\mathrm{T}}\boldsymbol{H}=\boldsymbol{I}} \lambda \operatorname{tr}(\boldsymbol{H}^{\mathrm{T}}\boldsymbol{L}_S\boldsymbol{H}) \tag{2-27}$$

此时，自加权多视图学习方法的目标函数与谱聚类一样，从而得到公共特征表示 $\boldsymbol{H}$。

2. 基于公共与视图特定的多视图子空间学习方法

如图 2-2 所示，基于公共与视图特定的多视图子空间学习方法[10]在多视图子

空间学习的基础上将每个视图的子空间分成两个部分：一致性子空间 $\boldsymbol{C}$ 和视图特定的子空间 $\{\boldsymbol{D}^v\}_{v=1}^V$。如果仅考虑视图间的一致性，则多视图子空间约束为

$$\boldsymbol{X}^v = \boldsymbol{X}^v \boldsymbol{Z} + \boldsymbol{E}^v \tag{2-28}$$

式中：$\boldsymbol{Z}$ 为公共子空间，$\boldsymbol{E}^v$ 为各自视图上的误差项。考虑到各个视图的差异和独特性，如果将公共子空间 $\boldsymbol{Z}$ 分解成一致性子空间 $\boldsymbol{C}$ 和视图特定的子空间 $\{\boldsymbol{D}^v\}_{v=1}^V$，则多视图子空间约束公式为

$$\boldsymbol{X}^v = \boldsymbol{X}^v(\boldsymbol{C} + \boldsymbol{D}^v) + \boldsymbol{E}^v \tag{2-29}$$

考虑误差项的稀疏性，基于公共与视图特定的多视图子空间学习方法的优化目标是

$$\left.\begin{aligned} &\min_{\boldsymbol{C},\boldsymbol{D}^v,\boldsymbol{E}^v} \sum_v \|\boldsymbol{E}^v\|_{2,1} + \lambda_1 \|\boldsymbol{C}\|_* + \lambda_2 \sum_v \|\boldsymbol{D}^v\|_2^2 \\ &\text{s. t. } \boldsymbol{X}^v = \boldsymbol{X}^v(\boldsymbol{C} + \boldsymbol{D}^v) + \boldsymbol{E}^v, \quad v \in [V] \end{aligned}\right\} \tag{2-30}$$

式中：λ_1, λ_2 为正则化参数。通过优化上述目标，基于公共与视图特定的多视图子空间学习方法可以学习到一致性子空间和一系列视图特定的子空间。基于此，模型可以构建出数据的相似度矩阵 $\boldsymbol{S}$ 为

$$\boldsymbol{S} = \frac{|\boldsymbol{C}| + |\boldsymbol{C}|^{\mathrm{T}}}{2} + \frac{1}{V}\sum_v \frac{|\boldsymbol{D}^v| + |\boldsymbol{D}^v|^{\mathrm{T}}}{2} \tag{2-31}$$

然后根据相似度矩阵 $\boldsymbol{S}$ 计算出公共特征（见图 2-2）。

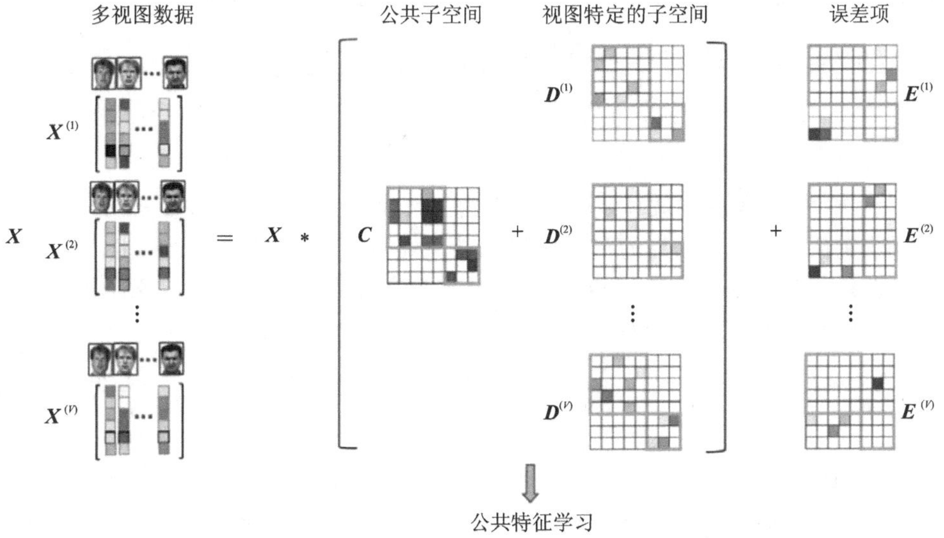

图 2-2　基于公共与视图特定的多视图子空间学习的模型示意图[10]

基于概率图的方法从概率推理的角度通过多个视图上的表示学习得到公共的特征表示，例如多模态深度玻耳兹曼机。

3. 多模态深度玻耳兹曼机

多模态深度玻耳兹曼机在融合各个视图前，在每个视图上构建深度玻耳兹曼机，学习各视图的深度特征 $\{\boldsymbol{H}^v\}_{v=1}^V$，然后融合各视图的深度特征得到公共特征表示。下面先对深度玻耳兹曼机进行简要说明，然后介绍通过多模态深度玻耳兹曼机如何得到多视图公共特征。

深度玻耳兹曼机是通过堆叠受限玻耳兹曼机创建的无向图模型。如果受限玻耳兹曼模型同样由一组可见层单元 $\boldsymbol{x}_n$ 与隐藏层单元 $\boldsymbol{h}_n$ 构成，则受限玻耳兹曼的能量函数可表示为

$$E_{\mathrm{RBM}}(\boldsymbol{x}_n, \boldsymbol{h}_n) = -\boldsymbol{x}_n\boldsymbol{c} - \boldsymbol{x}_n\boldsymbol{W}\boldsymbol{h}_n^{\mathrm{T}} - \boldsymbol{h}_n\boldsymbol{b} \tag{2-32}$$

受限玻耳兹曼模型通过对比散度算法最大化似然函数训练得到模型的参数，并且，权值的梯度可以表示为数据相关统计与模型相关统计的差值：

$$\left.\begin{aligned} \Delta\boldsymbol{W} &= \alpha(\boldsymbol{E}_{P_{\mathrm{data}}}[\boldsymbol{x}\boldsymbol{h}^{\mathrm{T}}] - \boldsymbol{E}_{P_{\mathrm{model}}}[\boldsymbol{x}\boldsymbol{h}^{\mathrm{T}}]) \\ \Delta\boldsymbol{c} &= \alpha(\boldsymbol{E}_{P_{\mathrm{data}}}[\boldsymbol{x}] - \boldsymbol{E}_{P_{\mathrm{model}}}[\boldsymbol{x}]) \\ \Delta\boldsymbol{b} &= \alpha(\boldsymbol{E}_{P_{\mathrm{data}}}[\boldsymbol{h}] - \boldsymbol{E}_{P_{\mathrm{model}}}[\boldsymbol{h}]) \end{aligned}\right\} \tag{2-33}$$

式中：α 为学习率，$\boldsymbol{E}_{P_{\mathrm{data}}}[\cdot]$为数据相关统计，$\boldsymbol{E}_{P_{\mathrm{model}}}[\cdot]$为模型相关统计。

与受限玻耳兹曼模型不同，深度玻耳兹曼机是深度无向图模型。如果深度玻耳兹曼机有两层隐藏层，其隐藏层的输出是由上下两层决定的。给定一组可见层单元 $\boldsymbol{x}_n$ 与两层隐藏层单元 $\boldsymbol{h}_n^{(1)}, \boldsymbol{h}_n^{(2)}$，深度玻耳兹曼机能量函数可以表示为

$$\begin{aligned} E(\boldsymbol{x}_n, \boldsymbol{h}_n^{(1)}, \boldsymbol{h}_n^{(2)}; \theta) = &-\sum_{i=1}^{D}\sum_{j=1}^{J^{(1)}} x_{ni}W_{ij}^{(1)}h_{nj}^{(1)} - \sum_{j=1}^{J^{(1)}}\sum_{j'=1}^{J^{(2)}} h_{nj}^{(1)}W_{jj'}^{(2)}h_{nj'}^{(2)} - \\ &\sum_{j=1}^{J^{(1)}} b_j^{(1)}h_{nj}^{(1)} - \sum_{j'=1}^{J^{(2)}} b_j^{(2)\prime}h_{nj'}^{(2)} - \sum_{i=1}^{D} c_i x_{ni} \end{aligned} \tag{2-34}$$

式中：$\theta = \{\boldsymbol{W}, \boldsymbol{b}, \boldsymbol{c}\}$ 为受限玻耳兹曼模型中的网络权值。深度玻耳兹曼机可以利用受限玻耳兹曼预训练确定网络的初始权重，然后根据能量函数微调整个网络。

在得到各视图的深度特征 $\{\boldsymbol{H}^v\}_{v=1}^V$ 后，多模态深度玻耳兹曼机定义了深度特征 $\{\boldsymbol{H}^v\}_{v=1}^V$ 和多视图公共特征 $\boldsymbol{H}$ 间的能量函数为

$$E_{\mathrm{MRBM}}(\{\boldsymbol{H}^v\}_{v=1}^V, \boldsymbol{H}) = \sum_n\left[-\sum_v \boldsymbol{H}_{n.}^v\boldsymbol{c}^v - \sum_v \boldsymbol{H}_{n.}^v\boldsymbol{W}^v(\boldsymbol{H}_{n.})^{\mathrm{T}} - \boldsymbol{H}_{n.}\bar{\boldsymbol{b}}\right] \tag{2-35}$$

式中：$\theta = \{\boldsymbol{W}^v\}_{v=1}^V, \{\boldsymbol{c}^v\}_{v=1}^V, \bar{\boldsymbol{b}}$ 为网络权值。

多模态深度玻耳兹曼机可以利用上述能量函数融合多个视图的深度表示学习得到多视图深度表示的初始值，然后结合各视图的深度玻耳兹曼机网络微调整个多模态深度玻耳兹曼机网络，并得到最终的多视图深度表示 $\boldsymbol{H}$。

2.2.2 基于神经网络的多视图表示融合方法

从多视图表示融合的角度看，基于神经网络的多视图表示融合方法有线性融合、

自注意力融合等。

1. 基于线性融合的多视图表示融合方法

基于线性融合的多视图表示融合方法就是利用神经网络学习每个视图的特征，然后对每个视图的特征进行线性组合，得到多视图数据的公共特征表示，例如多模态深度自编码模型[11]和多模态循环神经网络[12]。

多模态深度自编码模型[11]在深度降噪自编码基础上融合不同模态的深度特征实现公共特征的学习。融合不同模态的公共特征可以使自动编码器建模不同模态间的关系。自动编码器是一种无监督学习模型，可以利用样本的重构学习样本的隐层表示。自动编码器由编码器 $f_\theta:\boldsymbol{X}\rightarrow\boldsymbol{H}$ 和解码器 $g_{\theta'}:\boldsymbol{H}\rightarrow\boldsymbol{X}$ 组成：编码器实现样本 $\boldsymbol{X}$ 到隐层特征 $\boldsymbol{H}=f_\theta(\boldsymbol{X})$ 的映射，解码器将隐层特征 $\boldsymbol{H}$ 映射到重构样本 $\hat{\boldsymbol{X}}=g_{\theta'}(\boldsymbol{H})$。自动编码器的训练目标是最小化样本 $\boldsymbol{X}$ 与重构样本 $\hat{\boldsymbol{X}}$ 间的误差，以实现编码器的学习：

$$\min_{\theta,\theta'}\|\boldsymbol{X}-g_{\theta'}[f_\theta(\boldsymbol{X})]\|_F^2 \tag{2-36}$$

降噪自动编码器是在自动编码器的基础上提出的一种无监督模型，其在训练过程中的输入样本有一部分是“损坏”的。降噪自动编码器能够实现对“损坏”的原始数据 $\widetilde{\boldsymbol{X}}$ 编码、解码，然后还能恢复真正的原始数据 $\boldsymbol{X}$，其目标函数是

$$\min_{\theta,\theta'}\|\boldsymbol{X}-g_{\theta'}[f_\theta(\widetilde{\boldsymbol{X}})]\|_F^2 \tag{2-37}$$

多模态深度自编码模型[11]将降噪自编码的思想引入多模态公共特征学习，它将“损坏”的不同模态数据 $\{\widetilde{\boldsymbol{X}}^v\}_{v=1}^V$ 映射到公共特征 $\boldsymbol{H}$，然后根据公共特征 $\boldsymbol{H}$ 还原真正的多模态数据 $\{\boldsymbol{X}^v\}_{v=1}^V$。多模态深度自编码模型的训练目标是最小化真正的多模态数据 $\{\boldsymbol{X}^v\}_{v=1}^V$ 与重构样本 $\{\hat{\boldsymbol{X}}^v=g_{\theta'_v}[f_{\theta_v}(\widetilde{\boldsymbol{X}}^v)]\}_{v=1}^V$ 间的误差，以实现公共特征学习：

$$\min_{\{\theta_v,\theta'_v\}_{v=1}^V}\sum_v\|\boldsymbol{X}^v-g_{\theta'_v}[f_{\theta_v}(\widetilde{\boldsymbol{X}}^v)]\|_F^2 \tag{2-38}$$

多模态循环神经网络[12]利用现有的模型分别对文字和图片输入计算编码表示，即使用循环神经网络获得文字编码，使用卷积神经网络获得图片编码。随后，模型中的一个多模态模块将多种编码表示融合起来。由于这种模型中各个模态的编码表示的关系相对独立，模型需要额外的设计来完成二者的融合。

多模态循环神经网络结构如图 2－3 所示。多模态循环神经网络与典型的循环神经网络一样在时间上循环，也就是说每个时间片的计算同时参考了当前时间片的输入和上个时间片的状态，计算结果既有当前时间片的输出，也有给下个时间片使用的状态。多模态循环神经网络中的循环单元也与其他循环神经网络的循环单元类似。多模态循环神经网络中的图片信息来源于另一个卷积神经网络计算得出的图片编码表示。

多模态循环神经网络中引入了多模态单元，它的输入来自三个部分：当前时间片

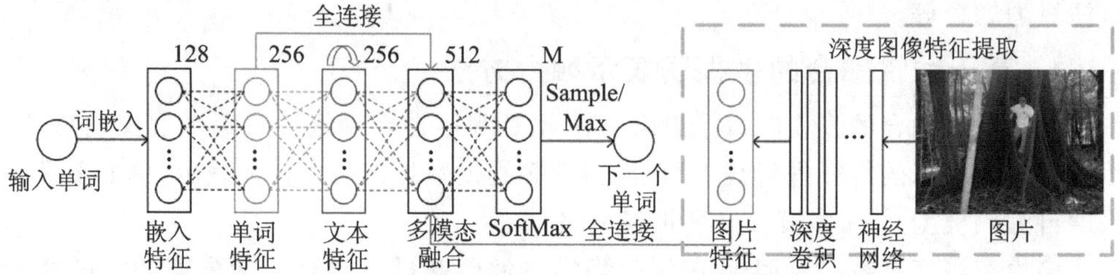

图 2-3　多模态循环神经网络模型示意图[12]

的词语编码表示、循环单元的输出和图片的编码表示。多模态单元的作用是对三种模态的输入做线性组合。三者线性组合之后融合在统一的编码表示中，这个编码表示包含了所有模态的信息，可以直接用于后续任务。具体地说，在多模态循环神经网络中输入文本序列的一个元素，经过两次嵌入后作为后续阶段的输入，这对应于图 2-3 中的单词特征。在多模态循环神经网络循环阶段的时间片 t 中，文本序列的一个元素经嵌入后用 $\boldsymbol{w}(t)$ 表示，在每个时间片之间循环的中间状态及输出结果用 $\boldsymbol{r}(t)$ 表示，再引入权重矩阵 $\boldsymbol{U}$，则每个时间片中的计算符合

$$\boldsymbol{r}(t)=\mathrm{ReLU}[\boldsymbol{U}\cdot\boldsymbol{r}(t-1)+\boldsymbol{w}(t)] \tag{2-39}$$

这对应于图 2-3 中的本文特征。在多模态阶段之前，图片信息由 CNN 提取特征，图片特征用 I 表示，这对应图 2-3 中的图片特征。

单词特征、本文特征和图片特征分别为多模态阶段提供三种输入。在时间片 t 的多模态阶段中，计算结果 $\boldsymbol{m}(t)$ 符合

$$\boldsymbol{m}(t)=g(\boldsymbol{V}_w\cdot\boldsymbol{w}(t)+\boldsymbol{V}_r\cdot\boldsymbol{r}(t)+\boldsymbol{V}_I\cdot\boldsymbol{I}) \tag{2-40}$$

式中：$g(\cdot)$ 为修改过的双曲正切函数，$\boldsymbol{V}_w,\boldsymbol{V}_r,\boldsymbol{V}_I$ 为对于各个模态使用的权重矩阵。从数学角度可以看出，文本和图片模态的三种输入（其中文本模态同时使用了单词级别的信息 $\boldsymbol{w}(t)$ 和句子级别的信息 $\boldsymbol{r}(t)$）再乘以各自的权重矩阵之后相加，激活函数的输入是它们的线性组合。

2. 基于自注意力融合的多视图表示融合方法

注意力机制天然地需要对比两个视图，从而决定其中一个视图上特征的权重，因此这一机制十分适合多视图表示融合场景。基于自注意力融合的多视图表示融合方法就是利用神经网络学习每个视图的特征，然后对每个视图的特征进行自注意力组合得到多视图数据的公共特征表示，例如基于双向注意力机制的多模态分类方法[13]。基于注意力机制的多视图表示融合方法不像基于线性组合的方法。在注意力机制的一次计算中，两种视图输入信息的直接交互仅出现在计算两个模态信息的匹配程度时，最终的融合结果可以说是来源于其中一个视图。这是因为注意力机制的结果是一个视图上的加权平均。因此，在基于自注意力融合的多视图表示融合方法中，融合结果虽然不是多个视图在同一个投影空间的直接交互，但其他视图信息仍然在融合结果中起到重要的作用。

如图 2－4 所示，基于双向注意力机制的多模态分类方法[13]在深度模型提取的图像和文本特征基础上，利用双向注意力机制在一个模态下引入另一个模态信息，将该模态的底层特征与另一模态的语义特征通过注意力计算学习模态间的关联信息，然后联结两种模态的高层特征形成跨模态公共表征，并输入多层感知器得到分类结果。

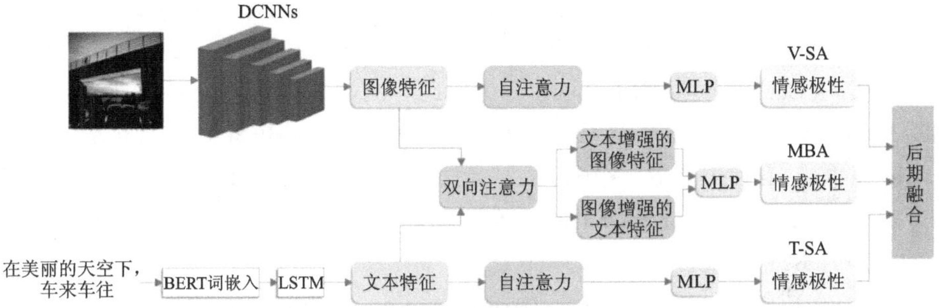

图 2－4　基于双向注意力机制的多模态融合模型示意图[13]

自注意力机制通过特征自身的注意力权重分配，可以使模型聚焦于判别性特征，然而这种聚焦会使模型更关注特定事物而忽视了事物的总体特征。此外，针对同一事物，其不同模态特征表示之间一般存在某种内在关联。基于此，如图 2－5 所示，基于双向注意力机制的多模态分类方法使用跨模态分类的双向注意力网络，利用一种模态的高层语义特征，参与另一种模态下注意力特征的生成。此外，由于高层语义特征被赋予了较多的事物信息，因此另一种模态的注意力权重将增强事物特征在分类中的作用。

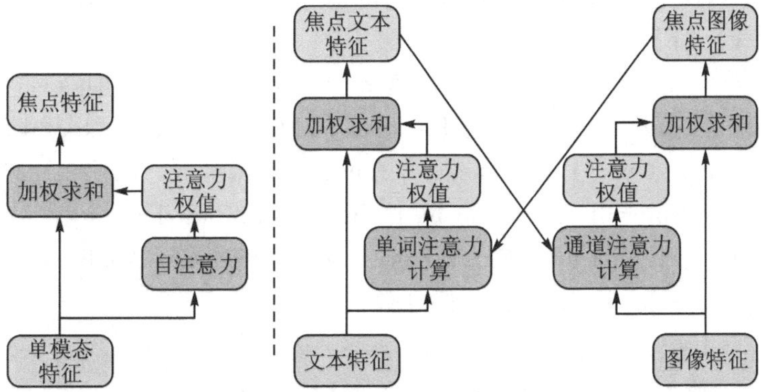

图 2－5　双向注意力模型与单向自注意力模型的结构[13]

参考文献

[1] Li Y, Yang M, Zhang Z. A survey of multi-view representation learning[J].

IEEE Transactions on Knowledge and Data Engineering，2019，31(10)：1863-1883.

[2] Liu Q，Sun S. Multi-view regularized Gaussian processes[C]//Proceedings of Pacific-Asia Conference on Knowledge Discovery and Data Mining. Jeju：Springer，2017：655-667.

[3] Li D，Dimitrova N，Li M，et al. Multimedia content processing through cross-modal association[C]//Proceedings of ACM International Conference on Multimedia. Berkeley：ACM，2003：604-611.

[4] Bai B，Weston J，Grangier D，et al. Learning to rank with (a lot of) word features[J]. Information Retrieval，2010，13(3)：291-314.

[5] Hotelling H. Relations between two sets of variates[J]. Biometrika，1936，28(3/4)：321-377.

[6] Sun L，Ji S，Ye J. A least squares formulation for canonical correlation analysis[C]//Proceedings of International Conference on Machine Learning. Helsinki：ACM，2008：1024-1031.

[7] Lai P L，Fyfe C. Kernel and nonlinear canonical correlation analysis[J]. International Journal of Neural Systems，2000，10：365-374.

[8] Andrew G，Arora R，Bilmes J A，et al. Deep canonical correlation analysis[C]//Proceedings of International Conference on Machine Learning. Atlanta：MIT Press，2013：1247-1255.

[9] Nie F，Li J，Li X. Self-weighted multiview clustering with multiple graphs[C]//Proceedings of International Joint Conference on Artificial Intelligence. Anchorage：IEEE，2017：2564-2570.

[10] Srivastava N，Salakhutdinov R. Multimodal learning with deep boltzmann machines[C]//Proceedings of International Conference on Neural Information Processing Systems. Lake Tahoe：Curran Associates，Inc.，2012：2231-2239.

[11] Bengio Y，Courville A，Vincent P. Representation learning：A review and new perspectives[J]. IEEE Transactions on Pattern Analysis and Machine Intelligence，2013，35(8)：1798-1828.

[12] Mao J，Xu W，Yang Y，et al. Explain images with multimodal recurrent neural networks[J]. arXiv preprint arXiv:1410.1090，2014.

[13] 黄宏展，蒙祖强. 基于双向注意力机制的多模态情感分类方法[J]. 计算机工程与应用，2021，57(11)：119-127.

第3章 多视图受限玻耳兹曼机模型

受限玻耳兹曼机是一种概率图模型，可以从数据中依据数据间的依赖关系学习到有效的特征，并且能利用学习到的特征重构出原始数据。目前，许多学者修改受限玻耳兹曼机的能量函数，将其应用在人工智能和机器学习领域，例如实值数据建模、顺序数据建模、噪声数据建模、文档建模和其他应用。受限玻耳兹曼机虽然是机器学习领域中强有力的表示学习模型，但是它及其变种模型一般只适合处理单视图数据。实际上，很多数据来自多个视图，其中每个视图可以是数据的某个特征向量或数据某个领域的描述。多模态受限玻耳兹曼机[1]是基于公共特征假设提出的多视图表示融合方法，它通过定义能量函数将不同视图的表示映射到公共特征空间。后验一致性受限玻耳兹曼机模型[2]与后验一致性和领域适应受限玻耳兹曼机模型[3]是基于视图一致性假设提出的多视图表示学习方法。

后验一致性受限玻耳兹曼机(PCRBM)模型针对每个视图建立受限玻耳兹曼机模型，并在每个视图的受限玻耳兹曼机模型训练时确保该视图的受限玻耳兹曼机模型与其他视图的受限玻耳兹曼机模型的隐藏层特征之间的一致性。同样，在PCRBM的基础上堆叠深度置信网，然后利用多模受限玻耳兹曼机将不同视图的顶层隐藏层特征映射到统一的特征表示。然而，在PCRBM模型中，每个视图的受限玻耳兹曼机模型学习的特征表示仅包含不同视图之间的一致性信息。考虑到每个视图的特定信息，后验一致性和领域适应受限玻耳兹曼机(PDRBM)模型将每个视图上的受限玻耳兹曼机模型的隐藏层分成两部分：一部分包含不同视图之间的一致性信息，另一部分包含该视图特有的信息。在PDRBM模型中，将不同视图上包含一致性信息的隐藏层特征用于分类。此外，本章将PCRBM和PDRBM扩展到指数族受限玻耳兹曼机以处理实值数据，这样它们的可见层或隐藏层节点上的激活函数可以是任何光滑的单调非线性函数。本章首先介绍PCRBM模型的推理过程和扩展模型，然后详述PDRBM模型的推理过程和多视图应用，最后通过仿真实验验证两种模型的有效性。

3.1 后验一致性受限玻耳兹曼机模型

3.1.1 二视图数据融合的后验一致性受限玻耳兹曼机模型

如图 3-1 所示，后验一致性受限玻耳兹曼机（PCRBM）模型需要针对每个视图数据建立一个受限玻耳兹曼机模型。也就是说，在 PCRBM 模型中，每个视图上受限玻耳兹曼机的条件概率推理与传统的受限玻耳兹曼机一样。也就是说，每个视图上的受限玻耳兹曼机模型也需要最大化对数似然函数得到网络权值。但是，与传统受限玻耳兹曼机模型不同的是，PCRBM 模型不仅需要最大化每个视图上的受限玻耳兹曼机模型的似然函数，而且需要最大化不同视图上的受限玻耳兹曼机模型的隐藏层特征之间的一致性。

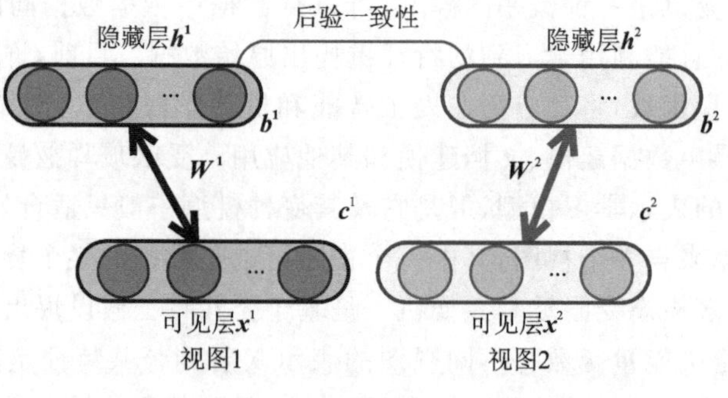

图 3-1　面向二视图数据的 PCRBM 网络结构

PCRBM 是一个生成模型，它包含两层可视层节点 $\boldsymbol{x}^1=\{x_i^1\}_{i=1}^{D1}$，$\boldsymbol{x}^2=\{x_i^2\}_{i=1}^{D2}$，两层隐藏层节点 $\boldsymbol{h}^1=\{h_j^1\}_{j=1}^{J}$，$\boldsymbol{h}^2=\{h_j^2\}_{j=1}^{J}$ 和网络的连接权值 $\theta=\{\boldsymbol{W}^1,\boldsymbol{b}^1,\boldsymbol{c}^1,\boldsymbol{W}^2,\boldsymbol{b}^2,\boldsymbol{c}^2\}$。PCRBM 模型的能量函数可以由两个传统受限玻耳兹曼机模型组成，其在二视图数据上的条件概率分布可以表示为

$$\left.\begin{aligned}P(h_j^1=1\mid\boldsymbol{x}^1)&=\sigma\Big(\sum_i x_i^1W_{ij}^1+b_j^1\Big)\\P(x_i^1=1\mid\boldsymbol{h}^1)&=\sigma\Big(\sum_j W_{ij}^1h_j^1+c_i^1\Big)\\P(h_j^2=1\mid\boldsymbol{x}^2)&=\sigma\Big(\sum_i x_i^2W_{ij}^2+b_j^2\Big)\\P(x_i^2=1\mid\boldsymbol{h}^2)&=\sigma\Big(\sum_j W_{ij}^2h_j^2+c_i^2\Big)\end{aligned}\right\}\tag{3-1}$$

式中：$\sigma(x)=1/[1+\exp(-x)]$ 表示 Sigmoid 激活函数。

给定二视图训练数据集 $\boldsymbol{X}^1=\{\boldsymbol{x}^{1(n)}\}_{n=1}^{N}$，$\boldsymbol{X}^2=\{\boldsymbol{x}^{2(n)}\}_{n=1}^{N}$，$\boldsymbol{Y}=\{\boldsymbol{Y}^{(n)}\}_{n=1}^{N}$（其中 $\boldsymbol{X}^1$

和 $\boldsymbol{X}^2$ 分别是每个视图数据，$\boldsymbol{Y}$ 是对应的标签）。为了最大化两个视图上受限玻耳兹曼机模型的隐藏层特征之间的一致性，PCRBM 的目标函数可以表示为

$$\max_{\theta}\sum_{n}\ln P(\boldsymbol{x}^{1(n)};\theta)+\sum_{n}\ln P(\boldsymbol{x}^{2(n)};\theta)+$$
$$\lambda\,\text{consistency}\Big(\sum_{n}P(\boldsymbol{h}^{1(n)}\mid\boldsymbol{x}^{1(n)};\theta),\sum_{n}P(\boldsymbol{h}^{2(n)}\mid\boldsymbol{x}^{2(n)};\theta)\Big)\qquad(3-2)$$

式中：λ 是平衡对数似然函数和一致性函数的参数。可以通过统计近似法推导后验一致性函数关于权值的梯度更新模型权值，具体细节在下一小节给出。在预训练之后，PCRBM 模型利用带标签的数据和梯度下降法来微调网络权值。在一般的受限玻耳兹曼机模型中，可见层和隐藏层的连接权值也要微调。然而，在 PCRBM 中，可见层和隐藏层的连接权值包含两个视图之间的后验一致性，因此可见层和隐藏层的连接权值保持不变。

给定 $\boldsymbol{H}^{1(n)}=P(\boldsymbol{h}^{1(n)}\mid\boldsymbol{x}^{1(n)};\theta)$ 和 $\boldsymbol{H}^{2(n)}=P(\boldsymbol{h}^{2(n)}\mid\boldsymbol{x}^{2(n)};\theta)$（$\boldsymbol{H}^1,\boldsymbol{H}^2\in\mathbb{R}^{N\times J}$），然后分类模型的目标函数可以表示为

$$\min_{\theta'}\frac{a}{2}\sum_{n}\left\|\boldsymbol{Y}^{(n)}-P(\hat{\boldsymbol{Y}}^{(n)}\mid\boldsymbol{H}^{1(n)};\theta')\right\|^2+$$
$$\frac{(1-a)}{2}\sum_{n}\left\|\boldsymbol{Y}^{(n)}-P(\hat{\boldsymbol{Y}}^{(n)}\mid\boldsymbol{H}^{2(n)};\theta')\right\|^2\qquad(3-3)$$

式中：$a\in[0,1]$ 是平衡两个视图的参数，并且

$$\left.\begin{aligned}P(\hat{Y}_l^{(n)}\mid\boldsymbol{H}^{1(n)};\theta')&=\frac{\exp\Big(\sum_j H_j^{1(n)}W_{jl}^1+b_l^1\Big)}{\sum_l\exp\Big(\sum_j H_j^{1(n)}W_{jl}^1+b_l^1\Big)}\\P(\hat{Y}_l^{(n)}\mid\boldsymbol{H}^{2(n)};\theta')&=\frac{\exp\Big(\sum_j H_j^{2(n)}W_{jl}^2+b_l^2\Big)}{\sum_l\exp\Big(\sum_j H_j^{2(n)}W_{jl}^2+b_l^2\Big)}\end{aligned}\right\}\qquad(3-4)$$

因此，PCRBM 模型使用梯度下降法来微调隐藏层和输出层的连接权值，它适用于两类数据分类和多类数据分类。

3.1.2　PCRBM 模型在二视图数据上的推理和学习

PCRBM 模型可以使用距离的负数和典型相关分析两种度量来描述两个分布之间的一致性。本章将基于距离的负数的 PCRBM 模型命名为 PCRBM1，将基于典型相关分析的 PCRBM 模型命名为 PCRBM2。PCRBM 模型需要针对每个视图数据建立一个受限玻耳兹曼机模型。对于每个视图的受限玻耳兹曼机模型，权值的梯度可以分为两部分：对数似然函数的梯度和后验一致性函数的梯度。以权值 $\boldsymbol{W}^1$ 为例，目标函数关于权值 $\boldsymbol{W}^1$ 的梯度可以表示为

$$\nabla\boldsymbol{W}^1=\nabla\boldsymbol{W}^1_{\text{log-likelihood}}+\lambda\nabla\boldsymbol{W}^1_{\text{consistency}}\qquad(3-5)$$

在 PCRBM1 和 PCRBM2 中，对数似然函数关于权值的梯度是一致的。对数似然函数关于权值的梯度可以简化为数据相关统计和模型相关统计的差值。而且，对比散度算法[4]或其他随机逼近算法为模型相关统计的计算提供了一种有效的方法。给定二视图训练数据集 $\boldsymbol{X}^1=\{\boldsymbol{x}^{1(n)}\}_{n=1}^N$，$\boldsymbol{X}^2=\{\boldsymbol{x}^{2(n)}\}_{n=1}^N$，$\boldsymbol{Y}=\{\boldsymbol{Y}^{(n)}\}_{n=1}^N$ 和每个视图隐藏层的输出 $\boldsymbol{H}^{1(n)}=P(\boldsymbol{h}^{1(n)}\mid\boldsymbol{x}^{1(n)};\theta)$，$\boldsymbol{H}^{2(n)}=P(\boldsymbol{h}^{2(n)}\mid\boldsymbol{x}^{2(n)};\theta)$时，对数似然函数关于权值 $\boldsymbol{W}^1$ 的梯度可以表示为

$$\nabla\boldsymbol{W}^1_{\text{log-likelihood}}=\left(\boldsymbol{E}_{P_{\text{data}}}[\boldsymbol{X}^{1\mathrm{T}}\boldsymbol{H}^1]-\boldsymbol{E}_{P_{\text{model}}}[\boldsymbol{X}^{1\mathrm{T}}\boldsymbol{H}^1]\right)/N \tag{3-6}$$

在 PCRBM1 和 PCRBM2 中，后验一致性函数关于权值的梯度是有差异的。在计算一致性函数关于权值的梯度前，可以计算一致性函数关于隐藏层输出 $\boldsymbol{H}^1$ 和 $\boldsymbol{H}^2$ 的梯度，然后使用反向传播计算关于权值的梯度。

在 PCRBM1 模型中，$\boldsymbol{H}^1$ 和 $\boldsymbol{H}^2$ 间的一致性可以定义为两个条件概率分布之间的距离的负数：

$$\begin{aligned}\text{consistency}(\boldsymbol{H}^1,\boldsymbol{H}^2)&=\text{negDistance}(\boldsymbol{H}^1,\boldsymbol{H}^2)\\&=\frac{1}{N}\sum_n\left[-\frac{1}{2}\frac{\|\boldsymbol{H}^{1(n)}-\boldsymbol{H}^{2(n)}\|^2}{\|\boldsymbol{H}^{1(n)}\|^2+\|\boldsymbol{H}^{2(n)}\|^2}\right]\\&=\frac{1}{N}\sum_n\left[\frac{\boldsymbol{H}^{1(n)}.\times\boldsymbol{H}^{2(n)}}{\|\boldsymbol{H}^{1(n)}\|^2+\|\boldsymbol{H}^{2(n)}\|^2}\right]-\frac{1}{2}\end{aligned} \tag{3-7}$$

式中：.× 表示对位相乘。那么，在 PCRBM1 中，一致性函数关于权值 $\boldsymbol{W}^1$ 的梯度可以表示为

$$\begin{aligned}\nabla\boldsymbol{W}^1_{\text{consistency}}&=\frac{\partial\text{negDistance}(\boldsymbol{H}^1,\boldsymbol{H}^2)}{\partial\boldsymbol{H}^1}\frac{\partial\boldsymbol{H}^1}{\partial\boldsymbol{W}^1}\\&=\frac{1}{N}\sum_n\left[\frac{\boldsymbol{H}^{2(n)}}{\|\boldsymbol{H}^{1(n)}\|^2+\|\boldsymbol{H}^{2(n)}\|^2}-\frac{2\boldsymbol{H}^{1(n)}.\times(\boldsymbol{H}^{1(n)}.\times\boldsymbol{H}^{2(n)})}{\left\|\|\boldsymbol{H}^{1(n)}\|^2+\|\boldsymbol{H}^{2(n)}\|^2\right\|^2}\right]\cdot\\&\quad\left[\frac{\partial\sigma(\boldsymbol{X}^1\boldsymbol{W}^1+1\boldsymbol{b}^1)}{\partial(\boldsymbol{X}^1\boldsymbol{W}^1+1\boldsymbol{b}^1)}\frac{\partial(\boldsymbol{X}^1\boldsymbol{W}^1+1\boldsymbol{b}^1)}{\partial\boldsymbol{W}^1}\right]\\&=\frac{1}{N}\boldsymbol{X}^{1\mathrm{T}}[\boldsymbol{H}^1.\times(1-\boldsymbol{H}^1).\times\\&\quad\left(\frac{\boldsymbol{H}^2}{\|\boldsymbol{H}^1\|^2+\|\boldsymbol{H}^2\|^2}-\frac{2\boldsymbol{H}^1.\times(\boldsymbol{H}^1.\times\boldsymbol{H}^2)}{\left\|\|\boldsymbol{H}^1\|^2+\|\boldsymbol{H}^2\|^2\right\|^2}\right)]\end{aligned} \tag{3-8}$$

然后，当 PCRBM1 用 CD-k 算法调整权值时，权值 $\boldsymbol{W}^1$ 的梯度可以表示为

$$\begin{aligned}\nabla\boldsymbol{W}^1&=\nabla\boldsymbol{W}^1_{\text{log-likelihood}}+\lambda\nabla\boldsymbol{W}^1_{\text{consistency}}\\&=\frac{1}{N}\left(\boldsymbol{E}_{P_{\text{data}}}[X^{1\mathrm{T}}\boldsymbol{H}^1]-\boldsymbol{E}_{P_{\text{model}}}[X^{1\mathrm{T}}\boldsymbol{H}^1]\right)+\frac{\lambda}{N}\boldsymbol{X}^{1\mathrm{T}}\Big(\boldsymbol{H}^1.\times(1-\boldsymbol{H}^1).\times\\&\quad\left(\frac{\boldsymbol{H}^2}{\|\boldsymbol{H}^1\|^2+\|\boldsymbol{H}^2\|^2}-\frac{2\boldsymbol{H}^1.\times(\boldsymbol{H}^1.\times\boldsymbol{H}^2)}{\left\|\|\boldsymbol{H}^1\|^2+\|\boldsymbol{H}^2\|^2\right\|^2}\right)]\end{aligned} \tag{3-9}$$

在 PCRBM2 中，$\boldsymbol{H}^1$ 和 $\boldsymbol{H}^2$ 间的一致性可以定义为两个分布之间的相关性，并且这种相关性可以由正则化后的数据计算得到。给定 $\bar{\boldsymbol{H}}^1=\boldsymbol{H}^1-1\left(\sum_n H^{1(n)}\right)/N$ 和 $\bar{\boldsymbol{H}}^2=\boldsymbol{H}^2-1\left(\sum_n H^{2(n)}\right)/N$（其中，$1\in\mathbb{R}^{N\times 1}$ 的元素全为 1）时，定义协方差矩阵 $\bar{\boldsymbol{C}}^{12}=(\bar{\boldsymbol{H}}^1)^{\mathrm{T}}\bar{\boldsymbol{H}}^2/(N-1)$，$\bar{\boldsymbol{C}}^{11}=(\bar{\boldsymbol{H}}^1)^{\mathrm{T}}\bar{\boldsymbol{H}}^1/(N-1)+r\boldsymbol{I}$，$\bar{\boldsymbol{C}}^{22}=(\bar{\boldsymbol{H}}^2)^{\mathrm{T}}\bar{\boldsymbol{H}}^2/(N-1)+r\boldsymbol{I}$（其中，$r=10^{-4}$ 是正则化参数）。然后，定义矩阵 $\bar{\boldsymbol{T}}=(\bar{\boldsymbol{C}}^{11})^{-1/2}\bar{\boldsymbol{C}}^{12}(\bar{\boldsymbol{C}}^{22})^{-1/2}$ 和 $\bar{\boldsymbol{T}}$ 的奇异值分解是 $\bar{\boldsymbol{T}}=\boldsymbol{UDV}^{\mathrm{T}}$。最终，PCRBM2 中 $\boldsymbol{H}^1$ 和 $\boldsymbol{H}^2$ 间的一致性可以表示为

$$\mathrm{consistency}(\boldsymbol{H}^1,\boldsymbol{H}^2)=\mathrm{correlation}(\boldsymbol{H}^1,\boldsymbol{H}^2)=\mathrm{tr}(\bar{\boldsymbol{T}})=\mathrm{tr}(\bar{\boldsymbol{T}}^{\mathrm{T}}\bar{\boldsymbol{T}})^{1/2} \tag{3-10}$$

那么，在 PCRBM2 中，目标函数关于权值 $\boldsymbol{W}^1$ 的梯度可以表示为

$$\begin{aligned}
\nabla \boldsymbol{W}^1_{\mathrm{consistency}} &= \frac{\partial \mathrm{correlation}(\boldsymbol{H}^1,\boldsymbol{H}^2)}{\partial \boldsymbol{H}^1}\frac{\partial \boldsymbol{H}^1}{\partial \boldsymbol{W}^1}\\
&= \frac{\partial \mathrm{tr}(\bar{\boldsymbol{T}})}{\partial \bar{\boldsymbol{H}}^1}\frac{\partial \boldsymbol{H}^1}{\partial \boldsymbol{W}^1}\\
&= \frac{\partial \mathrm{tr}((\bar{\boldsymbol{C}}^{11})^{-1/2}\bar{\boldsymbol{C}}^{12}(\bar{\boldsymbol{C}}^{22})^{-1/2})}{\partial \bar{\boldsymbol{H}}^1}\frac{\partial \boldsymbol{H}^1}{\partial \boldsymbol{W}^1}\\
&= \left[\frac{\partial \mathrm{tr}(\bar{\boldsymbol{T}})}{\partial \bar{\boldsymbol{C}}^{11}}\frac{\partial \bar{\boldsymbol{C}}^{11}}{\partial \bar{\boldsymbol{H}}^1}+\frac{\partial \mathrm{tr}(\bar{\boldsymbol{T}})}{\partial \bar{\boldsymbol{C}}^{12}}\frac{\partial \bar{\boldsymbol{C}}^{12}}{\partial \bar{\boldsymbol{H}}^1}\right]\cdot\\
&\quad\left[\frac{\partial \sigma(\boldsymbol{X}^1\boldsymbol{W}^1+1\boldsymbol{b}^1)}{\partial(\boldsymbol{X}^1\boldsymbol{W}^1+1\boldsymbol{b}^1)}\frac{\partial(\boldsymbol{X}^1\boldsymbol{W}^1+1\boldsymbol{b}^1)}{\partial \boldsymbol{W}^1}\right]\\
&= \boldsymbol{X}^{1\mathrm{T}}\left[\boldsymbol{H}^1.\times(1-\boldsymbol{H}^1).\times\left(\frac{\partial \mathrm{tr}(\bar{\boldsymbol{T}})}{\partial \bar{\boldsymbol{C}}^{11}}\frac{\partial \bar{\boldsymbol{C}}^{11}}{\partial \bar{\boldsymbol{H}}^1}+\frac{\partial \mathrm{tr}(\bar{\boldsymbol{T}})}{\partial \bar{\boldsymbol{C}}^{12}}\frac{\partial \bar{\boldsymbol{C}}^{12}}{\partial \bar{\boldsymbol{H}}^1}\right)\right]\\
&= \boldsymbol{X}^{1\mathrm{T}}[\boldsymbol{H}^1.\times(1-\boldsymbol{H}^1).\times(-\bar{\boldsymbol{H}}^1(\bar{\boldsymbol{C}}^{11})^{-1/2}\boldsymbol{U}^{\mathrm{T}}\boldsymbol{DU}(\bar{\boldsymbol{C}}^{11})^{-1/2}+\\
&\quad\bar{\boldsymbol{H}}^2(\bar{\boldsymbol{C}}^{22})^{-1/2}\boldsymbol{VU}^{\mathrm{T}}(\bar{\boldsymbol{C}}^{11})^{-1/2})]/(N-1)
\end{aligned} \tag{3-11}$$

式中：$.\times$ 表示对位相乘。那么，在 PCRBM2 中，一致性函数关于权值 $\boldsymbol{W}^1$ 的梯度可以表示为

$$\begin{aligned}
\nabla\boldsymbol{W}^1 &= \nabla\boldsymbol{W}^1_{\text{log-likelihood}}+\lambda\nabla\boldsymbol{W}^1_{\mathrm{consistency}}\\
&= \frac{1}{N}(\boldsymbol{E}_{P_{\mathrm{data}}}[\boldsymbol{X}^{1\mathrm{T}}\boldsymbol{H}^1]-\boldsymbol{E}_{P_{\mathrm{model}}}[\boldsymbol{X}^{1\mathrm{T}}\boldsymbol{H}^1])+\frac{\lambda}{N-1}\boldsymbol{X}^{1\mathrm{T}}[\boldsymbol{H}^1.\times(1-\boldsymbol{H}^1).\times\\
&\quad(\bar{\boldsymbol{H}}^2(\bar{\boldsymbol{C}}^{22})^{-1/2}\boldsymbol{VU}^{\mathrm{T}}(\bar{\boldsymbol{C}}^{11})^{-1/2}-\bar{\boldsymbol{H}}^1(\bar{\boldsymbol{C}}^{11})^{-1/2}\boldsymbol{U}^{\mathrm{T}}\boldsymbol{DU}(\bar{\boldsymbol{C}}^{11})^{-1/2})]
\end{aligned} \tag{3-12}$$

同样，可以计算得到目标函数相对于其他权值的梯度。如算法 3.1 所示，本章总结了 PCRBM 在二视图数据上的学习过程。

算法 3.1　基于 CD - k 方法的二视图数据 PCRBM 网络的训练过程

输入：样本数为 N 的二视图数据训练数据集 $\boldsymbol{X}^1=\{\boldsymbol{x}^{1(n)}\}_{n=1}^N$，$\boldsymbol{X}^2=\{\boldsymbol{x}^{2(n)}\}_{n=1}^N$。

输出：训练完成的网络模型权值 $\{\boldsymbol{W}^1,\boldsymbol{b}^1,\boldsymbol{c}^1,\boldsymbol{W}^2,\boldsymbol{b}^2,\boldsymbol{c}^2\}$。

Step 1. 随机初始化网络权值 $\{\boldsymbol{W}^1,\boldsymbol{b}^1,\boldsymbol{c}^1,\boldsymbol{W}^2,\boldsymbol{b}^2,\boldsymbol{c}^2\}$。

Step 2. **for** $t = 1$ to T（迭代次数）**do**

// 变分推理：

Step 3. **for** 每个二视图样本 $\boldsymbol{x}^{1(n)}, \boldsymbol{x}^{2(n)}$, $n = 1$ to N **do**

Step 4. $\boldsymbol{H}^{1(n)} = \sigma(\boldsymbol{x}^{1(n)}\boldsymbol{W}^1 + \boldsymbol{b}^1), \boldsymbol{H}^{2(n)} = \sigma(\boldsymbol{x}^{2(n)}\boldsymbol{W}^2 + \boldsymbol{b}^2)$；

Step 5. **end for**

// 计算一致性函数的梯度：

Step 6. **if** 度量两个分布一致性的方法是分布之间距离的负数 // PCRBM1

Step 7. $\nabla\boldsymbol{H}^1_{\text{consistency}} = \dfrac{1}{N}\left[\dfrac{\boldsymbol{H}^2}{\|\boldsymbol{H}^1\|^2 + \|\boldsymbol{H}^2\|^2} - \dfrac{2\boldsymbol{H}^1.\times(\boldsymbol{H}^1.\times\boldsymbol{H}^2)}{\|\,\|\boldsymbol{H}^1\|^2 + \|\boldsymbol{H}^2\|^2\,\|^2}\right]$；

Step 8. $\nabla\boldsymbol{H}^2_{\text{consistency}} = \dfrac{1}{N}\left[\dfrac{\boldsymbol{H}^1}{\|\boldsymbol{H}^1\|^2 + \|\boldsymbol{H}^2\|^2} - \dfrac{2\boldsymbol{H}^2.\times(\boldsymbol{H}^1.\times\boldsymbol{H}^2)}{\|\,\|\boldsymbol{H}^1\|^2 + \|\boldsymbol{H}^2\|^2\,\|^2}\right]$；

Step 9. **elseif** 度量两个分布一致性的方法是分布之间的相关性 // PCRBM2

Step 10. $\bar{\boldsymbol{H}}^1 = \boldsymbol{H}^1 - \boldsymbol{1}(\sum_n H^{1(n)})/N, \bar{\boldsymbol{H}}^2 = \boldsymbol{H}^2 - \boldsymbol{1}(\sum_n H^{2(n)})/N$；

Step 11. $\bar{\boldsymbol{C}}^{11} = (\bar{\boldsymbol{H}}^1)^{\mathrm{T}}\bar{\boldsymbol{H}}^1/(N-1) + 10^{-4}\boldsymbol{I}, \bar{\boldsymbol{C}}^{22} = (\bar{\boldsymbol{H}}^2)^{\mathrm{T}}\bar{\boldsymbol{H}}^2/(N-1) + 10^{-4}\boldsymbol{I}$；

Step 12. $\bar{\boldsymbol{C}}^{12} = (\bar{\boldsymbol{H}}^1)^{\mathrm{T}}\bar{\boldsymbol{H}}^2/(N-1), \bar{\boldsymbol{T}} = (\bar{\boldsymbol{C}}^{11})^{-1/2}\bar{\boldsymbol{C}}^{12}(\bar{\boldsymbol{C}}^{22})^{-1/2}$；

Step 13. $\bar{\boldsymbol{T}}$ 的奇异值分解为 $\bar{\boldsymbol{T}} = \boldsymbol{UDV}^{\mathrm{T}}$；

Step 14. $\nabla\boldsymbol{H}^1_{\text{consistency}} = [-\bar{\boldsymbol{H}}^1(\bar{\boldsymbol{C}}^{11})^{-1/2}\boldsymbol{U}^{\mathrm{T}}\boldsymbol{DU}(\bar{\boldsymbol{C}}^{11})^{-1/2} + \bar{\boldsymbol{H}}^2(\bar{\boldsymbol{C}}^{22})^{-1/2}\boldsymbol{VU}^{\mathrm{T}}(\bar{\boldsymbol{C}}^{11})^{-1/2}]/(N-1)$；

Step 15. $\nabla\boldsymbol{H}^2_{\text{consistency}} = [-\bar{\boldsymbol{H}}^2(\bar{\boldsymbol{C}}^{22})^{-1/2}\boldsymbol{VDV}^{\mathrm{T}}(\bar{\boldsymbol{C}}^{22})^{-1/2} + \bar{\boldsymbol{H}}^1(\bar{\boldsymbol{C}}^{11})^{-1/2}\boldsymbol{UV}^{\mathrm{T}}(\bar{\boldsymbol{C}}^{22})^{-1/2}]/(N-1)$；

Step 16. **end if**

Step 17. $\nabla\boldsymbol{W}^1_{\text{consistency}} = \boldsymbol{X}^{1\mathrm{T}}[\boldsymbol{H}^1.\times(1-\boldsymbol{H}^1).\times\nabla\boldsymbol{H}^1_{\text{consistency}}]$。//.×表示对位相乘

Step 18. $\nabla\boldsymbol{W}^2_{\text{consistency}} = \boldsymbol{X}^{2\mathrm{T}}[\boldsymbol{H}^2.\times(1-\boldsymbol{H}^2).\times\nabla\boldsymbol{H}^2_{\text{consistency}}]$。

Step 19. $\nabla\boldsymbol{b}^1_{\text{consistency}} = \sum_n [\boldsymbol{H}^1.\times(1-\boldsymbol{H}^1).\times\nabla\boldsymbol{H}^1_{\text{consistency}}]^{(n)}$。

Step 20. $\nabla\boldsymbol{b}^2_{\text{consistency}} = \sum_n [\boldsymbol{H}^2.\times(1-\boldsymbol{H}^2).\times\nabla\boldsymbol{H}^2_{\text{consistency}}]^{(n)}$。

Step 21. $\nabla\boldsymbol{c}^1_{\text{consistency}} = \boldsymbol{0}, \nabla\boldsymbol{c}^2_{\text{consistency}} = \boldsymbol{0}$。

// 统计近似：

Step 22. 利用 $\boldsymbol{H}^1, \boldsymbol{H}^2$ 得到二值变量 $\boldsymbol{H}^{10}, \boldsymbol{H}^{20}$，并且 $\boldsymbol{X}^{10} = \boldsymbol{X}^1, \boldsymbol{X}^{20} = \boldsymbol{X}^2$。

Step 23. **for** $k = 1$ to K **do** // K 是交替 Gibbs 采样次数

Step 24. **for** 每个样本，$n = 1$ to N **do**

Step 25. 使用 Gibbs 采样从$\{\boldsymbol{X}^{1k-1(n)}, \boldsymbol{H}^{1k-1(n)}\}$采样得到$\{\boldsymbol{X}^{1k(n)}, \boldsymbol{H}^{1k(n)}\}$；

Step 26. 使用 Gibbs 采样从$\{\boldsymbol{X}^{2k-1(n)}, \boldsymbol{H}^{2k-1(n)}\}$采样得到$\{\boldsymbol{X}^{2k(n)}, \boldsymbol{H}^{2k(n)}\}$；

Step 27. **end for**

Step 28. **end for**

//更新网络权值：

Step 29.　$\boldsymbol{W}^1=\boldsymbol{W}^1+\alpha\left[\frac{1}{N}\left[(\boldsymbol{X}^1)^{\mathrm{T}}\boldsymbol{H}^1-(\boldsymbol{X}^{1K})^{\mathrm{T}}\boldsymbol{H}^{1K}\right]+\lambda\ \nabla\boldsymbol{W}^1_{\text{consistency}}\right]$。

Step 30.　$\boldsymbol{b}^1=\boldsymbol{b}^1+\alpha\left[\frac{1}{N}\left(\sum_{n=1}^{N}\boldsymbol{H}^{1(n)}-\sum_{n=1}^{N}\boldsymbol{H}^{1K(n)}\right)+\lambda\ \nabla\boldsymbol{b}^1_{\text{consistency}}\right]$。

Step 31.　$\boldsymbol{c}^1=\boldsymbol{c}^1+\frac{\alpha}{N}\left(\sum_{n=1}^{N}\boldsymbol{X}^{1(n)}-\sum_{n=1}^{N}\boldsymbol{X}^{1K(n)}\right)$。

Step 32.　$\boldsymbol{W}^2=\boldsymbol{W}^2+\alpha\left[\frac{1}{N}\left[(\boldsymbol{X}^2)^{\mathrm{T}}\boldsymbol{H}^2-(\boldsymbol{X}^{2K})^{\mathrm{T}}\boldsymbol{H}^{2K}\right]+\lambda\ \nabla\boldsymbol{W}^2_{\text{consistency}}\right]$。

Step 33.　$\boldsymbol{b}^2=\boldsymbol{b}^2+\alpha\left[\frac{1}{N}\left(\sum_{n=1}^{N}\boldsymbol{H}^{2(n)}-\sum_{n=1}^{N}\boldsymbol{H}^{2K(n)}\right)+\lambda\ \nabla\boldsymbol{b}^2_{\text{consistency}}\right]$。

Step 34.　$\boldsymbol{c}^2=\boldsymbol{c}^2+\frac{\alpha}{N}\left(\sum_{n=1}^{N}\boldsymbol{X}^{2(n)}-\sum_{n=1}^{N}\boldsymbol{X}^{2K(n)}\right)$。

Step 35.　降低学习率 α。

Step 36.　**end for**

3.1.3 PCRBM 模型的扩展模型

在上面的两小节中，以二视图数据为例详细介绍了 PCRBM 网络模型。本小节将介绍 PCRBM 模型在多视图上的应用、在实值数据上的应用、在深度网络上的应用。

1. PCRBM 模型在多视图上的应用

PCRBM 模型用于分类时可划分为两个阶段，其中每个阶段对应一个目标函数，即预训练的目标函数与分类模型的目标函数。PCRBM 模型可以扩展到处理多视图数据的原因是，每个阶段的目标函数都可以表示为单个视图上目标函数的集合。在第一阶段的任务中，多视图数据的目标函数也可分为两部分，最大化每个视图上的对数似然函数和最大化多视图之间隐藏层特征的一致性。PCRBM 模型同样针对每个视图数据建立一个受限玻耳兹曼机模型，这样易于采样。当给定多视图训练数据集 $\boldsymbol{X}^1=\{\boldsymbol{x}^{1(n)}\}_{n=1}^{N},\cdots,\boldsymbol{X}^K=\{\boldsymbol{x}^{K(n)}\}_{n=1}^{N},\boldsymbol{Y}=\{\boldsymbol{Y}^{(n)}\}_{n=1}^{N}$ 时，PCRBM 模型预训练多视图数据时的目标函数为

$$\max_{\theta}\sum_{k}\sum_{n}\ln P(\boldsymbol{x}^{k(n)};\theta)+\sum_{i=1}^{K}\sum_{j>i}^{K}\sum_{n}\lambda_{ij}\,\text{consistency}\left(P(\boldsymbol{h}^{i(n)}\mid\boldsymbol{x}^{i(n)};\theta),P(\boldsymbol{h}^{j(n)}\mid\boldsymbol{x}^{j(n)};\theta)\right)\tag{3-13}$$

式中：λ 是平衡对数似然函数和一致性函数的参数。这样，PCRBM 在预训练时第 k 个视图上的目标函数可以表示为

$$\max_{\theta}\sum_{n}\ln P(\boldsymbol{x}^{k(n)};\theta)+\sum_{i\neq k}^{K}\sum_{n}\lambda_{ik}\,\text{consistency}(P(\boldsymbol{h}^{i(n)}\mid\boldsymbol{x}^{i(n)};\theta),P(\boldsymbol{h}^{k(n)}\mid\boldsymbol{x}^{k(n)};\theta)) \tag{3-14}$$

这样,可以利用随机逼近算法和一致性函数的梯度最大化 k 视图的似然函数,以及 k 视图与其他视图隐藏层特征间的一致性。

在第二阶段的任务中,由于隐藏层特征包含两个视图数据间的一致性信息,PCRBM 仅利用带标签的数据和梯度下降法来微调隐藏层和标签层间的连接权值,这样多视图分类的目标函数可以表示为

$$\min_{\theta'}\sum_{k}a_{k}\Big(\sum_{n}\|\boldsymbol{Y}^{(n)}-P(\hat{\boldsymbol{Y}}^{(n)}\mid\boldsymbol{H}^{k(n)};\theta')\|^{2}\Big) \tag{3-15}$$

式中:a 是平衡多视图数据的参数。

2. PCRBM 模型在实值数据上的应用

与传统的受限玻耳兹曼机一样,PCRBM 模型也只适用于处理二值数据。Ravanbakhsh 等提出指数族受限玻耳兹曼机(Exp-RBM)模型[5],该模型中每个单元(不论是可见层单元还是隐层单元)都可以选择任何光滑的单调非线性函数作为激活函数。忽略激活函数,Exp-RBM 模型每个可见层(隐藏层)单元都会存在一个输入 $\upsilon_i=\sum_j(W_{ij}h_j)+c_i(\eta_j=\sum_i(x_iW_{ij})+b_j)$。当 Exp-RBM 模型由一组可见层单元$\{x,h\}$构成时,其能量函数定义为

$$E(\boldsymbol{x},\boldsymbol{h};\theta)=-\sum_{i=1}^{D}\sum_{j=1}^{J}x_iW_{ij}h_j-\sum_{j=1}^{J}b_jh_j-\sum_{i=1}^{D}c_ix_i+\sum_{j=1}^{J}[R^{*}(h_j)+s(h_j)]+\sum_{i=1}^{D}[F^{*}(x_i)+g(x_i)] \tag{3-16}$$

式中:$F^{*}(\cdot)$,$g(\cdot)$是可见层单元 x_i 上的函数,$F^{*}(\cdot)$的导数是 $f^{-1}(\cdot)$,$F(\upsilon_i)$的导数是 $f(\upsilon_i)$,$f(\upsilon_i)$与 $f^{-1}(x_i)$互为反函数,同理 $R^{*}(\cdot)$,$s(\cdot)$是隐藏层单元 h_j 上的函数。因此,结合 Exp-RBM 模型和 PCRBM 模型提出的后验一致性指数族受限玻耳兹曼机(Exp-PCRBM)适用于处理二值和实值数据,因为 Exp-PCRBM 模型中可见层的激活函数可以选择任何光滑的单调非线性函数而不仅仅是 Sigmoid 函数。

假定 Exp-PCRBM 模型的隐藏层单元都是二值的,那么其预训练时的目标函数中一致性函数的求解与 PCRBM 模型一样。在 Exp-PCRBM 模型中,当给定隐藏层状态时,可以得到可见层单元线性变换或者非线性变换 $f(\cdot)$前的输入 υ_j,则该可见层上的分布可以描述为$(f(\upsilon_j),f'(\upsilon_j))$。对于每个二值可见层单元,其激活函数是 Sigmoid 函数,然后得到 $F(\upsilon_i)=\log(1+\exp(\upsilon_i))$,$F^{*}(x_i)=(1-x_i)\log(1-x_i)+x_i\log(x_i)=0$,$g(x_i)$是一个常数。因此,如果每个可见层单元都是二值的,那么

Exp-PCRBM 模型的能量函数与 PCRBM 模型相同。如果每个可见层单元都服从高斯分布,则该分布可表示为高斯近似($f(v_j)$,$f'(v_j)$),其中均值为 $f(v_i)=\sigma_i^2 v_i$,方差为 $f'(v_i)=\sigma_i^2$,从而可以得到 $F(v_i)=(\sigma_i^2 v_i^2)/2$,$F^*(x_i)=x_i^2/(2\sigma_i^2)$,$g(x_i)$是一个常数。因此,如果每个可见层单元的激活函数都服从高斯条件分布,那么 Exp-PCRBM 模型与 PCRBM 模型唯一的区别就是可见层单元上的激活函数。因此,Exp-PCRBM 模型根据每个视图的输入数据选择激活函数,其可以同时处理二值数据和实值数据。

假定 Exp-PCRBM 模型的隐藏层单元选择任何光滑的单调非线性函数,那么其预训练时的目标函数中一致性函数的求解与 PCRBM 模型略有不同。当给定二视图训练数据集 $\boldsymbol{X}^1=\{\boldsymbol{x}^{1(n)}\}_{n=1}^N$,$\boldsymbol{X}^2=\{\boldsymbol{x}^{2(n)}\}_{n=1}^N$ 时,Exp-PCRBM 模型计算一致性函数关于权值的梯度同样可以分成两步:第一步是计算一致性函数关于隐藏层输出 $\boldsymbol{H}^1$ 和 $\boldsymbol{H}^2$ 的梯度,第二步是使用反向传播计算关于权值的梯度。Exp-PCRBM 模型在第一步的计算与 PCRBM 模型一样,但是第二步的计算由于激活函数的选择而略有不同。例如,如果隐藏层激活函数选择 ReLU 函数,那么视图 1 上的隐藏层输出为 $\boldsymbol{H}^1=\max(\boldsymbol{X}^1\boldsymbol{W}^1+1\boldsymbol{b}^1,\boldsymbol{0})$,接着一致性函数关于权值 $\boldsymbol{W}^1$ 的梯度为

$$\begin{aligned}\Delta\boldsymbol{W}^1_{\text{consistency}} &= \frac{\partial\text{consistency}(\boldsymbol{H}^1,\boldsymbol{H}^2)}{\partial\boldsymbol{H}^1}\frac{\partial\boldsymbol{H}^1}{\partial\boldsymbol{W}^1} \\ &= \boldsymbol{X}^{1\mathrm{T}}\left((\boldsymbol{H}^1>0).\times\frac{\partial\text{consistency}(\boldsymbol{H}^1,\boldsymbol{H}^2)}{\partial\boldsymbol{H}^1}\right)\end{aligned} \tag{3-17}$$

然而,ReLU 函数不是严格光滑的单调非线性函数。因此,本章依然选择 Sigmoid 函数作为 Exp-PCRBM 隐藏层单元的激活函数。

3. PCRBM 模型在深度网络上的应用

与受限玻耳兹曼机相比,深度置信网具有更好的表征学习与分类能力。因此,可以堆叠 PCRBM 创建深层网络,并将之命名为后验一致性深度置信(PCDBN)模型。PCDBN 模型同样需要使用参数平衡目标函数中的多个视图来进行分类。由于多模态受限玻耳兹曼机能够得到融合多种表示的统一表示,可以将 PCDBN 与多模态受限玻耳兹曼机相结合,提出用于多视图数据表示和分类的多模态后验一致性深度置信网络(MCDBN)。与 PCDBN 相比,MCDBN 不仅可以获得统一的特征表示,而且可以消除在分类模型中的参数。

以处理二视图数据的三个隐藏层 MCDBN 模型为例,图 3-2 显示了 MCDBN 模型网络的预训练过程和分类模型。从图 3-2 中可以看出,MCDBN 模型的学习过程可以分为预训练和分类两个阶段。在预训练阶段,MCDBN 模型首先利用 PCRBM 模型得到可见层和第一隐藏层间的连接权值$\{\boldsymbol{W}1^1,\boldsymbol{b}1^1,\boldsymbol{c}1^1,\boldsymbol{W}1^2,\boldsymbol{b}1^2,\boldsymbol{c}1^2\}$,然后利用 PCRBM 模型预训练得到第一隐藏层和第二隐藏层间的连接权值$\{\boldsymbol{W}2^1,\boldsymbol{b}2^1,\boldsymbol{c}2^1,\boldsymbol{W}2^2,\boldsymbol{b}2^2,\boldsymbol{c}2^2\}$,最后利用多模态受限玻耳兹曼机模型预训练得到第二隐藏层和第三隐藏层间的连接权值$\{\boldsymbol{W}3,\boldsymbol{b}3,\boldsymbol{c}3\}$与统一的隐藏层表示。当给定训

练样本集 $\boldsymbol{X}^1=\{\boldsymbol{x}^{1(n)}\}_{n=1}^N,\boldsymbol{X}^2=\{\boldsymbol{x}^{2(n)}\}_{n=1}^N,\boldsymbol{Y}=\{\boldsymbol{Y}^{(n)}\}_{n=1}^N$ 时，可以利用算法 3.1 预训练获得 PCRBM 模型的权值，并计算得到第二隐藏层的输出：

$$\left.\begin{aligned}\boldsymbol{H}2^{1(n)}&=P(\boldsymbol{h}2^{1(n)}\mid\boldsymbol{h}1^{1(n)};\boldsymbol{W}2^1,\boldsymbol{b}2^1)P(\boldsymbol{h}1^{1(n)}\mid\boldsymbol{x}^{1(n)};\boldsymbol{W}1^1,\boldsymbol{b}1^1)\\\boldsymbol{H}2^{2(n)}&=P(\boldsymbol{h}2^{2(n)}\mid\boldsymbol{h}1^{2(n)};\boldsymbol{W}2^2,\boldsymbol{b}2^2)P(\boldsymbol{h}1^{2(n)}\mid\boldsymbol{x}^{2(n)};\boldsymbol{W}1^2,\boldsymbol{b}1^2)\end{aligned}\right\}\tag{3-18}$$

接着，由 $\boldsymbol{H}2=\{\boldsymbol{H}2^1,\boldsymbol{H}2^2\}$ 组成多模态受限玻耳兹曼机的输入，最大化其对数似然函数得到网络的连接权值 $\{\boldsymbol{W}3,\boldsymbol{b}3,\boldsymbol{c}3\}$，至此，MCDBN 模型的预训练过程结束。

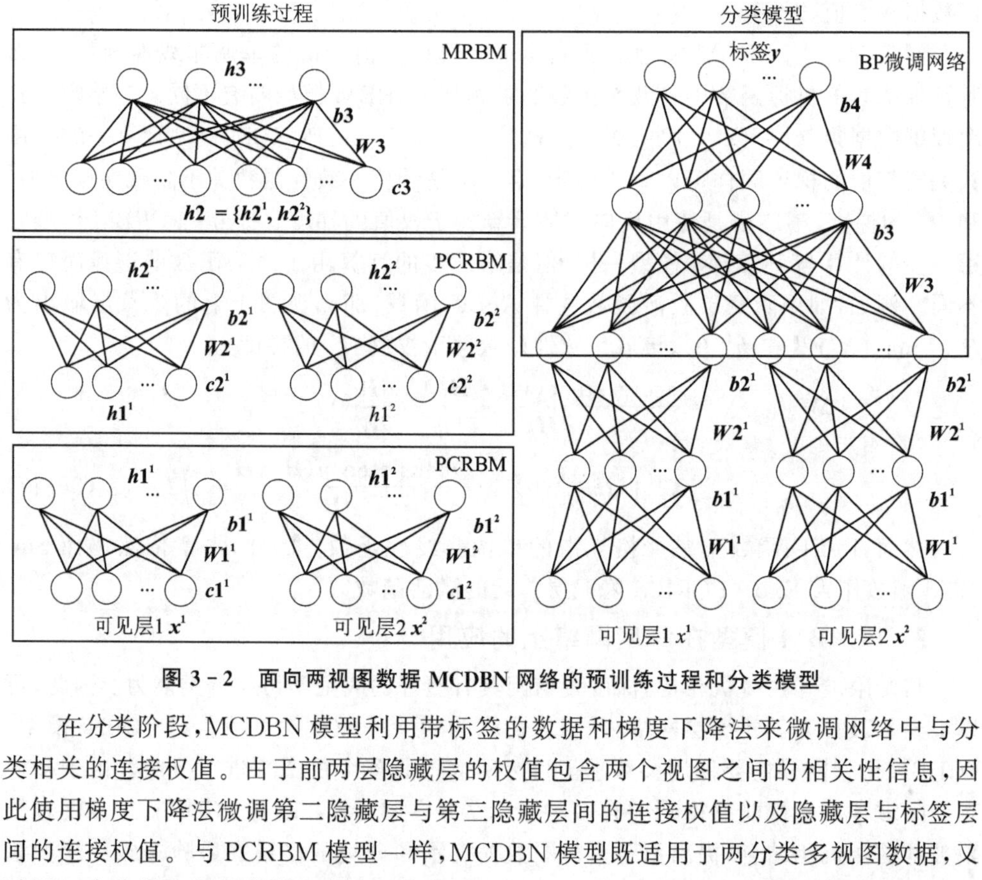

图 3-2　面向两视图数据 MCDBN 网络的预训练过程和分类模型

在分类阶段，MCDBN 模型利用带标签的数据和梯度下降法来微调网络中与分类相关的连接权值。由于前两层隐藏层的权值包含两个视图之间的相关性信息，因此使用梯度下降法微调第二隐藏层与第三隐藏层间的连接权值以及隐藏层与标签层间的连接权值。与 PCRBM 模型一样，MCDBN 模型既适用于两分类多视图数据，又适用于多分类多视图数据。同理，结合 Exp-RBM 和 MCRBM 提出了指数族 MCDBN(Exp-MCDBN)模型实值数据。

3.2 后验一致性和领域适应受限玻耳兹曼机模型

3.2.1 二视图数据融合的后验一致性和领域适应受限玻耳兹曼机模型

在 PCRBM 模型中，每个视图的受限玻耳兹曼机模型学习的特征表示仅包含不同视图之间的一致性信息。然而，每个视图的受限玻耳兹曼机模型学习到的表示不应该仅仅包含一致性信息。如图 3－3 所示，后验一致性和领域适应受限玻耳兹曼机(PDRBM)模型是在 PCRBM 模型的基础上提出的多视图受限玻耳兹曼机模型。PDRBM 模型将每个视图上的受限玻耳兹曼机模型的隐藏层分成两部分：一部分包含不同视图之间的一致性信息，另一部分包含该视图特有的信息。PDRBM 模型需要针对每个视图数据建立一个受限玻耳兹曼机模型，并且每个视图上的受限玻耳兹曼机模型也需要最大化对数似然函数得到网络权值。

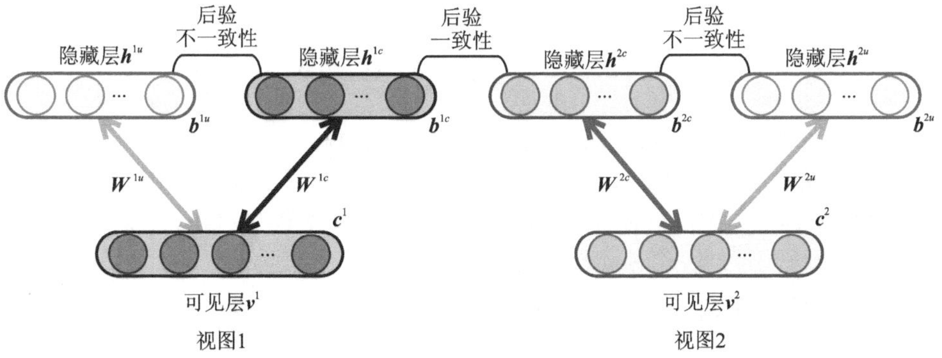

图 3－3　面向二视图数据的 PDRBM 网络结构

与 PCRBM 模型不同的是，PDRBM 模型将每个视图上的受限玻耳兹曼机模型的隐藏层分成两部分，其不仅最大化每个视图上的受限玻耳兹曼机模型的似然函数与不同视图上的受限玻耳兹曼机模型的包含一致性信息的隐藏层特征之间的一致性，而且需要最小化每个视图上受限玻耳兹曼机模型两组隐藏层之间的一致性。与 PCRBM 模型一样，PDRBM 模型也是一个生成模型，它包含两层可视层节点 $\boldsymbol{x}^1=\{x_i^1\}_{i=1}^{D1}$，$\boldsymbol{x}^2=\{x_i^2\}_{i=1}^{D2}$，第一层可见层 $\boldsymbol{x}^1$ 对应的两层隐藏层节点 $\boldsymbol{h}^{1c}=\{h_j^{1c}\}_{j=1}^{J/2}$，$\boldsymbol{h}^{1u}=\{h_j^{1u}\}_{j=1}^{J/2}$，第二层可见层 $\boldsymbol{x}^2$ 对应的两层隐藏层节点 $\boldsymbol{h}^{2c}=\{h_j^{2c}\}_{j=1}^{J/2}$，$\boldsymbol{h}^{2u}=\{h_j^{2u}\}_{j=1}^{J/2}$ 和网络的连接权值 $\theta=\{\boldsymbol{W}^{1c},\boldsymbol{b}^{1c},\boldsymbol{W}^{2u},\boldsymbol{b}^{2u},\boldsymbol{c}^1,\boldsymbol{W}^{2c},\boldsymbol{b}^{2c},\boldsymbol{W}^{2u},\boldsymbol{b}^{2u},\boldsymbol{c}^2\}$。这样，PDRBM 模型的能量函数可以由两个受限玻耳兹曼机变种模型组成：

$$
\begin{aligned}
E(\boldsymbol{x}^1,\boldsymbol{h}^{1c},\boldsymbol{h}^{1u},\boldsymbol{x}^2,\boldsymbol{h}^{2c},\boldsymbol{h}^{2u};\theta) = & -\sum_{i=1}^{D1} c_i^1 x_i^1 - \sum_{i=1}^{D2} c_i^2 x_i^2 - \\
& \sum_{i=1}^{D1}\sum_{j=1}^{J/2} x_i^1 W_{ij}^{1c} h_j^{1c} - \sum_{j=1}^{J/2} b_j^{1c} h_j^{1c} - \sum_{i=1}^{D1}\sum_{j=1}^{J/2} x_i^1 W_{ij}^{1u} h_j^{1u} - \sum_{j=1}^{J/2} b_j^{1u} h_j^{1u} - \\
& \sum_{i=1}^{D2}\sum_{j=1}^{J/2} x_i^2 W_{ij}^{2c} h_j^{2c} - \sum_{j=1}^{J/2} b_j^{2c} h_j^{2c} - \sum_{i=1}^{D2}\sum_{j=1}^{J/2} x_i^2 W_{ij}^{2u} h_j^{2u} - \sum_{j=1}^{J/2} b_j^{2u} h_j^{2u}
\end{aligned}
\tag{3-19}
$$

那么 PDRBM 在二视图数据上的条件概率分布可以表示为

$$\left.\begin{aligned}
&P(h_j^{1c}=1\mid \boldsymbol{x}^1)=\sigma\Big(\sum_i x_i^1 W_{ij}^{1c}+b_j^{1c}\Big)\\
&P(h_j^{1u}=1\mid \boldsymbol{x}^1)=\sigma\Big(\sum_i x_i^1 W_{ij}^{1u}+b_j^{1u}\Big)\\
&P(x_i^1=1\mid \boldsymbol{h}^{1c},\boldsymbol{h}^{1u})=\sigma\Big(\sum_j W_{ij}^{1c}h_j^{1c}+\sum_j W_{ij}^{1u}h_j^{1u}+c_i^1\Big)\\
&P(h_j^{2c}=1\mid \boldsymbol{x}^2)=\sigma\Big(\sum_i x_i^2 W_{ij}^{2c}+b_j^{2c}\Big)\\
&P(h_j^{2u}=1\mid \boldsymbol{x}^2)=\sigma\Big(\sum_i x_i^2 W_{ij}^{2u}+b_j^{2u}\Big)\\
&P(x_i^2=1\mid \boldsymbol{h}^{2c},\boldsymbol{h}^{2u})=\sigma\Big(\sum_j W_{ij}^{2c}h_j^{2c}+\sum_j W_{ij}^{2u}h_j^{2u}+c_i^2\Big)
\end{aligned}\right\}\tag{3-20}$$

式中：$\sigma(x)=1/(1+\exp(-x))$表示 Sigmoid 激活函数。

给定二视图训练数据集 $\boldsymbol{X}^1=\{\boldsymbol{x}^{1(n)}\}_{n=1}^N$，$\boldsymbol{X}^2=\{\boldsymbol{x}^{2(n)}\}_{n=1}^N$，$\boldsymbol{Y}=\{\boldsymbol{Y}^{(n)}\}_{n=1}^N$（其中 $\boldsymbol{X}^1$ 和 $\boldsymbol{X}^2$ 分别是每个视图的数据，$\boldsymbol{Y}$ 是对应的标签）时，PDRBM 模型的目标函数可以表达为

$$\begin{aligned}
&\max_\theta \sum_n \ln P(\boldsymbol{x}^{1(n)};\theta)+\sum_n \ln P(\boldsymbol{x}^{2(n)};\theta)+\\
&\lambda_1 \text{consistency}\Big(\sum_n P(\boldsymbol{h}^{1c(n)}\mid \boldsymbol{x}^{1(n)};\theta),\sum_n P(\boldsymbol{h}^{2c(n)}\mid \boldsymbol{x}^{2(n)};\theta)\Big)+\\
&\lambda_2 \sum_{k=1}^{2} \text{inconsistency}\Big(\sum_n P(\boldsymbol{h}^{kc(n)}\mid \boldsymbol{x}^{k(n)};\theta),\sum_n P(\boldsymbol{h}^{ku(n)}\mid \boldsymbol{x}^{k(n)};\theta)\Big)
\end{aligned}\tag{3-21}$$

其中，λ_1，λ_2 分别是平衡不同视图间一致性函数与每个视图上不一致性函数的参数，并且 $\lambda_1 \geqslant \lambda_2$。可以通过统计近似法和推导不同视图间一致性函数与每个视图上不一致性函数关于权值的梯度来求解网络权值，具体细节在下一小节给出。

在预训练之后，PDRBM 利用带标签的数据和梯度下降法来微调网络中与分类有关的权值。在一般的受限玻耳兹曼机中，可见层和隐藏层的连接权值也要微调。与 PCRBM 模型类似，PDRBM 模型只利用包含两个视图之间一致性信息的两层隐藏层特征来预测二视图数据的标签，并且可见层和隐藏层的连接权值保持不变。给定两个视图之间一致性信息的隐藏层输出 $\boldsymbol{H}^{1c(n)}=P(\boldsymbol{h}^{1c(n)}\mid \boldsymbol{x}^{1(n)};\theta)$和 $\boldsymbol{H}^{2c(n)}=P(\boldsymbol{h}^{2c(n)}\mid \boldsymbol{x}^{2(n)};\theta)$（其中 $\boldsymbol{H}^{1c}$，$\boldsymbol{H}^{2c}\in\mathbb{R}^{N\times J/2}$），然后分类模型的目标函数可以表示为

$$\begin{aligned}
\min_{\theta'} \Bigg[&\frac{a}{2}\sum_n \|\boldsymbol{Y}^{(n)}-P(\hat{\boldsymbol{Y}}^{(n)}\mid \boldsymbol{H}^{1c(n)};\theta')\|^2+\\
&\frac{(1-a)}{2}\sum_n \|\boldsymbol{Y}^{(n)}-P(\hat{\boldsymbol{Y}}^{(n)}\mid \boldsymbol{H}^{2c(n)};\theta')\|^2\Bigg]
\end{aligned}\tag{3-22}$$

式中：$a\in[0,1]$是平衡两个视图的参数，并且

$$\left.\begin{aligned}P(\hat{Y}_l^{(n)} \mid \boldsymbol{H}^{1c(n)};\theta') &= \frac{\exp\left(\sum\limits_j H_j^{1c(n)} W2_{jl}^1 + b2_l^1\right)}{\sum\limits_l \exp\left(\sum\limits_j H_j^{1c(n)} W2_{jl}^1 + b2_l^1\right)} \\ P(\hat{Y}_l^{(n)} \mid \boldsymbol{H}^{2c(n)};\theta') &= \frac{\exp\left(\sum\limits_j H_j^{2c(n)} W2_{jl}^2 + b2_l^2\right)}{\sum\limits_l \exp\left(\sum\limits_j H_j^{2c(n)} W2_{jl}^2 + b2_l^2\right)}\end{aligned}\right\} \tag{3-23}$$

因此，PDRBM 模型使用梯度下降法来微调网络隐藏层和输出层的连接权值。与 PCRBM 模型一样，PDRBM 模型不仅适用于两类分类数据，而且适用于多类分类数据。同样，PDRBM 模型也只适用于处理二值数据。可以结合 Exp－RBM 模型和 PDRBM 模型提出后验一致性和领域适应指数族受限玻耳兹曼机（Exp－PDRBM）。与 Exp－PCRBM 模型一样，Exp－PDRBM 模型能同时处理二值数据和实值数据。在本章中，Exp－PDRBM 模型依然选择 Sigmoid 函数作为隐藏层单元的激活函数。

3.2.2　PDRBM 模型在二视图数据上的推理和学习

PDRBM 模型使用距离的负数和典型相关分析两种度量来描述两个分布间的一致性。本章将基于距离的负数的 PDRBM 模型命名为 PDRBM1，将基于典型相关分析的 PDRBM 模型命名为 PDRBM2。PDRBM 模型需要针对每个视图数据建立一个有两种类型隐藏层的受限玻耳兹曼机变种模型。对于每个视图的受限玻耳兹曼机变种模型，权值的梯度可分为三部分：对数似然函数的梯度、与其他视图间后验一致性函数的梯度和视图内后验不一致性函数。以权值 $\boldsymbol{W}^{1c}$，$\boldsymbol{W}^{1u}$ 为例，目标函数关于权值 $\boldsymbol{W}^{1c}$，$\boldsymbol{W}^{1u}$ 的梯度可表示为

$$\left.\begin{aligned}\nabla\boldsymbol{W}^{1c} &= \nabla\boldsymbol{W}^{1c}_{\text{log-likelihood}} + \lambda_1 \nabla\boldsymbol{W}^{1c}_{\text{consistency}} + \lambda_2 \nabla\boldsymbol{W}^{1c}_{\text{inconsistency}} \\ \nabla\boldsymbol{W}^{1u} &= \nabla\boldsymbol{W}^{1u}_{\text{log-likelihood}} + \lambda_2 \nabla\boldsymbol{W}^{1u}_{\text{inconsistency}}\end{aligned}\right\} \tag{3-24}$$

在 PDRBM1 和 PDRBM2 中，对数似然函数关于权值的梯度是一致的。对数似然函数关于权值的梯度可以简化为数据相关统计和模型相关统计的差值。当给定二视图训练数据集 $\boldsymbol{X}^1=\{\boldsymbol{x}^{1(n)}\}_{n=1}^N$，$\boldsymbol{X}^2=\{\boldsymbol{x}^{2(n)}\}_{n=1}^N$，$\boldsymbol{Y}=\{\boldsymbol{Y}^{(n)}\}_{n=1}^N$ 以及隐藏层上的输出 $\boldsymbol{H}^{1c(n)}=P(\boldsymbol{h}^{1c(n)} \mid \boldsymbol{x}^{1(n)};\theta)$，$\boldsymbol{H}^{1u(n)}=P(\boldsymbol{h}^{1u(n)} \mid \boldsymbol{x}^{1(n)};\theta)$，$\boldsymbol{H}^{2c(n)}=P(\boldsymbol{h}^{2c(n)} \mid \boldsymbol{x}^{2(n)};\theta)$，$\boldsymbol{H}^{2u(n)}=P(\boldsymbol{h}^{2u(n)} \mid \boldsymbol{v}^{2(n)};\theta)$ 时，对数似然函数关于权值 $\boldsymbol{W}^{1c}$，$\boldsymbol{W}^{1u}$ 的梯度可表示为

$$\left.\begin{aligned}\nabla\boldsymbol{W}^{1c}_{\text{log-likelihood}} &= (\boldsymbol{E}_{P_{\text{data}}}[(\boldsymbol{X}^1)^{\mathrm{T}}\boldsymbol{H}^{1c}] - \boldsymbol{E}_{P_{\text{model}}}[(\boldsymbol{X}^1)^{\mathrm{T}}\boldsymbol{H}^{1c}])/N \\ \nabla\boldsymbol{W}^{1u}_{\text{log-likelihood}} &= (\boldsymbol{E}_{P_{\text{data}}}[(\boldsymbol{X}^1)^{\mathrm{T}}\boldsymbol{H}^{1u}] - \boldsymbol{E}_{P_{\text{model}}}[(\boldsymbol{X}^1)^{\mathrm{T}}\boldsymbol{H}^{1u}])/N\end{aligned}\right\} \tag{3-25}$$

在 PDRBM1 和 PDRBM2 中，与其他视图间后验一致性函数的梯度和视图内后验不一致性函数关于权值的梯度是有差异的。在计算视图间一致性函数和视图内不一致性函数关于权值的梯度前，可以计算视图间一致性函数和视图内不一致性函数关于隐藏层输出的梯度，然后使用反向传播计算关于权值的梯度。

在 PDRBM1 中，$\boldsymbol{H}^{1c}$ 和 $\boldsymbol{H}^{2c}$ 间的一致性可定义为两个条件概率分布之间的距离的负数，而 $\boldsymbol{H}^{1c}$ 和 $\boldsymbol{H}^{1u}$ 间的不一致性可定义为两个条件概率分布之间的距离：

$$\left.\begin{aligned}
&\text{consistency}(\boldsymbol{H}^{1},\boldsymbol{H}^{2})=\text{negDistance}(\boldsymbol{H}^{1},\boldsymbol{H}^{2})\\
&\qquad=\frac{1}{N}\sum_{n}\left(\frac{\boldsymbol{H}^{1(n)}.\times\boldsymbol{H}^{2(n)}}{\|\boldsymbol{H}^{1(n)}\|^{2}+\|\boldsymbol{H}^{2(n)}\|^{2}}\right)-\frac{1}{2}\\
&\text{inconsistency}(\boldsymbol{H}^{1c},\boldsymbol{H}^{1u})=\text{Distance}(\boldsymbol{H}^{1c},\boldsymbol{H}^{1u})\\
&\qquad=-\frac{1}{N}\sum_{n}\left(\frac{\boldsymbol{H}^{1c(n)}.\times\boldsymbol{H}^{1u(n)}}{\|\boldsymbol{H}^{1c(n)}\|^{2}+\|\boldsymbol{H}^{1u(n)}\|^{2}}\right)+\frac{1}{2}
\end{aligned}\right\}\tag{3-26}$$

然后，当 PDRBM1 用对比散度算法调整权值时，权值 $\boldsymbol{W}^{1u}$，$\boldsymbol{W}^{1c}$ 的梯度为

$$\left.\begin{aligned}
\nabla\boldsymbol{W}^{1u}&=\nabla\boldsymbol{W}^{1u}_{\text{log-likelihood}}+\lambda_{2}\nabla\boldsymbol{W}^{1u}_{\text{inconsistency}}\\
&=\frac{1}{N}(\boldsymbol{E}_{P_{\text{data}}}[\boldsymbol{X}^{1\mathrm{T}}\boldsymbol{H}^{1u}]-\boldsymbol{E}_{P_{\text{model}}}[\boldsymbol{X}^{1\mathrm{T}}\boldsymbol{H}^{1u}])-\\
&\quad\frac{\lambda_{2}}{N}X^{1\mathrm{T}}\Bigg(\boldsymbol{H}^{1u}.\times(1-\boldsymbol{H}^{1u}).\times\\
&\quad\left(\frac{\boldsymbol{H}^{1c}}{\|\boldsymbol{H}^{1c}\|^{2}+\|\boldsymbol{H}^{1u}\|^{2}}-\frac{2\boldsymbol{H}^{1u}.\times(\boldsymbol{H}^{1c}.\times\boldsymbol{H}^{1u})}{\big\|\|\boldsymbol{H}^{1c}\|^{2}+\|\boldsymbol{H}^{1u}\|^{2}\big\|^{2}}\right)\Bigg)\\
\nabla\boldsymbol{W}^{1c}&=\nabla\boldsymbol{W}^{1c}_{\text{log-likelihood}}+\lambda_{1}\nabla\boldsymbol{W}^{1c}_{\text{consistency}}+\lambda_{2}\nabla\boldsymbol{W}^{1c}_{\text{inconsistency}}\\
&=\frac{1}{N}(\boldsymbol{E}_{P_{\text{data}}}[\boldsymbol{X}^{1\mathrm{T}}\boldsymbol{H}^{1c}]-\boldsymbol{E}_{P_{\text{model}}}[\boldsymbol{X}^{1\mathrm{T}}\boldsymbol{H}^{1c}])+\\
&\quad\frac{\lambda_{1}}{N}\boldsymbol{X}^{1\mathrm{T}}\Bigg(\boldsymbol{H}^{1c}.\times(1-\boldsymbol{H}^{1c}).\times\\
&\quad\left(\frac{\boldsymbol{H}^{2c}}{\|\boldsymbol{H}^{1c}\|^{2}+\|\boldsymbol{H}^{2c}\|^{2}}-\frac{2\boldsymbol{H}^{1c}.\times(\boldsymbol{H}^{1c}.\times\boldsymbol{H}^{2c})}{\big\|\|\boldsymbol{H}^{1c}\|^{2}+\|\boldsymbol{H}^{2c}\|^{2}\big\|^{2}}\right)\Bigg)-\\
&\quad\frac{\lambda_{2}}{N}\boldsymbol{X}^{1\mathrm{T}}\Bigg(\boldsymbol{H}^{1c}.\times(1-\boldsymbol{H}^{1c}).\times\\
&\quad\left(\frac{\boldsymbol{H}^{1u}}{\|\boldsymbol{H}^{1c}\|^{2}+\|\boldsymbol{H}^{1u}\|^{2}}-\frac{2\boldsymbol{H}^{1c}.\times(\boldsymbol{H}^{1c}.\times\boldsymbol{H}^{1u})}{\big\|\|\boldsymbol{H}^{1c}\|^{2}+\|\boldsymbol{H}^{1u}\|^{2}\big\|^{2}}\right)\Bigg)
\end{aligned}\right\}\tag{3-27}$$

式中：.×表示对位相乘。在 PDRBM2 中，$\boldsymbol{H}^{1}$ 和 $\boldsymbol{H}^{2}$ 间的一致性可定义为两个分布之间的相关性，并且这种相关性同样可以由正则化后的数据计算得到。在 PCRBM2 中，根据 $\boldsymbol{H}^{1}$ 和 $\boldsymbol{H}^{2}$ 可以计算得到其正则化后数据间的相关性矩阵 $\bar{\boldsymbol{C}}^{12}$，$\bar{\boldsymbol{C}}^{11}$，$\bar{\boldsymbol{C}}^{22}$，$\bar{\boldsymbol{T}}$。类似地，可以根据 $\boldsymbol{H}^{1c}$，$\boldsymbol{H}^{2c}$ 计算得到相关性矩阵 $\bar{\boldsymbol{C}}_{c}^{12}$，$\bar{\boldsymbol{C}}_{c}^{11}$，$\bar{\boldsymbol{C}}_{c}^{22}$，$\bar{\boldsymbol{T}}_{c}$，并根据 $\boldsymbol{H}^{1c}$，$\boldsymbol{H}^{1u}$ 计算得到相关性矩阵 $\bar{\boldsymbol{C}}_{1}^{12}$，$\bar{\boldsymbol{C}}_{1}^{11}$，$\bar{\boldsymbol{C}}_{1}^{22}$，$\bar{\boldsymbol{T}}_{1}$。接着计算得到矩阵 $\bar{\boldsymbol{T}}_{c}$ 和 $\bar{\boldsymbol{T}}_{1}$ 的奇异值分解：$\bar{\boldsymbol{T}}_{c}=\boldsymbol{U}_{c}\boldsymbol{D}_{c}\boldsymbol{V}_{c}^{\mathrm{T}}$ 和 $\bar{\boldsymbol{T}}_{1}=\boldsymbol{U}_{1}\boldsymbol{D}_{1}\boldsymbol{V}_{1}^{\mathrm{T}}$。最终，PDRBM2 中 $\boldsymbol{H}^{1c}$，$\boldsymbol{H}^{2c}$ 间的一致性和 $\boldsymbol{H}^{1c}$，$\boldsymbol{H}^{1u}$

间的不一致性可以分别表示为

$$\left.\begin{aligned}\text{consistency}(\boldsymbol{H}^{1c},\boldsymbol{H}^{2c})&=\text{correlation}(\boldsymbol{H}^{1c},\boldsymbol{H}^{2c})\\&=\text{tr}(\bar{\boldsymbol{T}}_c)=\text{tr}(\bar{\boldsymbol{T}}_c^{\text{T}}\bar{\boldsymbol{T}}_c)^{1/2}\\\text{inconsistency}(\boldsymbol{H}^{1c},\boldsymbol{H}^{1u})&=\text{incorrelation}(\boldsymbol{H}^{1c},\boldsymbol{H}^{1u})\\&=\text{tr}(\bar{\boldsymbol{T}}_1)=\text{tr}(\bar{\boldsymbol{T}}_1^{\text{T}}\bar{\boldsymbol{T}}_1)^{1/2}\end{aligned}\right\}\tag{3-28}$$

那么，在 PDRBM2 中，与其他视图间后验一致性函数的梯度和视图内后验不一致性函数关于权值 $\boldsymbol{W}^{1c}$，$\boldsymbol{W}^{1u}$ 的梯度可表示为

$$\left.\begin{aligned}\nabla\boldsymbol{W}^{1c}_{\text{consistency}}&=\frac{1}{N-1}(\boldsymbol{X})^{1\text{T}}(\boldsymbol{H}^{1c}.\times(1-\boldsymbol{H}^{1c}).\times\\&\quad(-\bar{\boldsymbol{H}}^{1c}(\bar{\boldsymbol{C}}_c^{11})^{-1/2}\boldsymbol{U}_c^{\text{T}}\boldsymbol{D}_c\boldsymbol{U}_c(\bar{\boldsymbol{C}}_c^{11})^{-1/2}+\bar{\boldsymbol{H}}^{2c}(\bar{\boldsymbol{C}}_c^{22})^{-1/2}\boldsymbol{V}_c\boldsymbol{U}_c^{\text{T}}(\bar{\boldsymbol{C}}_c^{11})^{-1/2}))\\\nabla\boldsymbol{W}^{1c}_{\text{inconsistency}}&=-\frac{1}{N-1}\boldsymbol{X}^{1\text{T}}(\boldsymbol{H}^{1c}.\times(1-\boldsymbol{H}^{1c}).\times\\&\quad(-\bar{\boldsymbol{H}}^{1c}(\bar{\boldsymbol{C}}_1^{11})^{-1/2}\boldsymbol{U}_1^{\text{T}}\boldsymbol{D}_1\boldsymbol{U}_1(\bar{\boldsymbol{C}}_c^{11})^{-1/2}+\bar{\boldsymbol{H}}^{1u}(\bar{\boldsymbol{C}}_1^{22})^{-1/2}\boldsymbol{V}_1\boldsymbol{U}_1^{\text{T}}(\bar{\boldsymbol{C}}_1^{11})^{-1/2}))\\\nabla\boldsymbol{W}^{1u}_{\text{inconsistency}}&=-\frac{1}{N-1}\boldsymbol{X}^{1\text{T}}(\boldsymbol{H}^{1u}.\times(1-\boldsymbol{H}^{1u}).\times\\&\quad(-\bar{\boldsymbol{H}}^{1u}(\bar{\boldsymbol{C}}_1^{22})^{-1/2}\boldsymbol{V}_1^{\text{T}}\boldsymbol{D}_1\boldsymbol{V}_1(\bar{\boldsymbol{C}}_c^{22})^{-1/2}+\bar{\boldsymbol{H}}^{1c}(\bar{\boldsymbol{C}}_1^{11})^{-1/2}\boldsymbol{U}_1\boldsymbol{V}_1^{\text{T}}(\bar{\boldsymbol{C}}_1^{22})^{-1/2}))\end{aligned}\right\}\tag{3-29}$$

式中：.×表示对位相乘。那么，在 PDRBM2 中，目标函数关于权值 $\boldsymbol{W}^{1u}$，$\boldsymbol{W}^{1c}$ 的梯度可表示为

$$\left.\begin{aligned}\nabla\boldsymbol{W}^{1u}&=\nabla\boldsymbol{W}^{1u}_{\text{log-likelihood}}+\lambda_2\nabla\boldsymbol{W}^{1u}_{\text{inconsistency}}\\&=\frac{1}{N}(\boldsymbol{E}_{P_{\text{data}}}[(\boldsymbol{X}^1)^{\text{T}}\boldsymbol{H}^{1u}]-\boldsymbol{E}_{P_{\text{model}}}[(\boldsymbol{X}^1)^{\text{T}}\boldsymbol{H}^{1u}])-\\&\quad\frac{\lambda_2}{N-1}(\boldsymbol{X}^1)^{\text{T}}(\boldsymbol{H}^{1u}.\times(1-\boldsymbol{H}^{1u}).\times\\&\quad(-\bar{\boldsymbol{H}}^{1u}(\bar{\boldsymbol{C}}_1^{22})^{-1/2}\boldsymbol{V}_1^{\text{T}}\boldsymbol{D}_1\boldsymbol{V}_1(\bar{\boldsymbol{C}}_c^{22})^{-1/2}+\bar{\boldsymbol{H}}^{1c}(\bar{\boldsymbol{C}}_1^{11})^{-1/2}\boldsymbol{U}_1\boldsymbol{V}_1^{\text{T}}(\bar{\boldsymbol{C}}_1^{22})^{-1/2}))\\\nabla\boldsymbol{W}^{1c}&=\nabla\boldsymbol{W}^{1c}_{\text{log-likelihood}}+\lambda_1\nabla\boldsymbol{W}^{1c}_{\text{consistency}}+\lambda_2\nabla\boldsymbol{W}^{1c}_{\text{inconsistency}}\\&=\frac{1}{N}(\boldsymbol{E}_{P_{\text{data}}}[(\boldsymbol{X}^1)^{\text{T}}\boldsymbol{H}^{1c}]-\boldsymbol{E}_{P_{\text{model}}}[(\boldsymbol{X}^1)^{\text{T}}\boldsymbol{H}^{1c}])+\\&\quad\frac{\lambda_1}{N-1}(\boldsymbol{X}^1)^{\text{T}}(\boldsymbol{H}^{1c}.\times(1-\boldsymbol{H}^{1c}).\times\\&\quad(-\bar{\boldsymbol{H}}^{1c}(\bar{\boldsymbol{C}}_c^{11})^{-1/2}\boldsymbol{U}_c^{\text{T}}\boldsymbol{D}_c\boldsymbol{U}_c(\bar{\boldsymbol{C}}_c^{11})^{-1/2}+\bar{\boldsymbol{H}}^{2c}(\bar{\boldsymbol{C}}_c^{22})^{-1/2}\boldsymbol{V}_c\boldsymbol{U}_c^{\text{T}}(\bar{\boldsymbol{C}}_c^{11})^{-1/2}))-\\&\quad\frac{\lambda_2}{N-1}(\boldsymbol{X}^1)^{\text{T}}(\boldsymbol{H}^{1c}.\times(1-\boldsymbol{H}^{1c}).\times\\&\quad(-\bar{\boldsymbol{H}}^{1c}(\bar{\boldsymbol{C}}_1^{11})^{-1/2}\boldsymbol{U}_1^{\text{T}}\boldsymbol{D}_1\boldsymbol{U}_1(\bar{\boldsymbol{C}}_c^{11})^{-1/2}+\bar{\boldsymbol{H}}^{1u}(\bar{\boldsymbol{C}}_1^{22})^{-1/2}\boldsymbol{V}_1\boldsymbol{U}_1^{\text{T}}(\bar{\boldsymbol{C}}_1^{11})^{-1/2}))\end{aligned}\right\}\tag{3-30}$$

同样，PDRBM 模型可计算得到目标函数相对于其他权值的梯度。如算法 3.2 所示，本章总结了 PDRBM 模型在二视图数据上的学习过程。

算法 3.2 基于 CD - k 方法的二视图数据 PDRBM 网络的训练过程

输入：样本数为 N 的二视图数据训练数据集 $\boldsymbol{X}^1=\{\boldsymbol{x}^{1(n)}\}_{n=1}^N$，$\boldsymbol{X}^2=\{\boldsymbol{x}^{2(n)}\}_{n=1}^N$。

输出：训练完成的网络模型权值 $\{\boldsymbol{W}^{1c},\boldsymbol{b}^{1c},\boldsymbol{W}^{2u},\boldsymbol{b}^{2u},\boldsymbol{c}^1,\boldsymbol{W}^{2c},\boldsymbol{b}^{2c},\boldsymbol{W}^{2u},\boldsymbol{b}^{2u},\boldsymbol{c}^2\}$。

Step 1. 随机初始化网络权值 $\{\boldsymbol{W}^{1c},\boldsymbol{b}^{1c},\boldsymbol{W}^{2u},\boldsymbol{b}^{2u},\boldsymbol{c}^1,\boldsymbol{W}^{2c},\boldsymbol{b}^{2c},\boldsymbol{W}^{2u},\boldsymbol{b}^{2u},\boldsymbol{c}^2\}$。

Step 2. **for** $t=1$ to T（迭代次数）**do**

　　//变分推理：

Step 3. 　**for** 每个两视图样本 $\boldsymbol{x}^{1(n)},\boldsymbol{x}^{2(n)}$，$n=1$ to N **do**

Step 4. 　　$\boldsymbol{H}^{1c(n)}=\sigma(\boldsymbol{x}^{1(n)}\boldsymbol{W}^{1c}+\boldsymbol{b}^{1c})$，$\boldsymbol{H}^{1u(n)}=\sigma(\boldsymbol{x}^{1(n)}\boldsymbol{W}^{1u}+\boldsymbol{b}^{1u})$；

Step 5. 　　$\boldsymbol{H}^{2c(n)}=\sigma(\boldsymbol{x}^{2(n)}\boldsymbol{W}^{2c}+\boldsymbol{b}^{2c})$，$\boldsymbol{H}^{2u(n)}=\sigma(\boldsymbol{x}^{2(n)}\boldsymbol{W}^{2u}+\boldsymbol{b}^{u})$；

Step 6. 　**end for**

　　//计算视图间一致性函数与视图内不一致性函数的梯度：

Step 7. 　**if** 度量两个分布一致性的方法是分布之间距离的负数　// PCRBM1

Step 8. 　　$\nabla\boldsymbol{H}^{1c}_{\text{consistency}}=\frac{1}{N}\left(\frac{\boldsymbol{H}^{2c}}{\|\boldsymbol{H}^{1c}\|^2+\|\boldsymbol{H}^{2c}\|^2}-\frac{2\boldsymbol{H}^{1c}.\times(\boldsymbol{H}^{1c}.\times\boldsymbol{H}^{2c})}{\left\|\|\boldsymbol{H}^{1c}\|^2+\|\boldsymbol{H}^{2c}\|^2\right\|^2}\right)$；

Step 9. 　　$\nabla\boldsymbol{H}^{2c}_{\text{consistency}}=\frac{1}{N}\left(\frac{\boldsymbol{H}^{1c}}{\|\boldsymbol{H}^{1c}\|^2+\|\boldsymbol{H}^{2c}\|^2}-\frac{2\boldsymbol{H}^{2c}.\times(\boldsymbol{H}^{1c}.\times\boldsymbol{H}^{2c})}{\left\|\|\boldsymbol{H}^{1c}\|^2+\|\boldsymbol{H}^{2c}\|^2\right\|^2}\right)$；

Step 10. 　　$\nabla\boldsymbol{H}^{1c}_{\text{inconsistency}}=-\frac{1}{N}\left(\frac{\boldsymbol{H}^{1u}}{\|\boldsymbol{H}^{1c}\|^2+\|\boldsymbol{H}^{1u}\|^2}-\frac{2\boldsymbol{H}^{1c}.\times(\boldsymbol{H}^{1c}.\times\boldsymbol{H}^{1u})}{\left\|\|\boldsymbol{H}^{1c}\|^2+\|\boldsymbol{H}^{1u}\|^2\right\|^2}\right)$；

Step 11. 　　$\nabla\boldsymbol{H}^{1u}_{\text{inconsistency}}=-\frac{1}{N}\left(\frac{\boldsymbol{H}^{1c}}{\|\boldsymbol{H}^{1c}\|^2+\|\boldsymbol{H}^{1u}\|^2}-\frac{2\boldsymbol{H}^{1u}.\times(\boldsymbol{H}^{1c}.\times\boldsymbol{H}^{1u})}{\left\|\|\boldsymbol{H}^{1c}\|^2+\|\boldsymbol{H}^{1u}\|^2\right\|^2}\right)$；

Step 12. 　　$\nabla\boldsymbol{H}^{2c}_{\text{inconsistency}}=-\frac{1}{N}\left(\frac{\boldsymbol{H}^{2u}}{\|\boldsymbol{H}^{2c}\|^2+\|\boldsymbol{H}^{2u}\|^2}-\frac{2\boldsymbol{H}^{2c}.\times(\boldsymbol{H}^{2c}.\times\boldsymbol{H}^{2u})}{\left\|\|\boldsymbol{H}^{2c}\|^2+\|\boldsymbol{H}^{2u}\|^2\right\|^2}\right)$；

Step 13. 　　$\nabla\boldsymbol{H}^{2u}_{\text{inconsistency}}=-\frac{1}{N}\left(\frac{\boldsymbol{H}^{2c}}{\|\boldsymbol{H}^{2c}\|^2+\|\boldsymbol{H}^{2u}\|^2}-\frac{2\boldsymbol{H}^{2u}.\times(\boldsymbol{H}^{2c}.\times\boldsymbol{H}^{2u})}{\left\|\|\boldsymbol{H}^{2c}\|^2+\|\boldsymbol{H}^{2u}\|^2\right\|^2}\right)$；

Step 14. 　**elseif** 度量两个分布一致性的方法是分布之间的相关性

　　// PCRBM2

Step 15. 　$\bar{\boldsymbol{H}}^{1c}=\boldsymbol{H}^{1c}-\mathbf{1}\left(\sum_n H^{1c(n)}\right)/N$，$\bar{\boldsymbol{H}}^{1u}=\boldsymbol{H}^{1u}-\mathbf{1}\left(\sum_n H^{1u(n)}\right)/N$；

Step 16. 　$\bar{\boldsymbol{H}}^{2c}=\boldsymbol{H}^{2c}-\mathbf{1}\left(\sum_n H^{2c(n)}\right)/N$，$\bar{\boldsymbol{H}}^{2u}=\boldsymbol{H}^{2u}-\mathbf{1}\left(\sum_n H^{2u(n)}\right)/N$；

Step 17. 　$\bar{\boldsymbol{C}}_1^{11}=(\bar{\boldsymbol{H}}^{1c})^{\mathrm{T}}\bar{\boldsymbol{H}}^{1c}/(N-1)+10^{-4}\boldsymbol{I}$，

　　　　$\bar{\boldsymbol{C}}_1^{22}=(\bar{\boldsymbol{H}}^{1u})^{\mathrm{T}}\bar{\boldsymbol{H}}^{1u}/(N-1)+10^{-4}\boldsymbol{I}$；

Step 18. 　$\bar{\boldsymbol{C}}_1^{12}=(\bar{\boldsymbol{H}}^{1c})^{\mathrm{T}}\bar{\boldsymbol{H}}^{1u}/(N-1)$，$\bar{\boldsymbol{T}}_1=(\bar{\boldsymbol{C}}_1^{11})^{-1/2}\bar{\boldsymbol{C}}_1^{12}(\bar{\boldsymbol{C}}_1^{22})^{-1/2}$；

Step 19. $\bar{\boldsymbol{C}}_2^{11}=(\bar{\boldsymbol{H}}^{2c})^{\mathrm{T}}\bar{\boldsymbol{H}}^{2c}/(N-1)+10^{-4}\boldsymbol{I}$,

$\bar{\boldsymbol{C}}_2^{22}=(\bar{\boldsymbol{H}}^{2u})^{\mathrm{T}}\bar{\boldsymbol{H}}^{2u}/(N-1)+10^{-4}\boldsymbol{I}$;

Step 20. $\bar{\boldsymbol{C}}_2^{12}=(\bar{\boldsymbol{H}}^{2c})^{\mathrm{T}}\bar{\boldsymbol{H}}^{2u}/(N-1)$, $\bar{\boldsymbol{T}}_2=(\bar{\boldsymbol{C}}_2^{11})^{-1/2}\bar{\boldsymbol{C}}_2^{12}(\bar{\boldsymbol{C}}_2^{22})^{-1/2}$;

Step 21. $\bar{\boldsymbol{C}}_c^{11}=\bar{\boldsymbol{C}}_1^{11}$, $\bar{\boldsymbol{C}}_c^{22}=\bar{\boldsymbol{C}}_2^{11}$, $\bar{\boldsymbol{C}}_c^{12}=(\bar{\boldsymbol{H}}^{1c})^{\mathrm{T}}\bar{\boldsymbol{H}}^{2c}/(N-1)$,

$\bar{\boldsymbol{T}}_c=(\bar{\boldsymbol{C}}_c^{11})^{-1/2}\bar{\boldsymbol{C}}_c^{12}(\bar{\boldsymbol{C}}_c^{22})^{-1/2}$;

Step 22. $\bar{\boldsymbol{T}}_1,\bar{\boldsymbol{T}}_2,\bar{\boldsymbol{T}}_c$ 的奇异值分解分别是$\bar{\boldsymbol{T}}_1=\boldsymbol{U}_1\boldsymbol{D}_1\boldsymbol{V}_1^{\mathrm{T}}$, $\bar{\boldsymbol{T}}_2=\boldsymbol{U}_2\boldsymbol{D}_2\boldsymbol{V}_2^{\mathrm{T}}$,

$\bar{\boldsymbol{T}}_c=\boldsymbol{U}_c\boldsymbol{D}_c\boldsymbol{V}_c^{\mathrm{T}}$;

Step 23.
$$\nabla\boldsymbol{H}_{\text{consistency}}^{1c}=\frac{1}{N-1}\Big(-\bar{\boldsymbol{H}}^{1c}(\bar{\boldsymbol{C}}_c^{11})^{-1/2}\boldsymbol{U}_c^{\mathrm{T}}\boldsymbol{D}_c\boldsymbol{U}_c(\bar{\boldsymbol{C}}_c^{11})^{-1/2}+\bar{\boldsymbol{H}}^{2c}(\bar{\boldsymbol{C}}_c^{22})^{-1/2}\boldsymbol{V}_c\boldsymbol{U}_c^{\mathrm{T}}(\bar{\boldsymbol{C}}_c^{11})^{-1/2}\Big);$$

Step 24.
$$\nabla\boldsymbol{H}_{\text{consistency}}^{2c}=\frac{1}{N-1}\Big(-\bar{\boldsymbol{H}}^{2c}(\bar{\boldsymbol{C}}_c^{22})^{-1/2}\boldsymbol{V}_c^{\mathrm{T}}\boldsymbol{D}_c\boldsymbol{V}_c(\bar{\boldsymbol{C}}_c^{22})^{-1/2}+\bar{\boldsymbol{H}}^{1c}(\bar{\boldsymbol{C}}_c^{11})^{-1/2}\boldsymbol{U}_c\boldsymbol{V}_c^{\mathrm{T}}(\bar{\boldsymbol{C}}_c^{22})^{-1/2}\Big);$$

Step 25.
$$\nabla\boldsymbol{H}_{\text{inconsistency}}^{1c}=\frac{1}{N-1}\Big(\bar{\boldsymbol{H}}^{1c}(\bar{\boldsymbol{C}}_1^{11})^{-1/2}\boldsymbol{U}_1^{\mathrm{T}}\boldsymbol{D}_1\boldsymbol{U}_1(\bar{\boldsymbol{C}}_1^{11})^{-1/2}-\bar{\boldsymbol{H}}^{1u}(\bar{\boldsymbol{C}}_1^{22})^{-1/2}\boldsymbol{V}_1\boldsymbol{U}_1^{\mathrm{T}}(\bar{\boldsymbol{C}}_1^{11})^{-1/2}\Big);$$

Step 26.
$$\nabla\boldsymbol{H}_{\text{inconsistency}}^{1u}=\frac{1}{N-1}\Big(\bar{\boldsymbol{H}}^{1u}(\bar{\boldsymbol{C}}_1^{22})^{-1/2}\boldsymbol{V}_1^{\mathrm{T}}\boldsymbol{D}_1\boldsymbol{V}_1(\bar{\boldsymbol{C}}_1^{22})^{-1/2}-\bar{\boldsymbol{H}}^{1c}(\bar{\boldsymbol{C}}_1^{11})^{-1/2}\boldsymbol{U}_1\boldsymbol{V}_1^{\mathrm{T}}(\bar{\boldsymbol{C}}_1^{22})^{-1/2}\Big);$$

Step 27.
$$\nabla\boldsymbol{H}_{\text{inconsistency}}^{2c}=\frac{1}{N-1}\Big(\bar{\boldsymbol{H}}^{2c}(\bar{\boldsymbol{C}}_2^{11})^{-1/2}\boldsymbol{U}_2^{\mathrm{T}}\boldsymbol{D}_2\boldsymbol{U}_2(\bar{\boldsymbol{C}}_2^{11})^{-1/2}-\bar{\boldsymbol{H}}^{2u}(\bar{\boldsymbol{C}}_2^{22})^{-1/2}\boldsymbol{V}_2\boldsymbol{U}_2^{\mathrm{T}}(\bar{\boldsymbol{C}}_2^{11})^{-1/2}\Big);$$

Step 28.
$$\nabla\boldsymbol{H}_{\text{inconsistency}}^{2u}=\frac{1}{N-1}\Big(\bar{\boldsymbol{H}}^{2u}(\bar{\boldsymbol{C}}_2^{22})^{-1/2}\boldsymbol{V}_2^{\mathrm{T}}\boldsymbol{D}_2\boldsymbol{V}_2(\bar{\boldsymbol{C}}_2^{22})^{-1/2}-\bar{\boldsymbol{H}}^{2c}(\bar{\boldsymbol{C}}_2^{11})^{-1/2}\boldsymbol{U}_2\boldsymbol{V}_2^{\mathrm{T}}(\bar{\boldsymbol{C}}_2^{22})^{-1/2}\Big);$$

Step 29. **end if**

Step 30. $\nabla\boldsymbol{W}_{\text{consistency}}^{1c}=\boldsymbol{X}^{1\mathrm{T}}\Big(\boldsymbol{H}^{1c}.\times(1-\boldsymbol{H}^{1c}).\times\nabla\boldsymbol{H}_{\text{consistency}}^{1c}\Big)$。//.×表示对位相乘

Step 31. $\nabla\boldsymbol{b}_{\text{consistency}}^{1c}=\sum_n\Big(\boldsymbol{H}^{1c}.\times(1-\boldsymbol{H}^{1c}).\times\nabla\boldsymbol{H}_{\text{consistency}}^{2c}\Big)^{(n)}$。

Step 32. $\nabla\boldsymbol{W}_{\text{consistency}}^{2c}=\boldsymbol{X}^{2\mathrm{T}}\Big(\boldsymbol{H}^{2c}.\times(1-\boldsymbol{H}^{2c}).\times\nabla\boldsymbol{H}_{\text{consistency}}^{2c}\Big)$。

Step 33. $\nabla\boldsymbol{b}_{\text{consistency}}^{2c}=\sum_n\Big(\boldsymbol{H}^{2c}.\times(1-\boldsymbol{H}^{2c}).\times\nabla\boldsymbol{H}_{\text{consistency}}^{2c}\Big)^{(n)}$。

Step 34. $\nabla W^{1c}_{\text{inconsistency}} = X^{1\mathrm{T}}\left(H^{1c}.\times(1-H^{1c}).\times\nabla H^{1c}_{\text{inconsistency}}\right)$。

Step 35. $\nabla b^{1c}_{\text{inconsistency}} = \sum_{n}\left(H^{1c}.\times(1-H^{1c}).\times\nabla H^{1c}_{\text{inconsistency}}\right)^{(n)}$。

Step 36. $\nabla W^{1u}_{\text{inconsistency}} = X^{1\mathrm{T}}\left(H^{1u}.\times(1-H^{1u}).\times\nabla H^{1u}_{\text{inconsistency}}\right)$。

Step 37. $\nabla b^{1u}_{\text{inconsistency}} = \sum_{n}\left(H^{1u}.\times(1-H^{1u}).\times\nabla H^{1u}_{\text{inconsistency}}\right)^{(n)}$。

Step 38. $\nabla W^{2c}_{\text{inconsistency}} = X^{2\mathrm{T}}\left(H^{2c}.\times(1-H^{2c}).\times\nabla H^{2c}_{\text{inconsistency}}\right)$。

Step 39. $\nabla b^{2c}_{\text{inconsistency}} = \sum_{n}\left(H^{2c}.\times(1-H^{2c}).\times\nabla H^{2c}_{\text{inconsistency}}\right)^{(n)}$。

Step 40. $\nabla W^{2u}_{\text{inconsistency}} = X^{2\mathrm{T}}\left(H^{2u}.\times(1-H^{2u}).\times\nabla H^{2u}_{\text{inconsistency}}\right)$。

Step 41. $\nabla b^{2u}_{\text{inconsistency}} = \sum_{n}\left(H^{2u}.\times(1-H^{2u}).\times\nabla H^{2u}_{\text{inconsistency}}\right)^{(n)}$。

Step 42. $\nabla c^{1}_{\text{consistency}} = \mathbf{0}, \nabla c^{2}_{\text{consistency}} = \mathbf{0}, \nabla c^{1}_{\text{inconsistency}} = \mathbf{0}, \nabla c^{2}_{\text{inconsistency}} = \mathbf{0}$。

//统计近似：

Step 43. 利用 $H^{1c}, H^{1u}, H^{2c}, H^{2u}$ 得到二值变量 $H^{1c\,0}, H^{1u\,0}, H^{2c\,0}, H^{2u\,0}$，并且 $X^{1\,0} = X^{1}, X^{2\,0} = X^{2}$。

Step 44. **for** $k = 1$ to K **do** // K 是交替 Gibbs 采样次数

Step 45. **for** 每个样本，$n = 1$ to N **do**

Step 46. 使用 Gibbs 采样方法从 $\{X^{1\,k-1(n)}, H^{1c\,k-1(n)}, H^{1u\,k-1(n)}\}$ 采样得到 $\{X^{1\,k(n)}, H^{1c\,k(n)}, H^{1u\,k(n)}\}$；

Step 47. 使用 Gibbs 采样方法从 $\{X^{2\,k-1(n)}, H^{2u\,k-1(n)}, H^{2u\,k-1(n)}\}$ 采样得到 $\{X^{2\,k(n)}, H^{2c\,k(n)}, H^{2u\,k(n)}\}$；

Step 48. **end for**

Step 49. **end for**

//更新网络权值：

Step 50. $W^{1c} = W^{1c} + \alpha\left[\frac{1}{N}\left((X^{1})^{\mathrm{T}}H^{1c} - (X^{1\,K})^{\mathrm{T}}H^{1c\,K}\right) + \lambda_{1}\nabla W^{1c}_{\text{consistency}} + \lambda_{2}\nabla W^{1c}_{\text{inconsistency}}\right]$。

Step 51. $b^{1c} = b^{1c} + \alpha\left[\frac{1}{N}\left(\sum_{n=1}^{N}H^{1c(n)} - \sum_{n=1}^{N}H^{1c\,K(n)}\right) + \lambda_{1}\nabla b^{1c}_{\text{consistency}} + \lambda_{2}\nabla b^{1c}_{\text{inconsistency}}\right]$。

Step 52. $W^{1u} = W^{1u} + \alpha\left[\left((X^{1})^{\mathrm{T}}H^{1u} - (X^{1K})^{\mathrm{T}}H^{1u\,K}\right)/N + \lambda_{2}\nabla W^{1u}_{\text{inconsistency}}\right]$。

Step 53. $b^{1u} = b^{1u} + \alpha\left[\left(\sum_{n=1}^{N}H^{1u(n)} - \sum_{n=1}^{N}H^{1uK(n)}\right)/N + \lambda_{2}\nabla b^{1u}_{\text{inconsistency}}\right]$。

Step 54.　$c^1 = c^1 + \alpha\left(\sum_{n=1}^{N} X^{1(n)} - \sum_{n=1}^{N} X^{1K(n)}\right)/N$。

Step 55.　$W^{2c} = W^{2c} + \alpha\left[\frac{1}{N}\left((X^1)^{\mathrm T} H^{2c} - (X^{1K})^{\mathrm T} H^{2cK}\right) + \lambda_1 \nabla W^{2c}_{\text{consistency}} + \lambda_2 \nabla W^{2c}_{\text{inconsistency}}\right]$。

Step 56.　$b^{2c} = b^{2c} + \alpha\left[\frac{1}{N}\left(\sum_{n=1}^{N} H^{2c(n)} - \sum_{n=1}^{N} H^{2cK(n)}\right) + \lambda_1 \nabla b^{2c}_{\text{consistency}} + \lambda_2 \nabla b^{2c}_{\text{inconsistency}}\right]$。

Step 57.　$W^{2u} = W^{2u} + \alpha\left[\left((X^1)^{\mathrm T} H^{2u} - (X^{1K})^{\mathrm T} H^{2uK}\right)/N + \lambda_2 \nabla W^{2u}_{\text{inconsistency}}\right]$。

Step 58.　$b^{2u} = b^{2u} + \alpha\left[\left(\sum_{n=1}^{N} H^{2u(n)} - \sum_{n=1}^{N} H^{2uK(n)}\right)/N + \lambda_2 \nabla b^{2u}_{\text{inconsistency}}\right]$。

Step 59.　$c^2 = c^2 + \alpha\left(\sum_{n=1}^{N} X^{2(n)} - \sum_{n=1}^{N} X^{2K(n)}\right)/N$。

Step 60.　降低学习率 α。

Step 61. **end for**

3.2.3　PDRBM 模型在多视图上的应用

在上面的两小节中，本章以二视图数据为例详细介绍了 PDRBM 网络模型。PDRBM 模型也可以扩展到处理多视图数据上，其用于分类时划分为两个阶段，其中每个阶段对应一个目标函数，即预训练的目标函数和分类模型的目标函数。当给定多视图训练数据集 $X^1 = \{x^{1(n)}\}_{n=1}^{N}, \cdots, X^K = \{x^{K(n)}\}_{n=1}^{N}, Y = \{Y^{(n)}\}_{n=1}^{N}$ 时，PDRBM 模型预训练多视图数据时的目标函数为

$$\begin{aligned}&\max_{\theta} \sum_{k}\sum_{n} \ln P(x^{k(n)};\theta) + \\ &\sum_{i=1}^{K}\sum_{j>i}^{K}\sum_{n}\lambda_{1^{ij}}\,\text{consistency}\left(P(h^{ic(n)} \mid x^{i(n)};\theta), P(h^{jc(n)} \mid x^{j(n)};\theta)\right) + \\ &\sum_{k}\sum_{n}\lambda_{2^k}\,\text{inconsistency}\left(P(h^{kc(n)} \mid x^{k(n)};\theta), P(h^{ku(n)} \mid x^{k(n)};\theta)\right)\end{aligned} \tag{3-31}$$

式中：λ 是平衡对数似然函数和一致性函数的参数。这样，PDRBM 模型预训练时第 k 个视图上的目标函数可表示为

$$\begin{aligned}&\max_{\theta} \sum_{n} \ln P(x^{k(n)};\theta) + \\ &\sum_{i\neq k}^{K}\sum_{n}\lambda_{1^{ik}}\,\text{consistency}\left(P(h^{i(n)} \mid x^{i(n)};\theta), P(h^{k(n)} \mid x^{k(n)};\theta)\right) + \\ &\sum_{n}\lambda_{2^k}\,\text{inconsistency}\left(P(h^{kc(n)} \mid x^{k(n)};\theta), P(h^{ku(n)} \mid x^{k(n)};\theta)\right)\end{aligned} \tag{3-32}$$

这样，就可以利用随机逼近算法和一致性函数的梯度最大化 k 视图的似然函数和 k 视图与其他视图隐藏层特征间的一致性。

在第二阶段的任务中，利用带标签的数据和梯度下降法来微调连接隐藏单元和标签单元的权重。PCRBM 模型利用所有隐藏层的输出来预测多视图数据的标签，而 PDRBM 模型仅利用包含视图之间一致性信息的隐藏层的输出来预测标签。这样，PDRBM 模型利用带标签的数据和梯度下降法来微调隐藏层与标签层间的连接权值，此时多视图分类的目标函数可表示为

$$\min_{\theta'} \sum_{k} a_k \sum_{n} \| \boldsymbol{Y}^{(n)} - P(\hat{\boldsymbol{Y}}^{(n)} \mid \boldsymbol{H}^{kc(n)};\theta') \|^2 \tag{3-33}$$

式中：a 是平衡多视图数据的参数。

3.3 实验与分析

3.3.1 实验设置和数据集

在 Exp-PCRBM 和 Exp-PDRBM 中，本章使用距离的负数和典型相关分析两种度量来描述两个分布之间的一致性：将基于距离的负数的 Exp-PCRBM 和 Exp-PDRBM 分别命名为 Exp-PCRBM1 和 Exp-PDRBM1；将基于 CCA 的 Exp-PCRBM 和 Exp-PDRBM 分别命名为 Exp-PCRBM2 和 Exp-PDRBM2。同时，本章也验证了以 Exp-PCRBM 为基础的深度网络 Exp-MCDBN 的有效性，并且在这个深度网络中只使用典型相关分析来描述两个分布之间的一致性。为了测试 PCRBM 模型与 PDRBM 模型的性能，本章将它们与指数族受限玻耳兹曼机(Exp-RBM)[5]、基于后验一致性的多视图高斯过程模型(MvGP)[6]以及基于一致性和互补性的最大熵判别模型(MED-2C)[7]算法进行了比较。所有这些算法都是在 i7 DMI2-Intel 3.6 GHz 处理器和 18 GB RAM 运行 MATLAB 2017A 的工作站上执行的。

Exp-PCRBM 和 Exp-PDRBM 不仅适用于二分类多视图数据，而且适用于多分类多视图数据。众所周知，MvGP 和 MED 2C 只适用于二分类多视图数据。因此，本章参考了一对多支持向量机(OvR-SVM)[8]的思想，提出 MvGP 和 MED-2C 的扩展模型：一对多 MvGP(OvR-MvGP)和一对多 MED-2C(OvR-MED-2C)，来处理多分类多视图数据。对于多分类多视图数据，OvR-MvGP 和 OvR-MED-2C 都需要针对每个类训练一个分类器，并且训练时该类样本为正样本，其余样本为负样本。本节所使用的数据集是 UCI 数据集，包括 3 个二分类二视图数据集(Advertisement[7]、Wisconsin Diagnostic Breast Cancer[9]和 Z-Alizadeh sani[10])和 2 个多分类二视图数据集(Dermatology[11]和 ForestTypes[12])。

Advertisement：该数据集是 5 个数据集中唯一的二值数据集，它包含 3 279 个样本(459 个广告样本和 2 820 个非广告样本)，其中一个视图描述图像本身，另一个视

图包含所有其他特征；并且，这两个视图的属性数目分别为 587 和 967。

Wisconsin Diagnostic Breast Cancer(WDBC)：该数据集包含 569 个样本(357 个良性样本和 212 个恶性样本)，其中一个视图包含根据细胞核计算得到的 10 个属性特征，而另一视图包含前一个视图的平均值和标准差共计 20 个属性特征。

Z - Alizadeh sani：该数据集包含 303 个样本(87 个正常样本和 216 个冠心病样本)，其中一个视图包含样本的人体特征和症状，而另一个视图包含体检、心电图、超声心动图等检查结果；并且，这两个视图的属性数目分别为 31 和 24。

Dermatology：该数据集包含 358 个样本(111 个银屑病样本、60 个脂溢性皮炎样本、71 个扁平苔藓样本、48 个玫瑰糠疹样本、48 个慢性皮炎样本和 20 个毛发红糠疹样本)，其中一个视图描述临床特征，而另一个视图包含组织病理特征；并且，这两个视图的属性数目分别为 12 和 22。

ForestTypes：该数据集包含 523 个样本(195 个日本雪松样本、83 个日本扁柏样本、159 个混合落叶植物样本和 86 个其他种类样本)，其中一个视图描述 ASTER 卫星遥感影像特征，而另一个视图包含所有其他特征；并且，这两个视图的属性数目分别为 9 和 18。

本章使用五折交叉验证方法评估算法在数据集上的有效性，其中 60%的数据用于训练，40%的数据用于测试。本章还将上述训练集划分为训练集和验证集，其中 10%的数据为验证集(十折交叉验证)。在 MvGP 和 OvR - MvGP 中，参数 a 和 b 的值分别从$\{0, 0.1, \cdots, 1\}$和$\{2^{-18}, 2^{-12}, 2^{-8}, 2, 2^3, 2^8\}$中选择，并通过交叉验证来确定。在 MED 2C 和 OvR - MED - 2C 中，参数 c 的值从$\{2^{-5}, 2^{-4}, \cdots, 2^5\}$中选择，并通过交叉验证来确定。因此，在 Exp - PCRBM 中，参数 a 和 λ 的值也分别从$\{0, 0.1, \cdots, 1\}$和$\{2^{-18}, 2^{-12}, 2^{-8}, 2, 2^3, 2^8\}$中选择，并通过交叉验证来确定。在 Exp - PDRBM 中，用同样的方式确定 a、λ_1 和 λ_2 值。在 Exp - PCRBM 中，每个视图对应的隐藏层节点数都被设置为 100。类似的，Exp - MCDBN 的隐藏层结构为 2×100—2×100—1 000。与 Exp - PCRBM 不同的是，Exp - PDRBM 将每个视图上 Exp - RBM 的隐藏层都分成两部分：一部分包含两个视图之间的一致性信息，另一部分包含该视图特有的信息。因此，Exp - PDRBM 一个视图中的每种隐藏层节点数都被设置为 50。为了对比算法的性能，本章还针对每个视图建立了 Exp - RBM 模型，并将第一视图和第二视图分别建立的 Exp - RBM 模型称为 Exp - RBM1 和 Exp - RBM2。此外，Exp - RBM1、Exp - RBM2、Exp - PCRBM 和 Exp - PDRBM 均使用小批量学习，在每次迭代中随机从所有样本中选择 100 个样本。

3.3.2　算法比较与分析

本小节首先利用五个 UCI 二视图数据集验证 Exp - PCRBM 在二分类和多分类二视图数据上的有效性。表 3 - 1 和表 3 - 2 分别列出了 Exp - RBM1、Exp - RBM2、MvGP/OvR - MvGP、MED - 2C/OvR - MED - 2C、Exp - PCRBM1 和 Exp - PCRBM2

在5个UCI多视图数据集上的实验结果。表3-1列出了Exp-PCRBM等算法在二分类测试数据集上的平均正确率和标准差,表3-2列出了Exp-PCRBM等算法在多分类测试数据集上的平均正确率和标准差。

表3-1 Exp-PCRBM在二分类数据集上的性能比较

%

数据集＼算法	Exp-RBM1	Exp-RBM2	MvGP	MED-2C	Exp-PCRBM1	Exp-PCRBM2
Advertisement	95.61±0.39	96.58±0.65	95.70±1.06	**96.68±0.45**	**96.84±0.51**	**96.89±0.44**
WDBC	95.87±1.41	98.07±0.50	96.13±1.82	96.92±1.02	**98.28±0.64**	**98.16±0.95**
Z-Alizadeh sani	86.80±2.69	76.74±3.24	83.98±4.15	86.47±2.11	**89.61±2.14**	88.95±3.84

表3-2 Exp-PCRBM在多分类数据集上的性能比较

%

数据集＼算法	Exp-RBM1	Exp-RBM2	OvR-MvGP	OvR-MED-2C	Exp-PCRBM1	Exp-PCRBM2
Dermatology	86.45±1.58	94.97±1.75	95.53±2.50	97.21±1.71	**98.32±1.06**	**98.47±1.19**
ForestTypes	89.48±0.88	88.91±1.36	87.86±1.45	88.14±1.05	**89.77±1.70**	**89.77±1.70**

从表3-1中的实验结果可以看出,Exp-PCRBM1和Exp-PCRBM2在所有二分类二视图UCI数据集上的性能都优于Exp-RBM1、Exp-RBM2、MvGP和MED-2C;并且,Exp-PCRBM1在WDBC和Z-Alizadeh sani数据集上表现最好,而Exp-PCRBM2在Advertisement数据集上表现最好。从表3-2中的实验结果可以看出,Exp-PCRBM1和Exp-PCRBM2在所有多分类二视图UCI数据集的性能都优于Exp-RBM1、Exp-RBM2、OvR-MvGP和OvR-MED-2C;并且,Exp-PCRBM2在Dermatology数据集上略优于Exp-PCRBM1。从表3-1和表3-2中可以看出,Exp-PCRBM是一种有效的多视图数据集分类方法。

从表3-1和表3-2中还可以得出以下结论:① Exp-PCRBM1和Exp-PCRBM2在所有数据集上都优于其他算法,这不仅表明Exp-PCRBM是一种有效的多视点分类方法,还表明距离的负值和典型相关分析都是可行的分布间一致性函数的度量方法;② MvGP/OvR-MvGP在所有数据集上的性能都比其他多视图学习方法差,这是因为它并没有使用参考文献[6]中的样本点选择策略,并且这种策略同样可以用在其他方法上;③ 单视图上的Exp-RBM在大多数数据集都优于MvGP/OvR-MvGP和MED-2C/OvR-MED-2C,证明Exp-RBM是一种有效的表征学习方法和分类方法;④ Exp-PCRBM1和Exp-PCRBM2在所有数据集上的表现都优于Exp-RBM1和Exp-RBM2,说明Exp-PCRBM学习得到的多视图表示更加适用于多视图数据的分类。

接着,本小节利用5个UCI二视图数据集验证深度网络Exp-MCDBN在二分类和多分类二视图数据上的有效性，并在验证时只使用典型相关分析这一度量来描述两个分布之间的一致性。因此，表 3 - 3 和表 3 - 4 仅分别列出了 MvGP/OvR - MvGP、MED - 2C/OvR - MED - 2C、Exp - PCRBM2 和 Exp - MCDBN 在 5 个 UCI 多视图数据集上的实验结果。表 3 - 3 列出了 Exp - MCDBN 等算法在二分类测试数据集上的平均正确率和标准差，表 3 - 4 列出了 Exp - MCDBN 等算法在多分类测试数据集上的平均正确率和标准差。

表 3 - 3　Exp - MCDBN 在二分类数据集上的性能比较

%

数据集 \ 算法	MvGP	MED - 2C	Exp - PCRBM2	Exp - MCDBN
Advertisement	95.70±1.06	96.68±0.45	96.89±0.44	**97.26±0.57**
WDBC	96.13±1.82	96.92±1.02	98.16±0.95	**98.28±0.44**
Z - Alizadeh sani	83.98±4.15	86.47±2.11	**88.95±3.84**	88.78±2.44

表 3 - 4　Exp - MCDBN 在多分类数据集上的性能比较

%

数据集 \ 算法	OvR - MvGP	OvR - MED - 2C	Exp - PCRBM2	Exp - MCDBN
Dermatology	95.53±2.50	97.21±1.71	98.47±1.19	**98.66±0.86**
ForestTypes	87.86±1.45	88.14±1.05	89.77±1.70	**90.34±1.44**

从表 3 - 3 中的实验结果可以看出，Exp - MCDBN 模型在 Advertisement 和 WDBC 数据集上的性能优于其他三种算法，并且在 Z - Alizadeh sani 数据集上的性能低于 Exp - PCRBM2。Exp - MCDBN 模型在 Z - Alizadeh sani 上性能稍差的原因是 Z - Alizadeh sani 较小，这很可能导致 Exp - MCDBN 模型出现过拟合问题。Dropout 和权重不确定性是解决受限玻耳兹曼机中过拟合问题的有效方法，下一步工作可以将这两种方法应用在 Exp - MCDBN 模型上。从表 3 - 4 中的实验结果可以看出，Exp - MCDBN 模型在所有数据集上都优于其他三种算法。可以得出结论，Exp - MCDBN 模型是一种有效的多视图深度分类网络。

本小节最后利用 5 个 UCI 二视图数据集验证 Exp - PDRBM 在二分类和多分类二视图数据上的有效性，并将其与 MvGP/OvR - MvGP、MED - 2C/OvR - MED - 2C、Exp - PCRBM1 和 Exp - PCRBM2 进行比较。表 3 - 5 列出了 Exp - PDRBM 等算法在二分类测试数据集上的平均正确率和标准差，表 3 - 6 列出了 Exp - PDRBM 等算法在多分类测试数据集上的平均正确率和标准差。

从表 3 - 5 中的实验结果可以看出，Exp - PDRBM1 和 Exp - PDRBM2 在二分类二视图数据上的性能都优于 MvGP、MED - 2C、Exp - PCRBM1 和 Exp - PCRBM2，并且 Exp - PDRBM2 的分类性能明显优于 Exp - PDRBM1。从表 3 - 6 中的实验结

果可以看出，Exp - PDRBM1 和 Exp - PDRBM2 在多分类数据上的分类性能都优于 OvR - MvGP、OvR - MED - 2C、Exp - PCRBM1 和 Exp - PCRBM2，并且 Exp - PDRBM2 的分类性能也略优于 Exp - PDRBM1。因此可以得出结论，Exp - PDRBM 是一种有效的多视点数据集分类方法，在描述 Exp - PDRBM 的两种分布之间的一致性方面，CCA 比距离负值更好。

表 3 - 5　Exp - PDRBM 在二分类数据集上的性能比较

%

数据集＼算法	MvGP	MED - 2C	Exp - PCRBM1	Exp - PCRBM2	Exp - PDRBM1	Exp - PDRBM2
Advertisement	95.70±1.06	96.68±0.45	96.84±0.51	96.89±0.44	**96.97±0.52**	**97.10±0.52**
WDBC	96.13±1.82	96.92±1.02	98.28±0.64	98.16±0.95	**98.51±0.66**	**98.59±0.57**
Z - Alizadeh sani	83.98±4.15	86.47±2.11	89.61±2.14	88.95±3.84	90.26±2.30	**90.76±1.78**

表 3 - 6　Exp - PDRBM 在多分类数据集上的性能比较

%

数据集＼算法	OvR - MvGP	OvR - MED - 2C	Exp - PCRBM1	Exp - PCRBM2	Exp - PDRBM1	Exp - PDRBM2
Dermatology	95.53±2.50	97.21±1.71	98.32±1.06	98.47±1.19	**98.60±1.31**	**98.74±1.25**
ForestTypes	87.86±1.45	88.14±1.05	89.77±1.70	89.77±1.70	90.92±1.64	**91.97±1.23**

图 3 - 4 直观地给出了 Exp - PDRBM 模型在 5 个 UCI 数据集上的对比结果。从图 3 - 4 中可以得出以下结论：① Exp - PDRBM1 和 Exp - PDRBM2 在所有数据

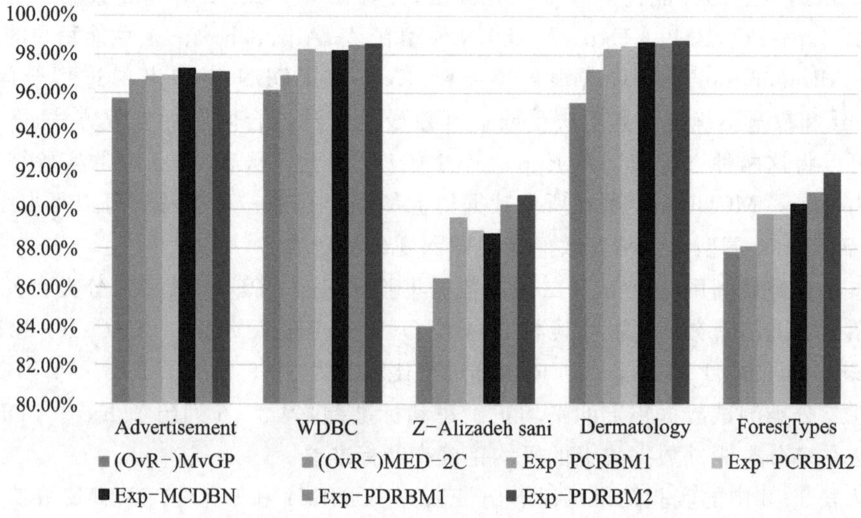

图 3 - 4　Exp - PDRBM 模型在二分类和多分类数据集上的性能比较

集上都优于其他浅层算法，并在大多数数据集上的性能优于 Exp - MCDBN，说明 Exp - PDRBM 是一种有效的多视图分类方法，且两种一致性度量方法都是可行的；② Exp - PDRBM1 和 Exp - PDRBM2 在所有数据集上都优于 Exp - PCRBM1 和 Exp - PCRBM2，表明 Exp - PDRBM 模型将每个视图上的 Exp - RBM 模型的隐藏层都分成两部分，可以使包含视图间一致性信息的隐藏层包含更多多视图数据的一致性信息。

参考文献

[1] Srivastava N, Salakhutdinov R. Multimodal learning with deep boltzmann machines[C]//Proceedings of International Conference on Neural Information Processing Systems, 2012: 2231-2239.

[2] Zhang N, Ding S, Liao H, et al. Multimodal correlation deep belief networks for multi-view classification[J]. Applied Intelligence, 2019, 49: 1925-1936.

[3] Zhang N, Ding S, Sun T, et al. Multi-view RBM with posterior consistency and domain adaptation[J]. Information Sciences, 2020, 516: 142-157.

[4] Hinton G E. Training products of experts by minimizing contrastive divergence [J]. Neural Computation, 2002, 14(8): 1711-1800.

[5] Ravanbakhsh S, Poczos B, Schneider J, et al. Stochastic neural networks with monotonic activation functions[C]//Proceedings of International Conference on Artificial Intelligence and Statistics, 2016: 573-577.

[6] Liu Q, Sun S. Multi-view regularized gaussian processes[C]//Proceedings of Pacific-Asia Conference on Knowledge Discovery and Data Mining, 2017: 655-667.

[7] Chao G, Sun S. Consensus and complementarity based on maximum entropy discrimination for multi-view classification[J]. Information Sciences, 2016, 367: 296-310.

[8] Ding S, Zhang X, An Y, et al. Weighted linear loss multiple birth support vector machine based on information granulation for multi-class classification [J]. Pattern Recognition, 2017, 67: 32-46.

[9] Mangasarian O L, Street W N, Wolberg W H. Breast cancer diagnosis and prognosis via linear programming[J]. Operations Research, 1995, 43(4): 570-577.

[10] Arabasadi Z, Alizadehsani R, Roshanzamir M, et al. Computer aided decision making for heart disease detection using hybrid neural network-Genetic algorithm[J]. Computer Methods and Programs in Biomedicine, 2017, 141:

19-26.

[11] Güvenir H A, Demiröz G, Ilter N. Learning differential diagnosis of erythemato-squamous diseases using voting feature intervals[J]. Artificial Intelligence in Medicine, 1998, 13(3): 147-165.

[12] Johnson B, Tateishi R, Xie Z. Using geographically-weighted variables for image classification[J]. Remote Sensing Letters, 2012, 3(6): 491-499.

第4章

基于图结构的多视图玻耳兹曼机模型

图结构在现实世界中非常普遍，其可以只包含边信息(即图结构)，也可以同时包含边信息和节点信息(即节点属性)。近年来，图嵌入方法和图神经网络已成为图学习领域的研究热点。图嵌入方法适用于只包含边缘信息的数据，其中边缘信息被转换为低维节点表示。而图神经网络可以同时对边缘信息和节点信息进行操作，通过传递消息来学习节点表示。目前，许多机器学习方法被扩展到图学习，以保持数据流形结构。例如，受限玻耳兹曼机是一种基于能量的生成模型，在深度学习中取得了巨大的成功。图受限玻耳兹曼机[1]在受限玻耳兹曼机的基础上考虑原始数据确定的数据流形结构学习数据的图结构信息，其很好地利用了图的结构信息来学习数据表示。

在传统图受限玻耳兹曼机模型中，每个样本的隐藏表示与所有样本的隐藏状态相关，这样在小批量学习中需要使用整个训练数据集。基于近邻正则化的图受限玻耳兹曼机(ngRBM)模型[2]根据样本自身和样本邻域确定每个样本的隐藏表示，这样其与传统图受限玻耳兹曼机模型一样都能进行结构学习。然而，ngRBM 模型在小批量学习时同样需要使用整个训练数据集。实用的近邻图受限玻耳兹曼机(pgRBM)[2]是 ngRBM 变体，它在小批量学习时可以使用吉布斯抽样。pgRBM 模型将每个样本的邻域信息视为固定值，这样其可以忽略样本与相邻隐藏表示之间的联系。与 ngRBM 模型相比，pgRBM 模型在使用小批量训练时可以使用吉布斯抽样，其可以处理更大规模的数据。

面向多视图数据融合的受限玻耳兹曼机模型大多忽略样本间的图结构信息。基于样本间图结构的多视图玻耳兹曼机(mgRBM)模型[2]将视图一致性和互补性原则引入 pgRBM 模型，其中每个视图的潜在表示是根据其他视图的结构信息确定的。mgRBM 模型继承了结构图学习和多视图生成模型的优点，其可以自适应地学习不同视图之间的一致表示和私有表示，并将每个视图上包含图结构信息的一致表示用于多视图分类。本章首先介绍 pgRBM 模型和 PCRBM 模型，然后详述 mgRBM 模型，最后通过仿真实验验证模型的有效性。

4.1 实用的近邻图受限玻耳兹曼机模型

4.1.1 基于近邻正则化的图受限玻耳兹曼机模型

与受限玻耳兹曼机模型相比，传统的图受限玻耳兹曼机模型将图流形约束引入能量函数中学习样本的隐藏表示，其能量函数定义为

$$E_{\mathrm{GRBM}}(\boldsymbol{x}_n,\boldsymbol{h}_n)=E_{\mathrm{RBM}}(\boldsymbol{x}_n,\boldsymbol{h}_n)+\lambda\sum_{n'}\phi_{nn'}\parallel\boldsymbol{h}_n-\boldsymbol{h}_{n'}\parallel^2 \tag{4-1}$$

式中：$\boldsymbol{\Phi}=\{\phi_{nn'}\}_{n,n'=1}^{N}$ 表示数据正则化结构，λ 表示正则化参数，$E_{\mathrm{RBM}}(\boldsymbol{x}_n,\boldsymbol{h}_n)$是受限玻耳兹曼机的能量函数

$$E_{\mathrm{RBM}}(\boldsymbol{x}_n,\boldsymbol{h}_n)=-\boldsymbol{x}_n\boldsymbol{c}-\boldsymbol{x}_n\boldsymbol{W}\boldsymbol{h}_n^{\mathrm{T}}-\boldsymbol{h}_n\boldsymbol{b} \tag{4-2}$$

这样，图受限玻耳兹曼机模型中的每个样本的隐藏表示都与所有样本的隐藏表示相关，需要迭代计算，而每个样本的隐藏表示计算起来都很复杂。针对这一问题，基于近邻正则化的图受限玻耳兹曼机模型根据样本自身和样本邻域确定每个样本的隐藏表示。如图 4-1(a)所示，ngRBM 模型的每个样本的隐藏表示直接与该样本及样本近邻相连，其能量函数和似然函数定义为

$$\left.\begin{aligned}E_{\mathrm{ngRBM}}(\boldsymbol{x}_n,\boldsymbol{h}_n)&=E_{\mathrm{RBM}}(\boldsymbol{x}_n,\boldsymbol{h}_n)-\sum_{n'}(\phi_{nn'}\boldsymbol{x}_n\boldsymbol{W}'\boldsymbol{h}_{n'}^{\mathrm{T}}+\phi_{n'n}\boldsymbol{x}_{n'}\boldsymbol{W}'\boldsymbol{h}_n^{\mathrm{T}})\\ p_{\mathrm{ngRBM}}(\boldsymbol{x}_n)&=\sum_{\boldsymbol{h}_n}p_{\mathrm{ngRBM}}(\boldsymbol{x}_n,\boldsymbol{h}_n)=\frac{\sum_{\boldsymbol{h}_n}\exp(-E_{\mathrm{ngRBM}}(\boldsymbol{x}_n,\boldsymbol{h}_n))}{\sum_{\boldsymbol{x}_n}\sum_{\boldsymbol{h}_n}\exp(-E_{\mathrm{ngRBM}}(\boldsymbol{x}_n,\boldsymbol{h}_n))}\end{aligned}\right\} \tag{4-3}$$

式中：$\boldsymbol{W}'$是连接隐藏表示和相邻样本的权值矩阵，$\boldsymbol{\Phi}=\{\phi_{nn'}\}_{n,n'=1}^{N}$ 是邻接矩阵(它的计算方法与基于约束的拉普拉斯秩方法相似[3])，$\sum_{n'}\phi_{nn'}=1$。接着，ngRBM 模型的条件概率可以表示为

$$p(x_{ni}=1\mid\boldsymbol{H})=\sigma\sum_j W_{ij}h_{nj}+\sum_j W'_{ij}\Big(\sum_{n'}\phi_{n'n}h_{n'j}\Big)+c_i \tag{4-4a}$$

$$p(h_{nj}=1\mid\boldsymbol{X})=\frac{\sum_{h_{nk,k\neq j}}p_{\mathrm{ngRBM}}(\boldsymbol{x}_n,h_{nj}=1,h_{nk,k\neq j})}{p_{\mathrm{ngRBM}}(\boldsymbol{x}_n)}$$

$$
=\frac{\dfrac{\sum_{h_{nk,k\neq j}} \mathrm{e}^{-E_{\mathrm{ngRBM}}(\boldsymbol{x}_n,h_{nj}=1,h_{nk,k\neq j})}}{\sum_{\boldsymbol{x}_n}\sum_{\boldsymbol{h}_n}\mathrm{e}^{-E_{\mathrm{ngRBM}}(\boldsymbol{x}_n,\boldsymbol{h}_n)}}}{\dfrac{\sum_{\boldsymbol{h}_n}\mathrm{e}^{-E_{\mathrm{ngRBM}}(\boldsymbol{x}_n,\boldsymbol{h}_n)}}{\sum_{\boldsymbol{x}_n}\sum_{\boldsymbol{h}_n}\mathrm{e}^{-E_{\mathrm{ngRBM}}(\boldsymbol{x}_n,\boldsymbol{h}_n)}}}=\frac{\sum_{h_{nk,k\neq j}} \mathrm{e}^{-E_{\mathrm{ngRBM}}(\boldsymbol{x}_n,h_{nj}=1,h_{nk,k\neq j})}}{\sum_{\boldsymbol{h}_n}\mathrm{e}^{-E_{\mathrm{ngRBM}}(\boldsymbol{x}_n,\boldsymbol{h}_n)}}
$$

$$
=\frac{\left(\sum_i x_{ni}W_{ij}+\sum_{n',i}\phi_{n'n}x_{n'i}W'_{ij}+b_j\right)\sum_{h_{nk,k\neq j}}\mathrm{e}^{-E_{\mathrm{ngRBM}}(\boldsymbol{x}_n,h_{nj}=0,h_{nk,k\neq j})}}{\sum_{h_{nk,k\neq j}}\mathrm{e}^{-E_{\mathrm{ngRBM}}(\boldsymbol{x}_n,h_{nj}=1,h_{nk,k\neq j})-E_{\mathrm{ngRBM}}(\boldsymbol{x}_n,h_{nj}=0,h_{nk,k\neq j})}}
$$

$$
=\frac{1}{1+\exp\left[-\left(\sum_i x_{ni}W_{ij}+\sum_{n',i}\phi_{n'n}x_{n'i}W'_{ij}+b_j\right)\right]}
$$

$$
=\sigma\left[\sum_i x_{ni}W_{ij}+\sum_i\left(\sum_{n'}\phi_{n'n}x_{n'i}\right)W'_{ij}+b_j\right] \tag{4-4b}
$$

式中：$\sigma(x)=1/[1+\exp(-x)]$表示 Sigmoid 激活函数。从 ngRBM 的能量函数和条件概率可以看出，每个样本的隐层表示与其他样本的隐层表示没有直接相连。与 GRBM 相比，ngRBM 模型的隐层表示在每个小批量学习过程中无须迭代计算。ngRBM 通过最大化对数似然函数来更新权值：

$$
\begin{aligned}
\frac{\partial\sum_n \ln p_{\mathrm{ngRBM}}(\boldsymbol{x}_n)}{\partial W_{ij}} &= \frac{\partial}{\partial W_{ij}}\sum_n \ln\frac{\sum_{\boldsymbol{h}_n}\exp[-E_{\mathrm{ngRBM}}(\boldsymbol{x}_n,\boldsymbol{h}_n)]}{\sum_{\boldsymbol{x}_n}\sum_{\boldsymbol{h}_n}\exp[-E_{\mathrm{ngRBM}}(\boldsymbol{x}_n,\boldsymbol{h}_n)]}\\
&=\frac{\partial}{\partial W_{ij}}\sum_n\left[\ln\sum_{\boldsymbol{h}_n}\exp(-E_{\mathrm{ngRBM}}(\boldsymbol{x}_n,\boldsymbol{h}_n))\right]-\\
&\quad\frac{\partial}{\partial W_{ij}}\sum_n\left[\ln\sum_{\boldsymbol{x}_n}\sum_{\boldsymbol{h}_n}\exp(-E_{\mathrm{ngRBM}}(\boldsymbol{x}_n,\boldsymbol{h}_n))\right]\\
&=\sum_n\left[\frac{\frac{\partial}{\partial W_{ij}}\sum_{\boldsymbol{h}_n}\exp(-E_{\mathrm{ngRBM}}(\boldsymbol{x}_n,\boldsymbol{x}_n^a,\boldsymbol{h}_n))}{\sum_{\boldsymbol{h}_n}\exp(-E_{\mathrm{ngRBM}}(\boldsymbol{x}_n,\boldsymbol{x}_n^a,\boldsymbol{h}_n))}\right]-\\
&\quad\sum_n\left[\frac{\frac{\partial}{\partial W_{ij}}\sum_{\boldsymbol{x}_n}\sum_{\boldsymbol{h}_n}\exp(-E_{\mathrm{ngRBM}}(\boldsymbol{x}_n,\boldsymbol{h}_n))}{\sum_{\boldsymbol{x}_n}\sum_{\boldsymbol{h}_n}\exp(-E_{\mathrm{ngRBM}}(\boldsymbol{x}_n,\boldsymbol{h}_n))}\right]
\end{aligned}
$$

$$= -\sum_{n}\left[\frac{\sum\limits_{\boldsymbol{h}_n}\exp(-E_{\text{ngRBM}}(\boldsymbol{x}_n,\boldsymbol{h}_n))x_{ni}h_j}{\sum\limits_{\boldsymbol{h}_n}\exp(-E_{\text{ngRBM}}(\boldsymbol{x}_n,\boldsymbol{h}_n))}\right]+$$

$$\sum_{n}\left[\frac{\sum\limits_{\boldsymbol{x}_n}\sum\limits_{\boldsymbol{h}_n}\exp(-E_{\text{ngRBM}}(\boldsymbol{x}_n,\boldsymbol{h}_n))x_{ni}h_j}{\sum\limits_{\boldsymbol{x}_n}\sum\limits_{\boldsymbol{h}_n}\exp(-E_{\text{ngRBM}}(\boldsymbol{x}_n,\boldsymbol{h}_n))}\right] \tag{4-5}$$

可以看出,ngRBM 模型在更新权值时需要交替采样可见层和隐藏层状态。也就是说,ngRBM 模型在更新权值时需要使用整个训练数据集,这会导致数据规模较大时计算复杂度较高。

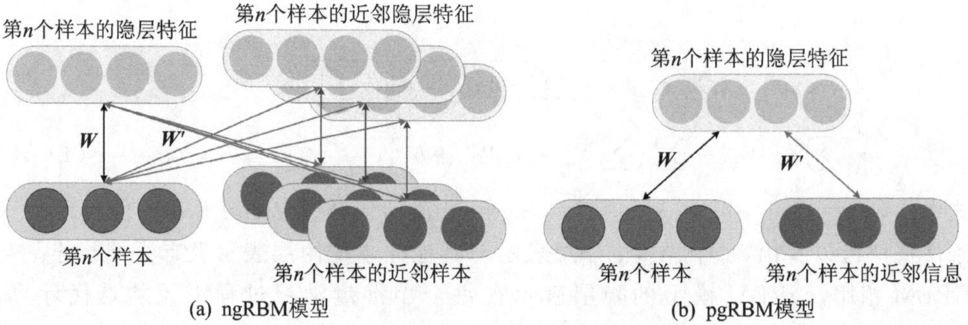

图 4-1 ngRBM 模型和 pgRBM 模型的示意图

实用的近邻图受限玻耳兹曼机模型是 ngRBM 变体,它在小批量学习时可以使用吉布斯抽样。如图 4-1(b)所示,pgRBM 将每个样本的邻域信息视为固定值,这样它可以忽略样本与相邻隐藏表示之间的联系。定义 $\boldsymbol{x}_n^a=\sum\limits_{n'}\phi_{nn'}\boldsymbol{x}_{n'}$,其中 $\boldsymbol{\Phi}=\{\phi_{nn'}\}_{n,n=1}^{N}$ 表示近邻矩阵。这样,pgRBM 模型的能量函数可以定义为

$$\begin{aligned}E_{\text{pgRBM}}(\boldsymbol{x}_n,\boldsymbol{x}_n^a,\boldsymbol{h}_n)&=E_{\text{RBM}}(\boldsymbol{x}_n,\boldsymbol{h}_n)-\boldsymbol{x}_n^a\boldsymbol{c}^a-\boldsymbol{x}_n^a\boldsymbol{W}'\boldsymbol{h}_n^{\mathrm{T}}\\&=-\boldsymbol{x}_n\boldsymbol{c}-\boldsymbol{x}_n^a\boldsymbol{c}^a-\boldsymbol{x}_n\boldsymbol{W}\boldsymbol{h}_n^{\mathrm{T}}-\boldsymbol{x}_n^a\boldsymbol{W}'\boldsymbol{h}_n^{\mathrm{T}}-\boldsymbol{h}_n\boldsymbol{b}\end{aligned} \tag{4-6}$$

式中:$\boldsymbol{x}_n^a$ 表示第 n 个样本的近邻信息,$\boldsymbol{W},\boldsymbol{c},\boldsymbol{b},\boldsymbol{W}',\boldsymbol{c}^a$ 表示连接权值。接着,pgRBM 的条件概率可以定义为

$$\left.\begin{aligned}&p(h_{nj}=1\mid\boldsymbol{x}_n,\boldsymbol{x}_n^a)=\sigma\left[\sum_i(x_{ni}W_{ij}+x_{ni}^aW'_{ij})+b_j\right]\\&p(x_{ni}=1\mid\boldsymbol{h}_n)=\sigma\left(\sum_j W_{ij}h_{nj}+c_i\right)\\&p(x_{ni}^a=1\mid\boldsymbol{h}_n)=\sigma\left(\sum_j W'_{ij}h_{nj}+c_i^a\right)\end{aligned}\right\} \tag{4-7}$$

可以看到,pgRBM 模型的条件概率计算不需要整个样本集和迭代计算。与受限玻耳兹曼机一样,pgRBM 模型在小批量学习时也利用简单而有效的吉布斯抽样方法。

这样，pgRBM 模型可以通过最大化对数似然函数来更新权值，模型的权重等于数据相关统计和模型相关统计的差值：

$$\left.\begin{aligned}\Delta \boldsymbol{W} &= \boldsymbol{E}_{P_{\text{data}}}[\boldsymbol{x}_n^{\mathrm{T}}\boldsymbol{h}_n] - \boldsymbol{E}_{P_{\text{model}}}[\boldsymbol{x}_n^{\mathrm{T}}\boldsymbol{h}_n]\\ \Delta \boldsymbol{c} &= \boldsymbol{E}_{P_{\text{data}}}[\boldsymbol{x}_n^{\mathrm{T}}] - \boldsymbol{E}_{P_{\text{model}}}[\boldsymbol{x}_n^{\mathrm{T}}]\\ \Delta \boldsymbol{b} &= \boldsymbol{E}_{P_{\text{data}}}[\boldsymbol{h}_n^{\mathrm{T}}] - \boldsymbol{E}_{P_{\text{model}}}[\boldsymbol{h}_n^{\mathrm{T}}]\\ \Delta \boldsymbol{W}' &= \boldsymbol{E}_{P_{\text{data}}}[\boldsymbol{x}_n^{a\mathrm{T}}\boldsymbol{h}_n] - \boldsymbol{E}_{P_{\text{model}}}[\boldsymbol{x}_n^{a\mathrm{T}}\boldsymbol{h}_n]\\ \Delta \boldsymbol{c}^a &= \boldsymbol{E}_{P_{\text{data}}}[\boldsymbol{x}_n^{a\mathrm{T}}] - \boldsymbol{E}_{P_{\text{model}}}[\boldsymbol{x}_n^{a\mathrm{T}}]\end{aligned}\right\} \tag{4-8}$$

pgRBM 模型可以通过迭代采样公式(4－7)计算与模型统计相关的可见层与隐藏层状态。并且，在 pgRBM 模型的每次小批量学习中，与模型相关统计量的计算相比，其他步骤的计算复杂度可以忽略不计。与 ngRBM 相比，pgRBM 每次小批量学习时的时间复杂度降低到 $O(kMDJ)$（其中 k 为交替吉布斯抽样个数，M 为小批量的块大小，D 为样本维数，J 为隐藏表示的维数）。可以发现，pgRBM 的计算复杂度与小批量的块大小和迭代次数呈正相关，这也表明该算法体系结构理论上可以处理较大规模的数据集。类似于高斯受限玻耳兹曼机[4]，pgRBM 可以扩展处理实值数据，其学习过程与二值数据类似。

4.1.2　相关分析

目前，已经有学者将图神经网络用在图表示学习上。例如，GraphSAGE[5] 可以在大规模图上进行归纳表示学习，其中每一层嵌入的生成过程如下：

$$\left.\begin{aligned}\boldsymbol{h}_{(n)}^k &\leftarrow \text{Aggregate}_k(\boldsymbol{h}_{n'}^{k-1}, \forall n' \in \mathbb{N}^{(n)})\\ \boldsymbol{h}_n^k &\leftarrow \sigma(\boldsymbol{W}^k \cdot \text{Concat}(\boldsymbol{h}_n^k, \boldsymbol{h}_{(n)}^k))\end{aligned}\right\} \tag{4-9}$$

式中：$\mathbb{N}^{(n)}$ 表示第 n 个样本的邻域集合，Aggregate_k 表示可微聚合函数（即 $\sum_{n'}\phi_{nn'}\boldsymbol{h}_{n'}^{k-1}$），$\boldsymbol{h}_n^k$ 表示第 n 个样本的第 k 层的隐藏层表示，$\boldsymbol{h}_{(n)}^k$ 表示第 n 个样本的第 k 层的隐藏邻域信息。GraphSAGE 模型得到未知节点的嵌入特征，然后这些嵌入可以用于下游任务。pgRBM 模型的隐藏表示学习过程类似于 GraphSAGE 的嵌入生成，它们的共同之处是利用数据邻域信息来学习隐藏层表示。pgRBM 模型和 GraphSAGE 模型的主要区别在于 GraphSAGE 是一个前馈神经网络，而 pgRBM 是一个概率生成模型。pgRBM 模型可以无监督地学习连接权重和隐藏层表示，其中每个样本的隐藏层表示都包含该样本信息和该样本邻域信息。

在过去的所有工作中，传统图玻耳兹曼机模型[1] 与 pgRBM 模型最为相关。在传统图玻耳兹曼机模型中，每个样本的隐藏层表示不仅与所有样本的隐藏层状态相关，还需要迭代计算。在 ngRBM 模型中，每个样本的隐藏层表示与其他样本的隐藏表示无关，而与该样本邻域样本的可见层状态相关。由此可见，传统图玻耳兹曼机模型和 ngRBM 模型都要求样本空间接近的样本的潜在表示也接近。然而，这两个模型在小批量学习时都需要整个训练样本集，从而导致样本数量大时计算复杂度高。如果把数据邻域信息作为固定值$\left(\boldsymbol{x}_n^a=\sum_{n'}\phi_{nn'}\boldsymbol{x}_{n'}\right)$，ngRBM 模型的能量函数将转化为 pgRBM 模型。

在 pgRBM 模型中，相似的样本将通过它们的感受野 $\boldsymbol{x}^a$ 共享更大的“重叠”，因此使它们的潜在表示更为相似。与传统图玻耳兹曼机和 ngRBM 模型相比，pgRBM 模型在使用小批量训练时可以使用吉布斯抽样，其可以处理更大规模的数据。换句话说，pgRBM 模型在小批量学习时的时间复杂度可以降低到 $O(kMDJ)$。在 pgRBM 模型中，当给出测试样本时，测试样本的邻域也应根据训练样本集计算。

4.2 基于图结构的多视图受限玻耳兹曼机模型

多视图学习算法通常会忽略包含样本间丰富关系信息的图结构。为了克服这个缺点，如图 4-2 所示，本章在 pgRBM 的基础上构建了基于样本间图结构的多视图玻耳兹曼机模型(mgRBM)，其可以同时进行局部结构学习和多视图表示学习。

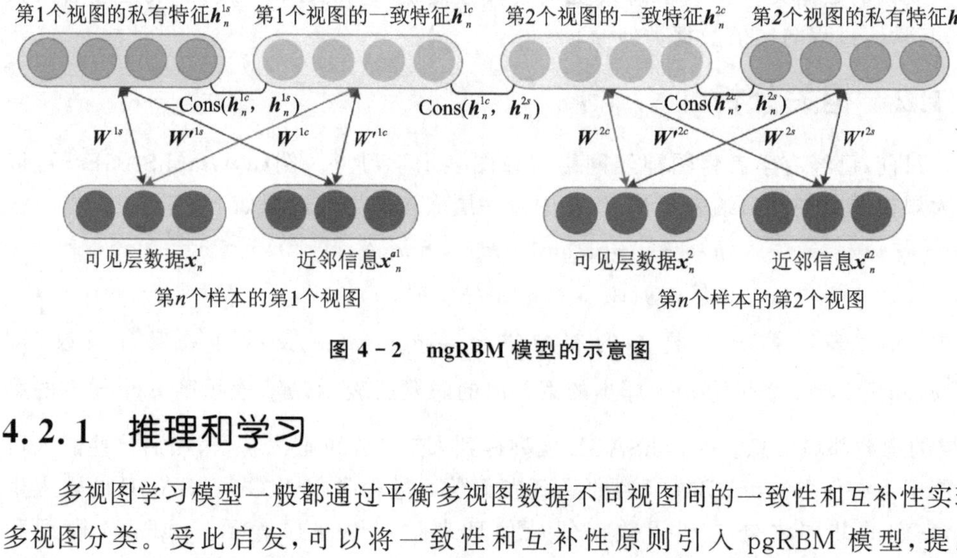

图 4-2 mgRBM 模型的示意图

4.2.1 推理和学习

多视图学习模型一般都通过平衡多视图数据不同视图间的一致性和互补性实现多视图分类。受此启发，可以将一致性和互补性原则引入 pgRBM 模型，提出 mgRBM 模型，用于多视图学习。mgRBM 模型可以同时进行局部结构学习和多视图表示学习，其中每个视图的局部流形结构都来自当前视图和其他视图。此外，mgRBM 将每个视图的隐藏层表示分为两组：视图一致表示和该视图私有表示。其中视图一致表示包含不同视图之间的一致性和互补性信息。

1. 面向二视图数据的 mgRBM 模型

给定二视图数据 $\boldsymbol{X}^1\in\mathbb{R}^{N\times D_1}$，$\boldsymbol{X}^2\in\mathbb{R}^{N\times D_2}$，$\boldsymbol{Y}\in\mathbb{R}^{N\times K}$(其中 $\boldsymbol{Y}$ 为标签，K 表示类别数)，以及 $\boldsymbol{\Phi}^1$，$\boldsymbol{\Phi}^2$ 分别为 $\boldsymbol{X}^1$，$\boldsymbol{X}^2$ 的近邻矩阵。由于每个视图的局部流形结构都应

该考虑来自另一个视图的信息，可以将第 v 个视图上的邻域结构 $\boldsymbol{S}^v$ 定义为 $\boldsymbol{\Phi}^v$，$\sum_{v'\neq v}\boldsymbol{\Phi}^{v'}$，或者 $\sum_{v'=1}^{2}\boldsymbol{\Phi}^{v'}/2$，并将第 v 个视图的邻域信息定义为 $\boldsymbol{X}^{av}=\boldsymbol{S}^v\boldsymbol{X}^v$。如图 4－2 所示，mgRBM 包含 4 组隐藏层表示 $\boldsymbol{H}^{1c}\in\mathbb{R}^{N\times J}$，$\boldsymbol{H}^{1s}\in\mathbb{R}^{N\times J}$，$\boldsymbol{H}^{2c}\in\mathbb{R}^{N\times J}$，$\boldsymbol{H}^{2s}\in\mathbb{R}^{N\times J}$，其中 $\boldsymbol{H}^{1c}$，$\boldsymbol{H}^{2c}$ 是包含视图一致性信息的隐藏层表示，$\boldsymbol{H}^{1s}$，$\boldsymbol{H}^{2s}$ 是包含各自视图私有信息的隐藏层表示。这样，mgRBM 模型在每个视图上的能量函数和总能量函数可以表示为

$$\left.\begin{aligned}E^v_{\text{mgRBM}}(\boldsymbol{x}^v_n,\boldsymbol{x}^{av}_n,\boldsymbol{h}^{vc}_n,\boldsymbol{h}^{vs}_n)=&-\boldsymbol{x}^v_n\boldsymbol{c}^v-\boldsymbol{x}^{av}_n\boldsymbol{c}^{a1}-\boldsymbol{x}^v_n\boldsymbol{W}^{vc}\boldsymbol{h}^{vc\mathrm{T}}_n-\boldsymbol{x}^{av}_n\boldsymbol{W}'^{vc}\boldsymbol{h}^{vc\mathrm{T}}_n\\&-\boldsymbol{h}^{vc}_n\boldsymbol{b}^{vc}-\boldsymbol{x}^v_n\boldsymbol{W}^{vs}\boldsymbol{h}^{vs\mathrm{T}}_n-\boldsymbol{x}^{av}_n W'^{vs}\boldsymbol{h}^{vs\mathrm{T}}_n-\boldsymbol{h}^{vs}_n\boldsymbol{b}^{vs}\\E_{\text{mgRBM}}=E^1_{\text{mgRBM}}(\boldsymbol{x}^1_n,\boldsymbol{x}^{a1}_n,&\boldsymbol{h}^{1c}_n,\boldsymbol{h}^{1s}_n)+E^2_{\text{mgRBM}}(\boldsymbol{x}^2_n,\boldsymbol{x}^{a2}_n,\boldsymbol{h}^{2c}_n,\boldsymbol{h}^{2s}_n)\end{aligned}\right\}\tag{4-10}$$

设 $\boldsymbol{\theta}=\{\boldsymbol{W}^{1c},\boldsymbol{W}^{1s},W'^{1c},W'^{1s},\boldsymbol{c}^1,\boldsymbol{c}^{a1},\boldsymbol{b}^{1c},\boldsymbol{b}^{1s},\boldsymbol{W}^{2c},\boldsymbol{W}^{2s},\boldsymbol{W}'^{2c},\boldsymbol{W}'^{2s},\boldsymbol{c}^2,\boldsymbol{c}^{a2},\boldsymbol{b}^{2c},\boldsymbol{b}^{2s}\}$ 表示网络权值，可以得到每个视图上的联合概率分布 $p^v(\boldsymbol{x}^v_n,\boldsymbol{x}^{av}_n,\boldsymbol{h}^{vc}_n,\boldsymbol{h}^{vs}_n)=\exp(-E^v_{\text{mgRBM}}(\boldsymbol{x}^v_n,\boldsymbol{x}^{av}_n,\boldsymbol{h}^{vc}_n,\boldsymbol{h}^{vs}_n)/Z_n$，每个视图上的边缘分布是 $p^v(\boldsymbol{x}^v_n,\boldsymbol{x}^{av}_n)=\sum_{\boldsymbol{h}^{vc}_n,\boldsymbol{h}^{vs}_n}p^v(\boldsymbol{x}^v_n,\boldsymbol{x}^{av}_n,\boldsymbol{h}^{vc}_n,\boldsymbol{h}^{vs}_n)$，第 v 个视图的条件概率为

$$\left.\begin{aligned}p(h^{vc}_{nj}=1\mid\boldsymbol{x}^v_n,\boldsymbol{x}^{av}_n)&=\sigma\Big(\sum_i(x^v_{ni}W^{vc}_{ij}+x^{av}_{ni}W'^{vc}_{ij})+b^{vc}_j\Big)\\p(h^{vs}_{nj}=1\mid\boldsymbol{x}^v_n,\boldsymbol{x}^{av}_n)&=\sigma\Big(\sum_i(x^v_{ni}W^{vs}_{ij}+x^{av}_{ni}W'^{vs}_{ij})+b^{vs}_j\Big)\\p(x^v_{ni}=1\mid\boldsymbol{h}^{vc}_n,\boldsymbol{h}^{vs}_n)&=\sigma\Big(\sum_j(W^{vc}_{ij}h^{vc}_{nj}+W^{vs}_{ij}h^{vs}_{nj})+c^v_i\Big)\\p(x^{av}_{ni}=1\mid\boldsymbol{h}^{vc}_n,\boldsymbol{h}^{vs}_n)&=\sigma\Big(\sum_j(W'^{vc}_{ij}h^{vc}_{nj}+W'^{vs}_{ij}h^{vs}_{nj})+c^{av}_i\Big)\end{aligned}\right\}\tag{4-11}$$

从能量函数和条件概率上看，视图一致性表示和视图私有表示的计算过程没有区别。但是，在多视图表示学习时，需要添加额外的约束将模型预训练的目标函数定义为

$$\max_{\boldsymbol{\theta}}\sum_{v,n}\ln p^v(\boldsymbol{x}^v_n,\boldsymbol{x}^{av}_n)+\lambda_1\sum_n\mathrm{Cons}(\boldsymbol{h}^{1c}_n,\boldsymbol{h}^{2c}_n)-\lambda_2\sum_{v,n}\mathrm{Cons}(\boldsymbol{h}^{vc}_n,\boldsymbol{h}^{vs}_n)\tag{4-12}$$

式中：Cons(·,·)表示两个分布之间的一致性（其中，典型相关分析、余弦距离和欧式距离的负数三种方式度量视图间的一致性），λ_1，λ_2 是正则化参数，$\lambda_1\geqslant\lambda_2$。mgRBM 模型的预训练目标函数可分为三部分：保留样本概率分布信息和局部结构信息的对数似然函数项、约束不同视图上视图一致性表示相似的一致性约束项、惩罚同一视图中两种类型表示相似的不一致约束项。在预训练目标函数的第三项中，视图一致性表示 $\boldsymbol{h}^{vc}_n$ 被视为一个固定值，也就是说只更新与视图私有表示 $\boldsymbol{h}^{vs}_n$ 相连的权值。以第一个视图为例，W^{1c}_{ij}，W^{1s}_{ij} 的梯度计算如下：

$$\left.\begin{aligned}\nabla W_{ij}^{1c}&=\boldsymbol{E}_{P_{\text{data}}}[x_{ni}^{1}h_{nj}^{1c}]-\boldsymbol{E}_{P_{\text{model}}}[x_{ni}^{1}h_{nj}^{1c}]+\\&\quad\lambda_1\sum_n\left[\frac{\partial\text{Cons}(\boldsymbol{h}_n^{1c},\boldsymbol{h}_n^{2c})}{\partial h_{nj}^{1c}}\cdot x_{ni}^{1}h_{nj}^{1c}(1-h_{nj}^{1c})\right]\\\nabla W_{ij}^{1s}&=\text{E}_{P_{\text{data}}}[x_{ni}^{1}h_{nj}^{1s}]-\text{E}_{P_{\text{model}}}[x_{ni}^{1}h_{nj}^{1s}]-\\&\quad\lambda_2\sum_n\left[\frac{\partial\text{Cons}(\boldsymbol{h}_n^{1c},\boldsymbol{h}_n^{1s})}{\partial h_{nj}^{1s}}\cdot x_{ni}^{1}h_{nj}^{1s}(1-h_{nj}^{1s})\right]\end{aligned}\right\}\tag{4-13}$$

考虑到一致性约束项的梯度，mgRBM 模型可以利用随机梯度上升法和对比散度方法来更新网络权值。在 mgRBM 模型中，视图一致性表示与视图私有表示都用于重建多视图数据，但只有视图一致性表示可用来预测多视图数据的标签。mgRBM 模型的分类目标函数定义为

$$\min_{\boldsymbol{\theta}'}\frac{a}{2}\sum_n\|\boldsymbol{Y}_n-p(\hat{\boldsymbol{Y}}_n\mid\boldsymbol{H}_n^{1c})\|^2+\frac{1-a}{2}\sum_n\|\boldsymbol{Y}_n-p(\hat{\boldsymbol{Y}}_n\mid\boldsymbol{H}_n^{2c})\|^2\tag{4-14}$$

式中：$p(\hat{Y}_{nk}\mid\boldsymbol{H}_n^{vc})=\dfrac{\exp\left(\sum_j H_{nj}^{vc}W_{jk'}^{2v}+b_{k'}^{2v}\right)}{\sum_{k'}\exp\left(\sum_j H_{nj}^{vc}W_{jk'}^{2v}+b_{k'}^{2v}\right)}$，$a\in[0,1]$是平衡不同视图的参数，$\boldsymbol{\theta}'=\{\boldsymbol{W}^{21},\boldsymbol{b}^{21},\boldsymbol{W}^{22},\boldsymbol{b}^{22}\}$是权值。这样，可以使用梯度下降法来微调 $\boldsymbol{\theta}'$。

2. 面向多视图数据的 mgRBM 模型

mgRBM 模型不仅适用于处理二视图数据，还能处理多视图数据。给定多视图数据 $\boldsymbol{X}^1\in\mathbb{R}^{N\times D_1},\cdots,\boldsymbol{X}^V\in\mathbb{R}^{N\times D_V}$，$\boldsymbol{Y}\in\mathbb{R}^{N\times K}$，并且 $\boldsymbol{X}^v$ 的对应相邻矩阵为 $\boldsymbol{\Phi}^v$。然后，每个视图上的近邻结构 $\boldsymbol{S}^v$ 都可以表示成 $\boldsymbol{\Phi}^v$、$\sum_{v'\neq v}\boldsymbol{\Phi}^{v'}/(V-1)$ 或者 $\sum_{v'=1}^{V}\boldsymbol{\Phi}^{v'}/V$，第 v 个视图上的隐藏层表示是 $\boldsymbol{H}^{vc}\in\mathbb{R}^{N\times J}$，$\boldsymbol{H}^{vs}\in\mathbb{R}^{N\times J}$。因此，mgRBM 在第 n 个样本上的能量函数可以定义为

$$E_{\text{mgRBM}}=\sum_v E_{\text{mgRBM}}^v(\boldsymbol{x}_n^v,\boldsymbol{x}_n^{av},\boldsymbol{h}_n^{vc},\boldsymbol{h}_n^{vs})\tag{4-15}$$

式中：$E_{\text{mgRBM}}^v(\boldsymbol{x}_n^v,\boldsymbol{x}_n^{av},\boldsymbol{h}_n^{vc},\boldsymbol{h}_n^{vs})$与公式(4-10)中的定义一样。在 mgRBM 模型中，多视图数据条件概率的计算方式与二视图数据相同。同时，mgRBM 模型在预训练阶段的目标函数也是由对数似然函数项、一致性约束项和不一致约束项组成的：

$$\max_{\boldsymbol{\theta}}\sum_{v,n}\ln p^v(\boldsymbol{x}_n^v,\boldsymbol{x}_n^{av})+\lambda_1\sum_{v'\neq v,n}\text{Cons}(\boldsymbol{h}_n^{vc},\boldsymbol{h}_n^{v'c})-\lambda_2\sum_{v,n}\text{Cons}(\boldsymbol{h}_n^{vc},\boldsymbol{h}_n^{vs})\tag{4-16}$$

mgRBM 模型仍然利用随机梯度上升法和对比散度方法来更新预训练阶段的目标函数。mgRBM 在分类阶段仍然只使用视图一致性表示来预测多视图数据的标签，其分类阶段的目标函数为

$$\min_{\boldsymbol{\theta}'} \sum_{v} \left(a_v \sum_{n} \| \boldsymbol{Y}_n - p(\hat{\boldsymbol{Y}}_n \mid \boldsymbol{H}_n^{vc}) \|^2 \right) \tag{4-17}$$

式中：$p(\hat{Y}_{nk} \mid \boldsymbol{H}_n^{vc}) = \dfrac{\exp\left(\sum_j H_{nj}^{vc} W_{jk}^{2v} + b_k^{2v}\right)}{\sum_{k'} \exp\left(\sum_j H_{nj}^{vc} W_{jk'}^{2v} + b_{k'}^{2v}\right)}$，$\{a_v\}_{v=1}^{V}$ 是平衡不同视图的参数，$\sum_v a_v = 1$。这样，可使用梯度下降法来微调 $\boldsymbol{\theta}'$。视图一致表示 $\boldsymbol{H}_n^{vc}$ 用于多视图分类的原因是它们很好地包含了多个视图之间一致性和互补性信息。与 $\boldsymbol{H}_n^{vc}$ 相比，视图私有表示 $\boldsymbol{H}_n^{vs}$ 只能用于重建每个视图的数据。

3. 面向多视图实值数据的 mgRBM 模型

传统的受限玻耳兹曼机只适用于处理二值数据，mgRBM 模型也是如此。与高斯受限玻耳兹曼机类似，mgRBM 可以将可见层数据视为高斯分布来处理实值数据。这样，mgRBM 在每个视图上的能量函数可定义为

$$\begin{aligned} E^v(\boldsymbol{x}_n^v, \boldsymbol{x}_n^{av}, \boldsymbol{h}_n^{vc}, \boldsymbol{h}_n^{vs}) = & \sum_i \left[\frac{(x_{ni}^v - c_i^v)^2}{2\omega_i^{v2}} + \frac{(x_{ni}^{av} - c_i^{av})^2}{2\omega_i^{av2}} \right] - \boldsymbol{h}_n^{vc} \boldsymbol{b}^{vc} - \boldsymbol{h}_n^{vs} \boldsymbol{b}^{vs} - \\ & \sum_i \left(\frac{x_{ni}^v}{\omega_i^{\boldsymbol{a}}} \boldsymbol{W}^{vc} + \frac{x_{ni}^{av}}{\omega_i^{\boldsymbol{a}}} W'^{vc} \right) \boldsymbol{h}_n^{vc\mathrm{T}} - \\ & \sum_i \left(\frac{x_{ni}^v}{\omega_i^v} \boldsymbol{W}^{vs} + \frac{x_{ni}^{av}}{\omega_i^{av}} W'^{vs} \right) \boldsymbol{h}_n^{vs\mathrm{T}} \end{aligned} \tag{4-18}$$

式中：$\boldsymbol{\omega}$，$\boldsymbol{\omega}^a$ 是标准差。然后，mgRBM 模型的条件概率可以由下式给出：

$$\left.\begin{aligned} & p(h_{nj}^{vc} = 1 \mid \boldsymbol{x}_n^v, \boldsymbol{x}_n^{av}) = \sigma \left[\sum_i \left(\frac{x_{ni}^v}{\omega_i} W_{ij}^{vc} + \frac{x_{ni}^{av}}{\omega_i^{\boldsymbol{a}}} W'^{vc}_{ij} \right) + b_j^{vc} \right] \\ & p(h_{nj}^{vs} = 1 \mid \boldsymbol{x}_n^v, \boldsymbol{x}_n^{av}) = \sigma \left[\sum_i \left(\frac{x_{ni}^v}{\omega_i} W_{ij}^{vs} + \frac{x_{ni}^{av}}{\omega_i^{\boldsymbol{a}}} W'^{vs}_{ij} \right) + b_j^{vs} \right] \\ & p(x_{ni}^v \mid \boldsymbol{h}_n^{vc}, \boldsymbol{h}_n^{vs}) \sim N\left(\omega_i \left(\sum_j (W_{ij}^{vc} h_{nj}^{vc} + W_{ij}^{vs} h_{nj}^{vs}) \right) + c_i^v, \omega_i^2 \right) \\ & p(x_{ni}^v \mid \boldsymbol{h}_n^{vc}, \boldsymbol{h}_n^{vs}) \sim N\left(\omega_i^{\boldsymbol{a}} \left(\sum_j (W'^{vc}_{ij} h_{nj}^{vc} + W'^{vs}_{ij} h_{nj}^{vs}) \right) + c_i^{av}, \omega_i^{\boldsymbol{a}2} \right) \end{aligned}\right\} \tag{4-19}$$

随机梯度上升法和对比散度方法也被用来学习预训练阶段的权值，其中第 v 个视图上的权值梯度可以由下式给出：

$$\begin{aligned} \nabla W_{ij}^{vc} = & \boldsymbol{E}_{P_{\text{data}}} \left(\frac{x_{ni}^v h_{nj}^{vc}}{\omega_i^v} \right) - \boldsymbol{E}_{P_{\text{model}}} \left(\frac{x_{ni}^v h_{nj}^{vc}}{\omega_i^v} \right) + \\ & \lambda_1 \sum_{v' \neq v, n} \left[\frac{\partial \mathrm{Cons}(\boldsymbol{h}_n^{vc}, \boldsymbol{h}_n^{v'c})}{\partial h_{nj}^{vc}} \cdot x_{ni}^v h_{nj}^{vc} (1 - h_{nj}^{vc}) \right] \end{aligned} \tag{4-20a}$$

$$\nabla W_{ij}^{vs} = \boldsymbol{E}_{P_{\text{data}}}\left(\frac{x_{ni}^{v}h_{nj}^{vs}}{\omega_i^v}\right) - \boldsymbol{E}_{P_{\text{model}}}\left(\frac{x_{ni}^{v}h_{nj}^{vs}}{\omega_i^v}\right) - \lambda_2 \sum_n \left[\frac{\partial \text{Cons}(\boldsymbol{h}_n^{vc}, \boldsymbol{h}_n^{vs})}{\partial h_{nj}^{1s}} \cdot x_{ni}^{v}h_{nj}^{vs}(1-h_{nj}^{vs})\right] \tag{4-20b}$$

$$\nabla \omega_i^v = \boldsymbol{E}_{P_{\text{data}}}\left[\frac{(x_{ni}^v - c_i^v)^2}{\omega_i^{v3}} - \sum_j \frac{x_{ni}^v (W_{ij}^{vc}h_{nj}^{vc} + W_{ij}^{vs}h_{nj}^{vs})}{\omega_i^{v2}}\right] - \boldsymbol{E}_{P_{model}}\left[\frac{(x_{ni}^v - c_i^v)^2}{\omega_i^{v3}} - \sum_j \frac{x_{ni}^v (W_{ij}^{vc}h_{nj}^{vc} + W_{ij}^{vs}h_{nj}^{vs})}{\omega_i^{v2}}\right] \tag{4-20c}$$

并且，mgRBM 模型在实值数据上的预训练目标函数和分类目标函数的优化过程与二值数据上类似。多视图数据融合的 mgRBM 模型的学习过程如算法 4.1 所示。

算法 4.1 多视图数据融合的 mgRBM 模型的学习过程

输入：多视图数据训练数据集 $\boldsymbol{X}^1 \in \mathbb{R}^{N\times D_1}, \cdots, \boldsymbol{X}^V \in \mathbb{R}^{N\times D_V}, \boldsymbol{Y} \in \mathbb{R}^{N\times K}$，视图一致性函数 Cons(• , •)，学习率 η，参数 $\lambda_1, \lambda_2, \{a_v\}_{v=1}^V$。

输出：模型的权值$\{\boldsymbol{\theta}, \boldsymbol{\theta}'\}$。

Step 1. 计算不同视图数据的近邻结构$\{\boldsymbol{S}^v\}_{v=1}^V$，并依此计算多视图数据的近邻信息$\{\boldsymbol{X}^{av} = \boldsymbol{S}^v\boldsymbol{X}^v\}_{v=1}^V$。

Step 2. 初始化模型预训练阶段的权值 $\boldsymbol{\theta}$。

Step 3. **for** t = 1 to T（迭代次数）**do**

//变分推理：

Step 4. **for** 每个二视图样本 $\boldsymbol{x}^{1(n)}, \boldsymbol{x}^{2(n)}$, n = 1 to N **do**

Step 5. $\mu_{nj}^{vc} = \sigma(\sum_i (x_{ni}^v W_{ij}^{vc} + x_{ni}^{av} W_{ij}^{bc}) + b_j^{vc})$;

Step 6. $\mu_{nj}^{vs} = \sigma(\sum_i (x_{ni}^v W_{ij}^{vs} + x_{ni}^{av} W_{ij}^{bs}) + b_j^{vs})$;

Step 7. **end for**

//统计近似：

Step 8. 定义$\{\boldsymbol{h}_n^{vc0}, \boldsymbol{h}_n^{vs0}\} = \{\boldsymbol{\mu}_n^{vc}, \boldsymbol{\mu}_n^{vs}\}$，$\{\boldsymbol{x}_n^{v0}, \boldsymbol{x}_n^{av0}\} = \{\boldsymbol{x}_n^{v}, \boldsymbol{x}_n^{av}\}$。

Step 9. **for** k = 1 to K' **do** // K'是交替吉布斯采样次数

Step 10. **for** 每个样本，n = 1 to N **do**

Step 11. 根据公式(4 - 19)从$\{\boldsymbol{x}_n^{vk-1}, \boldsymbol{x}_n^{avk-1}, \boldsymbol{x}_n^{vk-1}, \boldsymbol{x}_n^{avk-1}\}$采样$\{\boldsymbol{x}_n^{vk}, \boldsymbol{x}_n^{avk}, \boldsymbol{x}_n^{vk}, \boldsymbol{x}_n^{avk}\}$；

Step 12. **end for**

Step 13. **end for**

Step 14. 根据公式(4 - 20)更新权值 $\boldsymbol{\theta}$。

Step 15. **end for**

Step 16. 根据公式(4 - 17)训练模型分类阶段的权值 $\boldsymbol{\theta}'$。

Step 17. 返回模型的权值$\{\boldsymbol{\theta},\boldsymbol{\theta}'\}$。

4.2.2 相关分析

最近有一些关于多视图学习的受限玻耳兹曼机模型，如多模态受限玻耳兹曼机(MRBM)模型[5]、后验一致性和领域适应受限玻耳兹曼机(PDRBM)模型[6]和后验一致性深度置信网(MCDBN)模型[7]。多模态受限玻耳兹曼机模型是多视图学习中最具代表性的受限玻耳兹曼机模型，它将多个表示融合在一起并获得统一的隐藏表示。给定二视图数据 $\boldsymbol{X}^1,\boldsymbol{X}^2$，MRBM 的能量函数定义为

$$E_{\text{MRBM}}(\boldsymbol{x}_n^1,\boldsymbol{x}_n^2,\boldsymbol{h}_n)=E_{\text{RBM}}(\boldsymbol{x}_n^1,\boldsymbol{h}_n)+E_{\text{RBM}}(\boldsymbol{x}_n^2,\boldsymbol{h}_n) \tag{4-21}$$

式中：$E_{\text{RBM}}(\boldsymbol{x}_n^v,\boldsymbol{h}_n)$表示受限玻耳兹曼机的能量函数。可以看出，多模态受限玻耳兹曼机模型可以将来自多个视图的数据映射到一个统一的表示来进行分类或聚类。MCDBN 模型首先通过堆叠相关受限玻耳兹曼机得到多个深度表示，然后利用 MRBM 模型获得统一的分类表示。相关性受限玻耳兹曼机考虑多个视图之间的共识并获得多个表示，其中多个表示用于分类。PDRBM 模型可以同时学习每个视图的一致性表示和私有表示，其中每个视图的一致性表示和私有表示都用于重建该视图的可见层数据。在 PDRBM 模型中，其能量函数与 MRBM 相同，预训练目标类似于 mgRBM 模型。与 PDRBM 模型不同的是，mgRBM 模型的目标函数中的第三项将视图一致性表示 $\boldsymbol{h}_n^{vc}$ 视为一个固定值，这样可以减少不一致约束项对一致性表示的影响。

mgRBM 模型、MRBM 模型、MCDBN 模型和 PDRBM 模型都是多视图学习中受限玻耳兹曼机模型的变体，表 4-1 总结了它们之间的区别与联系。mgRBM 模型与这些模型之间的主要区别在于，其利用了这些模型中忽略的图结构信息。与 pgRBM 模型类似，mgRBM 模型只需要根据原始训练数据集计算一次每个视图的相邻矩阵，降低了计算复杂度。mgRBM 模型在利用小批量训练时可以利用吉布斯采样，这时每次小批量学习的时间复杂度为 $O\left(\sum_v kMD_vJ\right)$（其中，$k$ 是交替吉布斯采样的次数，M 是小批量块的大小，D_v 表示样本的第 v 个视图的维度，J 是每组隐藏表示的维度）。

表 4-1　mgRBM 模型与其他受限玻耳兹曼机模型变体的比较分析

算　法	网络类型	每个视图上表示类型	视图私有特征表示	图信息
MRBM	浅层结构	单种表示	否	否
MCDBN	多层结构	单种表示	否	否
PDRBM	浅层结构	多种表示	是	否
mgRBM	浅层结构	多种表示	是	是

4.3 实验与分析

在本节中，在 AMD Ryzen 9 3900X 12CPU、Nvidia GeForce RTX 2060 GPU 和 32 GB RAM 的工作站上将提出的 mgRBM 与最新的多视图分类方法在真实世界的多视图数据集上进行比较。

4.3.1 实验设置

如表 4-2 所列，本节所使用的数据集是真实世界数据集①，包括 4 个二分类二视图数据集(Advertisement②、p53 Mutants③、WDBC④ 和 Z-Alizadeh sani⑤)、4 个多分类二视图数据集(Dermatology⑥、ForestTypes⑦、Libras⑧ 和 ULC⑨)和 2 个多分类多视图数据集(ORL⑩ 和 UWave[8])。具体如下：

表 4-2 基准多视图数据集的详细信息

数据集	样本数目	属性数目	类别数目
Advertisement	3 279	{587,967}	2
p53 Mutants	16 586	{4 826,582}	2
WDBC	569	{10,20}	2
Z-Alizadeh sani	303	{31,24}	2
Dermatology	358	{12,22}	6
ForestTypes	523	{9,18}	4
Libras	360	{45,45}	15
ULC	675	{63,84}	9
ORL	400	{50,50,50}	40
UWave	440	{315,315,315}	8

---

① https://archive.ics.uci.edu/ml/datasets.php
② http://archive.ics.uci.edu/ml/datasets/Internet+Advertisements
③ http://archive.ics.uci.edu/ml/datasets/p53+Mutants
④ http://archive.ics.uci.edu/ml/datasets/Breast+Cancer+Wisconsin+%28Diagnostic%29
⑤ http://archive.ics.uci.edu/ml/datasets/Z-Alizadeh+Sani
⑥ http://archive.ics.uci.edu/ml/datasets/Dermatology
⑦ http://archive.ics.uci.edu/ml/datasets/Forest+type+mapping
⑧ http://archive.ics.uci.edu/ml/datasets/Libras+Movement
⑨ http://archive.ics.uci.edu/ml/datasets/Urban+Land+Cover
⑩ http://www.cl.cam.ac.uk/research/dtg/attarchive/facedatabase.html

- Advertisement 数据集是二值数据集，它包含 3 279 个样本(459 个广告样本和 2 820 个非广告样本)，其中一个视图描述图像本身，另一个视图包含所有其他特征。两个视图的属性数目分别为 587 和 967。
- p53 Mutants 数据集包含 16 586 个实例(具有许多缺失值的样本被舍弃)，其中第一个视图包含 2D 静电和基于表面的特征，另一个视图包含基于 3D 距离的特征，并且两个视图上的特征都通过主成分分析减少到 50 维。
- WDBC 数据集包含 569 个样本(357 个良性样本和 212 个恶性样本)，其中一个视图包含根据细胞核计算得到的 10 个属性特征，另一视图包含前一个视图的平均值和标准差共计 20 个属性特征。
- Z－Alizadeh sani 数据集包含 303 个样本(87 个正常样本和 216 个冠心病样本)，其中一个视图包含样本的人体特征和症状，另一个视图包含体检、心电图、超声心动图等检查结果。这两个视图的属性数目分别为 31 和 24。
- Dermatology 数据集包含 358 个样本(111 个银屑病样本、60 个脂溢性皮炎样本、71 个扁平苔藓样本、48 个玫瑰糠疹样本、48 个慢性皮炎样本和 20 个毛发红糠疹样本)，其中一个视图描述临床特征，另一个视图包含组织病理特征。这两个视图的属性数目分别为 12 和 22。
- ForestTypes 数据集包含 523 个样本(195 个日本雪松样本、83 个日本扁柏样本、159 个混合落叶植物样本和 86 个其他种类样本)，其中一个视图描述 ASTER 卫星遥感影像特征，另一个视图包含所有其他特征。这两个视图的属性数目分别为 9 和 18。
- Libras 数据集包含两个手部运动视频。在视频预处理中，从每个视频中选择 45 帧进行时间归一化。
- ULC 数据集 675 个样本和 9 类城市土地覆盖。其中一个视图包含原始特征、特征_40 和特征_60，另一个视图包含其余特征。
- ORL 数据集包含 40 个不同主题的 400 张人脸图像，其中提取了 3 种类型的特征并通过主成分分析减少到 50 的维度。
- UWave 记录了 8 个简单手势的加速度计数据，这些手势对应于来自 8 个参与者的 VTT 词汇表，其中包括基于 Wii 遥控器的原型。

本章不仅将 mgRBM 与单视图模型 pgRBM 对比，还将 mgRBM 与 8 种具有代表性的多视图学习分类方法进行比较：① 多视图判别方法，包括 MED－2C 模型[9]、MvGP 模型[10]、MvDGP 模型[11] 和 MULPP 模型[12]；② 多视图生成方法，包括 MRBM 模型[5]、PDRBM 模型[6]、AE^2Net 模型[13] 和 MCDBN 模型[7]。

- pgRBM 模型：面向单视图数据的实用的近邻图受限玻耳兹曼机模型。在每个单独的视图运行 pgRBM 模型中，本章给出了单视图实现的最佳结果。
- MED－2C 模型：基于一致性和互补性的最大熵判别模型。MED－2C 模型平衡了不同视图间的一致性和互补性。

- MvGP 模型：基于后验一致性的多视图高斯过程模型。MvGP 模型聚焦不同视图间的一致性，实现多视图数据分类。
- MvDGP 模型：基于后验一致性的多视图深度高斯过程模型。MvDGP 模型继承了深度高斯过程和多视图表示学习的优点，利用多视图之间的互补信息来获得分类的公共特征表示。
- MULPP 模型：多视图不相关局部保持投影模型。MULPP 模型挖掘不同视图的互补性，并通过最小化所有视图的局部距离之和来获得多个投影。
- MRBM 模型：多模态受限玻耳兹曼机模型。MRBM 模型将来自多个视图的数据映射到一个统一的表示来进行分类。
- PDRBM 模型：后验一致性和领域适应受限玻耳兹曼机模型。PDRBM 模型将每个视图上的受限玻耳兹曼机模型的隐藏层分成两组：一组包含不同视图之间的一致性信息，另一组包含该视图特有的信息。
- AE^2Net 模型：基于自动编码器的多视图学习模型。AE^2Net 模型首先从自动编码器网络中学习特定于视图的特征，并通过退化网络将多个特征集成于一个统一的特征表示。
- MCDBN 模型：后验一致性深度置信网模型。MCDBN 模型首先堆叠相关性受限玻耳兹曼机，创建深层网络学习每个视图的深层特征，然后利用多模态受限玻耳兹曼机融合多个表示得到统一的特征表示。

本章使用五折交叉验证方法评估算法在数据集上的有效性，其中 60%的数据用于训练，40%的数据用于测试，并且上述用于训练的数据划分为训练集和验证集，其中 10%的数据为验证集（十折交叉验证）。对比模型的参数都是根据有关论文中提到的参数空间选择的。例如，在 MvGP 模型中，参数 a 和 b 的值分别从{0, 0.1, …, 1}和{2^{-18}, 2^{-12}, 2^{-8}, 2, 2^3, 2^8}中选择，并且通过交叉验证来确定。在 mgRBM 中，参数 a，a_v 和 λ_1，λ_2 的值分别从{0, 0.1, …, 1}和{2^{-18}, 2^{-12}, 2^{-8}, 2, 2^3, 2^8}中选择，每组隐藏层表示的维数设置为 50，学习率从{0.0003, 0.003, 0.03}中选取，典型相关分析、余弦距离和欧氏距离的负数用来描述两者之间的一致性分布。另外，mgRBM 采用 mini-batch 学习，每次迭代随机选取 100 个样本，迭代次数从{10 000, 100 000}中选取（即 p53 Mutants 数据集上的迭代次数为 100 000，其他是 10 000）。

4.3.2 算法比较与分析

本章首先测试 mgRBM 模型在二视图基准数据集上的性能。表 4-3 列出了 mgRBM 和对比算法在二分类二视图数据集上的错误率和标准偏差，表 4-4 列出了它们在多分类二视图数据集上的错误率和标准偏差，其中最佳结果以粗体突出显示。可以看出，mgRBM 模型在大多数真实世界数据集上的表现优于其他对比算法，其中，mgRBM 模型在 4 个二分类基准数据集上的 3 个数据集上取得了最佳性能，在 4 个多分类基准数据集上的 3 个数据集上也取得了最佳性能。

表 4-3　mgRBM 和对比算法在二分类二视图数据集上的性能比较

数据集	pgRBM	MED-2C	MvGP	MvDGP	MULPP
Advertisement	3.45±0.60	3.32±0.45	4.30±1.06	4.12±0.49	4.89±1.25
p53 Mutants	0.86±0.03	—[b]	—[b]	0.86±0.03	0.77±0.06
WDBC	2.20±1.03	3.08±1.02	3.87±1.82	4.48±1.22	2.81±1.23
Z-Alizadeh sani	11.55±2.80	13.53±2.11	16.02±4.15	15.84±3.22	12.54±3.05
均值±标准差	5.73±4.15	8.06±5.63	6.64±4.87	6.33±6.55	5.25±5.14
排序均值	5.50	7.00	9.33	8.25	6.75
mgRBM 1v1[a]	4/0/0	3/0/0	3/0/0	4/0/0	4/0/0
数据集	MRBM	PDRBM	AE^2 Net	MCDBN	mgRBM
Advertisement	3.10±0.52	3.03±0.52	4.15±0.45	**2.74±0.57**	2.85±0.55
p53 Mutants	0.78±0.06	0.72±0.05	0.79±0.13	0.73±0.05	**0.71±0.06**
WDBC	2.55±1.33	1.49±0.66	2.20±0.44	1.76±0.44	**1.41±0.57**
Z-Alizadeh sani	11.55±2.40	9.74±2.30	12.87±2.40	11.22±2.44	**8.58±2.65**
均值±标准差	5.73±4.12	4.75±3.58	6.40±4.64	5.24±4.25	**4.28±3.10**
排序均值	5.00	2.25	6.25	2.50	**1.25**
mgRBM 1v1[a]	4/0/0	4/0/0	4/0/0	3/0/1	—

[a] $x/y/z$ 表示 mgRBM 模型 1v1 比较的结果，分别是赢/平/输的数目。

[b] 当数据量很大时，MvGP 和 MED-2C 需要更多的内存来训练模型。

表 4-4　mgRBM 和对比算法在多分类二视图数据集上的性能比较

数据集	pgRBM	MED-2C	MvGP	MvDGP	MULPP
Advertisement	2.38±1.45	2.79±1.71	4.47±2.50	2.93±1.04	2.09±0.70
p53 Mutants	9.18±1.44	11.86±1.05	12.14±1.45	10.71±1.90	9.75±1.71
WDBC	33.75±1.88	55.56±4.86	52.08±7.30	40.14±1.80	41.11±1.03
Z-Alizadeh sani	16.74±2.36	19.56±1.80	26.37±1.24	31.48±5.41	21.19±1.09
均值±标准差	15.51±11.69	22.44±20.02	23.76±18.14	21.32±17.40	18.54±16.97
排序均值	4.75	8.5	9.5	8.5	6.75
mgRBM 1v1[a]	4/0/0	4/0/0	4/0/0	4/0/0	4/0/0
数据集	MRBM	PDRBM	AE^2 Net	MCDBN	mgRBM
Advertisement	1.68±1.06	1.40±1.31	1.96±0.59	1.34±0.86	**0.70±0.99**
p53 Mutants	10.04±1.12	9.08±1.64	9.94±1.45	9.66±1.44	**7.93±0.99**
WDBC	32.50±5.98	25.42±2.23	38.75±1.34	**23.19±3.28**	24.94±2.43
Z-Alizadeh sani	18.30±1.07	13.78±1.44	18.81±1.84	14.44±1.44	**13.63±2.10**
均值±标准差	15.63±11.36	12.42±8.71	17.37±13.71	12.16±7.91	**11.80±8.86**
排序均值	5	2.5	5.75	2.5	**1.25**
mgRBM 1v1[a]	4/0/0	4/0/0	4/0/0	3/0/1	—

[a] $x/y/z$ 表示 mgRBM 模型 1v1 比较的结果，分别是赢/平/输的数目。

从表 4-3 和表 4-4 还可以得出以下结论：① mgRBM 模型在“Mean±Std”和“Rank Mean”方面明显优于其他对比算法，这表明 mgRBM 模型是一种有效的多视图分类方法；② mgRBM 模型在二视图数据集上明显优于 pgRBM 模型，这证明 mgRBM 模型可以充分利用每个视图的信息；③ pgRBM 模型的最佳结果在某些数据集上优于 MED-2C 模型、MvGP 模型、MVDGP 模型和 MULLP 模型，说明 pgRBM 模型是有效的表示学习和分类方法；④ mgRBM 模型在 Advertisement 和 Libras 上的表现略差于 MCDBN 模型，但是其在其他 6 个基准数据集上的表现优于 MCDBN 模型。

表 4-5 报告了 mgRBM 和对比算法的训练时间。这样，本章还可以得出以下结论：① MULPP 模型的计算复杂度最低，适合处理大数据集；② MvGP 模型和 MvDGP 模型在 Advertisement 上的运行时间相比其他数据集有显著增加，这表明它们不适合处理更大的数据集；③ mgRBM 模型的运行时间略长于 PDRBM 模型和 MRBM 模型，说明 mgRBM 模型在 mini-batch 训练时适合吉布斯采样，计算复杂度与实例数成正比。与 PDRBM 模型和 MRBM 模型相比，mgRBM 模型需要额外计算一次每个视图的相邻矩阵。总的来说，尽管 mgRBM 模型的计算效率并不突出，但它也可以有效地应用 mini-batch 方法来处理稍大的数据集。

表 4-5 mgRBM 和对比算法的训练时间

s

数据集	MED-2C	MvGP	MvDGP	MULPP	MRBM
Advertisement	8.495 5	1.88E+03	8.54E+05	5.612 4	400.564 4
WDBC	1.198	18.362	5.69E+04	0.897 1	48.012
Z-Alizadeh sani	0.372 7	2.372 3	3.57E+03	0.849 4	55.855
Dermatology	9.034 3	52.677 3	7.42E+03	0.891 1	51.098 1
ForestTypes	16.283 3	78.112	3.37E+04	0.994 7	47.382 1
Libras	15.910 3	128.017 9	5.34E+03	0.952 3	64.041 1
ULC	6.342 7	320.319 4	9.93E+04	1.037 8	77.506 6

数据集	PDRBM	AE^2Net	MCDBN	mgRBM	
Advertisement	449.706 2	2.82E+03	587.553 9	908.700 1	
WDBC	83.343 5	172.225	251.477 6	93.365 9	
Z-Alizadeh sani	95.946 7	98.482 3	259.123 9	105.080 1	
Dermatology	90.398 6	96.438 7	247.692 2	100.916 8	
ForestTypes	87.631 9	169.748 2	248.662 1	91.913 5	
Libras	106.395 8	90.761 7	269.541 1	127.664 4	
ULC	120.809 2	220.879 9	285.416 2	152.861 7	

接着，本章在两个多视图数据集（ORL 和 UWave）上验证所提出模型的有效性，并以粗体突出显示最佳结果。表 4－6 列出了 mgRBM 模型和对比算法在多视图数据集的两个视图上的错误率和标准偏差，表 4－7 报告了 mgRBM 模型在多视图数据集上的性能比较。可以看出，mgRBM 模型性能在 ORL 的"View1＋View2"上仅次于 PDRBM，在多视图数据集上 mgRBM 模型在所有视图中的性能均优于任意两个视图。从表 4－6 和表 4－7 还能得出以下结论：① mgRBM 模型在"Mean±Std"和"Rank Mean"方面在多视图数据集的两个视图上明显优于其他对比算法，这进一步证明 mgRBM 模型是一种有效的多视图分类方法。② mgRBM 模型在多视图数据集的两个视图上明显优于 pgRBM 模型，并且 mgRBM 模型在所有视图中的性能优于多视图数据集上的任何两个视图。图 4－3 直观地展示了 mgRBM 模型在不同视图组合上的性能，这进一步说明这些数据集以每个视图不可或缺的方式提供了补充信息，而且 mgRBM 模型充分利用了每个视图的信息。③ 典型相关分析、余弦距离和欧氏距离的负值都适合衡量 mgRBM 模型中视图间的一致性，其中典型相关分析似乎对 ORL 更有效，而欧氏距离的负值对 UWave 似乎更有效。

表 4－6　mgRBM 和对比算法在多视图数据集的两个视图上的性能比较

数据集		pgRBM	MED－2C	MvGP	MvDGP	MULPP
ORL	View1＋View2	23.25±2.04	3.00±1.35	22.50±3.62	23.75±1.82	2.50±0.77
	View1＋View3	8.75±1.53	7.00±1.43	26.50±4.99	24.25±2.27	4.75±0.34
	View2＋View3	3.25±2.04	2.37±0.81	17.37±5.40	27.00±1.84	2.00±1.43
UWave	View1＋View	45.80±2.62	50.80±1.43	45.45±7.44	42.95±3.99	40.68±2.36
	View1＋View3	45.80±2.62	57.50±2.46	45.91±8.78	49.09±5.22	43.64±2.62
	View2＋View3	48.52±5.00	58.07±3.04	53.75±4.48	44.20±3.86	41.82±2.91
均值±标准差		25.90±20.91	29.79±25.81	35.25±13.65	35.21±11.42	22.57±21.38
排序均值		7	7.17	9	8.5	3.67
mgRBM 1v1[a]		6/0/0	6/0/0	6/0/0	6/0/0	5/0/1
数据集		MRBM	PDRBM	AE^{2}Net	MCDBN	mgRBM
ORL	View1＋View2	3.38±1.22	2.87±1.69	3.63±1.28	4.37±2.07	**2.13±1.62**
	View1＋View3	5.00±2.21	**4.62±1.57**	11.13±2.70	5.63±2.34	4.88±1.62
	View2＋View3	2.50±1.17	2.50±1.53	6.00±2.78	2.75±1.30	**1.50±0.95**
UWave	View1＋View2	31.70±2.46	22.73±1.75	39.32±4.30	26.36±2.43	**22.16±2.81**
	View1＋View3	34.55±1.47	27.05±2.07	45.80±2.50	30.45±1.28	**26.48±3.18**
	View2＋View3	31.59±4.09	29.77±2.11	44.09±2.74	29.32±3.23	**28.98±3.39**
均值±标准差		18.12±14.54	14.92±11.79	25.00±18.31	16.48±12.32	**14.36±11.74**
排序均值		7	7.17	9	8.5	**3.67**
mgRBM 1v1[a]		6/0/0	5/0/1	6/0/0	6/0/0	—

[a] $x/y/z$ 表示 mgRBM 模型 1v1 比较的结果，分别是赢/平/输的数目。

表 4-7　mgRBM 和对比算法在多视图数据集上的性能比较

数据集	视图一致性	View1＋View2	View1＋View3	View2＋View3	mgRBM
ORL	典型相关分析	2.13±1.51	4.88±1.62	1.50±0.95	1.38±1.49
	余弦距离	2.80±1.82	5.12±1.43	1.63±1.30	1.62±1.44
	欧氏距离的负数	2.50±1.47	5.00±1.82	1.87±1.40	1.62±1.44
UWave	典型相关分析	23.64±2.19	29.43±2.25	28.98±3.39	23.52±2.03
	余弦距离	22.95±4.23	27.39±1.81	29.09±2.82	22.61±1.72
	欧氏距离的负数	22.16±2.81	26.48±3.18	29.55±3.85	21.82±2.36

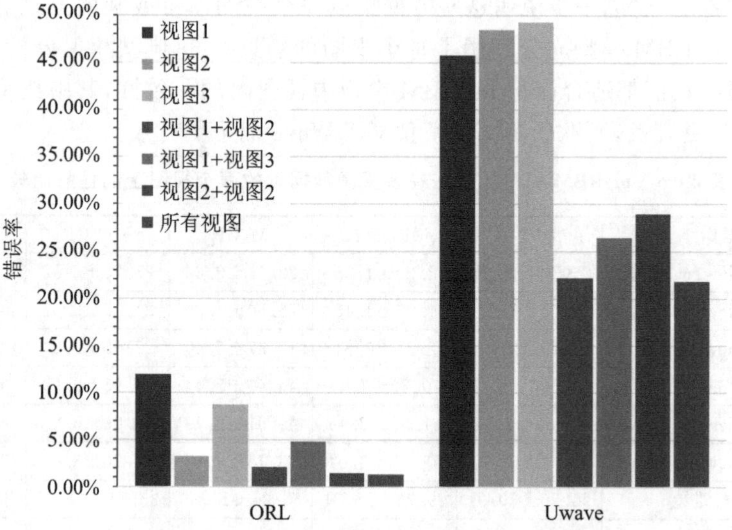

图 4-3　mgRBM 在不同视图组合上的性能比较

1. 消融分析

mgRBM 不仅保留了用于多视图分类的数据流形结构，而且还同时执行视图一致表示学习和视图私有表示学习。为了测试每个部分对性能的影响，本章进行了一系列消融实验。表 4-8 列出了不同限制条件下 mgRBM 变体的性能。4 个模型(Ablation-1/2/3 和 mgRBM)在两个方面有所不同——是否保留数据流形结构、是否进行视图私有表示学习。Ablation-1 不执行这两个操作，Ablation-2 只执行局部结构学习，Ablation-3 只执行视图私有表示学习，而 mgRBM 同时执行局部结构学习和多视图私有表示学习。由表 4-8 的结果可以看出，mgRBM 在所有实际基准数据集上明显优于 Ablation-1/2/3。结果表明，图结构学习或视图私有表示学习都可以显著改善 mgRBM 的性能。

表 4-8　不同限制条件下 mgRBM 变体的性能

数据集	Ablation-1	Ablation-2	Ablation-3	mgRBM
Advertisement	3.16±0.51	3.32±0.45	3.03±0.59	**2.85±0.55**
WDBC	1.72±0.64	1.49±0.66	1.76±0.76	**1.41±0.57**
Z-Alizadeh sani	10.39±2.14	9.74±2.30	10.23±2.70	**8.58±2.65**
Dermatology	1.68±1.06	1.40±1.31	1.12±1.27	**0.70±0.99**
ForestTypes	10.23±1.70	9.08±1.64	8.99±1.48	**7.93±0.99**
Libras	27.64±3.42	25.42±2.23	26.39±2.46	**24.94±2.43**
ULC	14.30±1.92	13.78±1.44	15.70±2.00	**13.63±2.10**

2. 参数分析

在 mgRBM 中，第 v 个视图的邻域信息 $\boldsymbol{S}^v$ 被定义为来自当前视图、其他视图或所有视图的数据。图 4-4 所示为不同邻居信息方式下的 mgRBM 变体性能，其中它们都是用 CCA 衡量分布之间的一致性。可以看到，从所有视图中确定邻域信息的方式的性能并不比其他方式差。此外，mgRBM 中还有 3 个关键参数 λ_1，λ_2，a 也影响每个视图对性能的贡献。图 4-5 和图 4-6 显示了 mgRBM 在不同正则化参数 λ_1，λ_2 和平衡参数 a（或者 a_1，a_2）上的性能变化。

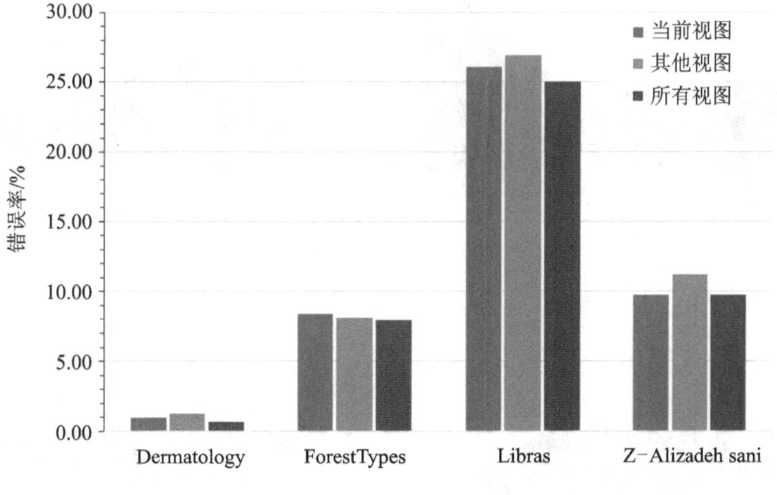

图 4-4　不同邻域信息方式下的 mgRBM 变体性能

从图 4-5 可以发现，正则化参数 λ_1，λ_2 对 mgRBM 在二视图和多视图数据集上的性能有显著的影响，这表明视图一致表示学习和视图私有表示学习在 mgRBM 中是有效的。从图 4-6 可以看出：① 当 a 分别等于 0.3 和 0.4 时，mgRBM 的错误率在 Dermatology 和 Libras 上达到了谷值。这表明数据的两个视图包含互补信息，并且 mgRBM 可以很好地平衡不同的视图以实现多视图分类。② 当 $a=1$ 时，mgRBM 的错误率在 ForestTypes 上达到谷值；当 $a=1$ 时，mgRBM 的错误率在 Z-Alizadeh sani 上是次优的。mgRBM 在这两个数据集上的表现优于 pgRBM 单视图获得的最佳结果，这表明数据的不同视图中的冗余信息大于补充信息，并且视图一致性表示可以包含不同视图之间的补充信息。③ mgRBM 的错误率在 ORL 和 UWave 上达到中心区域附近的山谷，其中 x 轴和 y 轴上的对角线意味着 $a_1+a_2=1$ 且第三个视图对多视图分类没有贡献。

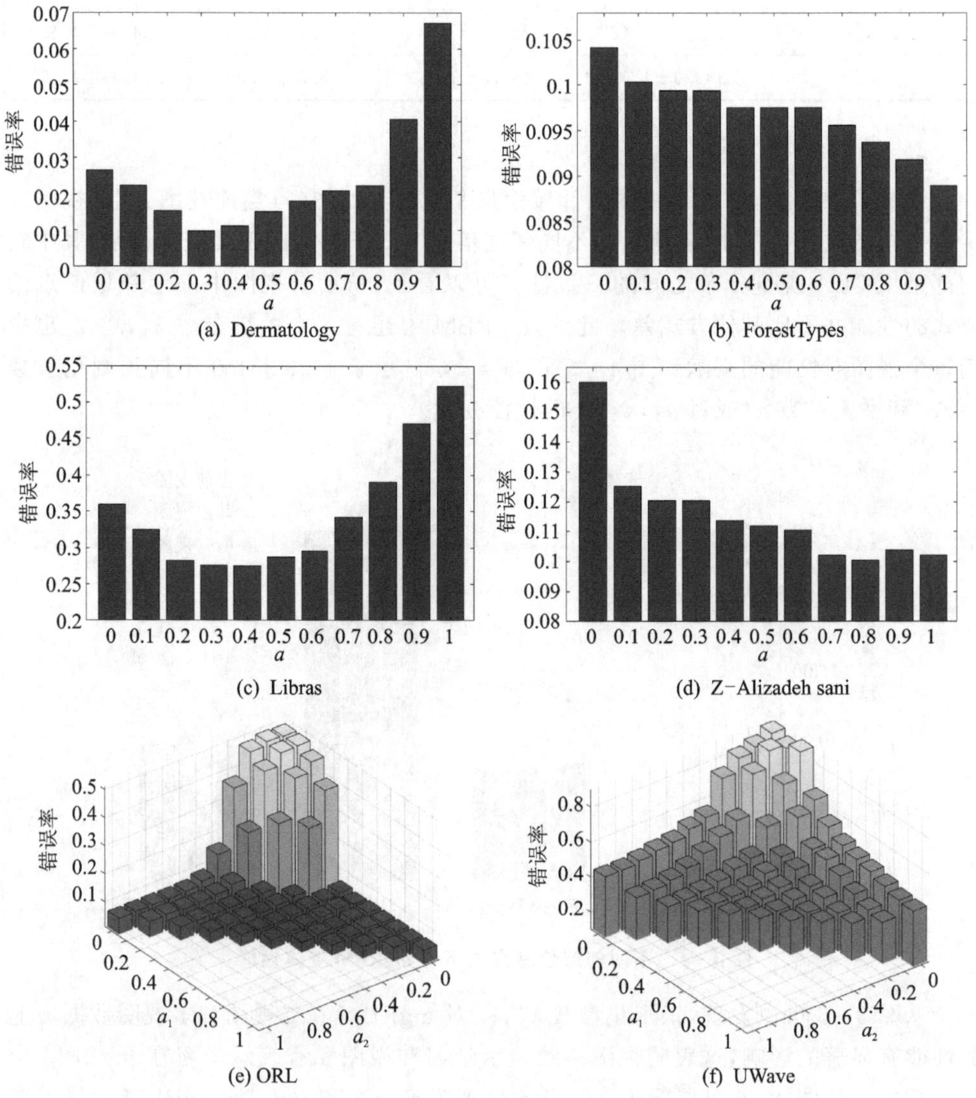

图 4-5　mgRBM 在不同正则化参数上的性能变化

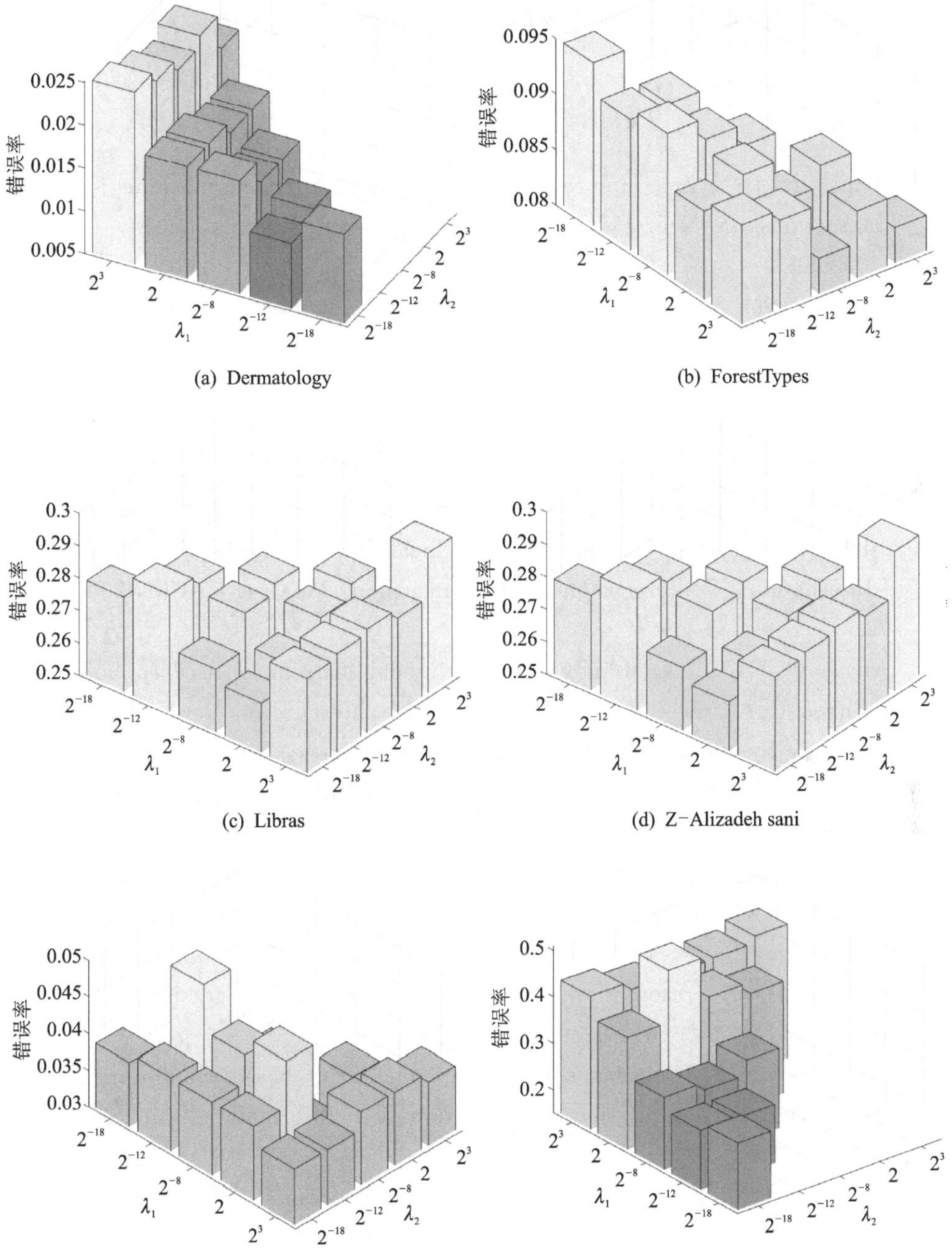

(a) Dermatology　(b) ForestTypes

(c) Libras　(d) Z-Alizadeh sani

(e) ORL　(f) UWave

图 4-6　mgRBM 在不同平衡参数上的性能变化

此外,mgRBM 在 $a_1+a_2<0.3$ 区域实现了更高的错误率,这进一步解释了第三个视图的视图一致表示与前两个视图相比包含大量冗余信息。这样可以得出结论,mgRBM 通过很好地平衡不同视图之间的视图一致表示实现多视图分类。

参考文献

[1] Chen D, Lv J, Yi Z. Graph regularized restricted boltzmann machine[J]. IEEE Transactions on Neural Networks and Learning Systems, 2018, 29(6): 2651-2659.

[2] Zhang N, Sun S. Multiview graph restricted boltzmann machines[J]. IEEE Transactions on Cybernetics, 2021: 1-15. DOI: 10.1109/TCYB.2021.3084464.

[3] Nie F, Wang X, Jordan M, et al. The constrained laplacian rank algorithm for graph-based clustering[C]//Proceedings of AAAI Conference on Artificial Intelligence. Phoenix: AAAI Press, 2016, 30(1): 1969-1976.

[4] Lee H, Grosse R, Ranganath R, et al. Convolutional deep belief networks for scalable unsupervised learning of hierarchical representations[C]//Proceedings of International Conference on Machine Learning. Montreal: ACM, 2009: 609-616.

[5] Srivastava N, Salakhutdinov R. Multimodal learning with deep boltzmann machines[C]//Proceedings of International Conference on Neural Information Processing Systems. Lake Tahoe: Curran Associates, Inc., 2012: 2231-2239.

[6] Zhang N, Ding S, Sun T, et al. Multi-view RBM with posterior consistency and domain adaptation[J]. Information Sciences, 2020, 516:142-157.

[7] Zhang N, Ding S, Liao H, et al. Multimodal correlation deep belief networks for multi-view classification[J]. Applied Intelligence, 2019, 49: 1925-1936.

[8] Liu J, Zhong L, Wickramasuriya J, et al. UWave: Accelerometer-based personalized gesture recognition and its applications[J]. Pervasive and Mobile Computing, 2009, 5(6): 657-675.

[9] Chao G, Sun S. Consensus and complementarity based maximum entropy discrimination for multi-view classification[J]. Information Sciences, 2016, 367: 296-310.

[10] Sun S, Sun X, Liu Q. Multi-view Gaussian processes with posterior consistency[J]. Information Sciences, 2021, 547: 710-722.

[11] Sun S, Dong W, Liu Q. Multi-view representation learning with deep gaussian processes[J]. IEEE Transactions on Pattern Analysis and Machine Intelligence, 2021, 43(12): 4453-4468.

[12] Yin J，Sun S. Multiview uncorrelated locality preserving projection[J]. IEEE Transactions on Neural Networks and Learning Systems，2020，31(9)：3442-3455.

[13] Zhang C，Liu Y，Fu H. AE2-Nets：Autoencoder in autoencoder networks [C]//Proceedings of IEEE/CVF Conference on Computer Vision and Pattern Recognition. Long Beach：IEEE，2019：2577-2585.

第 5 章

基于多视图关键子序列的多元时间序列表示学习模型

多元时间序列数据在现实世界的许多领域很常见，其中每个样本通常包含多个具有自然时间顺序的序列。在多元时间序列学习中，不仅可以将每个序列作为一个单变量时间序列进行分析，而且要分析多个序列之间的相关性和变化趋势。例如，在自动驾驶决策中需要同时分析摄像头和激光雷达等传感器信息。多元时间序列聚类目前已经成为时间序列任务中的一个重要任务，其目标是发现多个变量之间的相关性并将多元时间序列数据划分为多个子集。现有的多元时间序列聚类工作大致可以分为三组：基于降维的方法、基于经典距离的方法和基于深度学习的方法。但大多数现有方法都无法找到关键多元子序列。

针对无监督关键子序列学习问题，基于自适应近邻的无监督关键多元子序列学习(USLA)模型[1]可以进行关键多元子序列、样本间的局部图结构和伪标签的联合学习。USLA 模型可以根据基于关键多元子序列的特征自适应学习样本的近邻结构，并通过对稀疏的近邻结构进行划分以获得最终的聚类结果。从不同长度的关键多元子序列学习到的基于关键多元子序列的特征都可以表示多元时间序列实例，并且通常包含彼此互补的信息。然而，在 USLA 模型自适应学习样本的近邻结构的过程中，从不同长度的关键多元子序列学习到的特征被视为同等重要，并且基于不同长度的关键多元子序列的 USLA 模型与基于等距多元关键多元子序列模型性能差不多。基于自适应近邻的多视图无监督关键多元子序列学习(MUSLA)模型[1]继承了无监督关键多元子序列学习方法和基于自适应近邻的多视图聚类方法的优点，它把不同长度的关键多元子序列学习到的特征视为不同的视图，并使用多视图自适应近邻聚类模型来指导关键多元子序列的更新。本章首先介绍 USLA 模型的优化过程和相关分析，然后详述 MUSLA 模型，最后通过仿真实验验证两种模型的有效性。

5.1　基于自适应近邻的无监督关键多元子序列学习方法

5.1.1　无监督的关键子序列学习模型概述

关键子序列选择方法和关键子序列学习方法是两种发现关键子序列的重要技术。参考文献[2]首次提出了关键子序列选择方法。该方法从候选子序列中选择对判别时间序列的关键子序列，但是其从大量候选子序列集中递归选择信息，这导致模型比较耗时。基于关键子序列选择理论，u-shapelet 模型[3]通过最大化不同集群之间的差距来无监督地选择关键子序列，实现时间序列聚类。与关键子序列选择方法不同，关键子序列学习方法通过定义基于可微关键子序列的表示和分类目标函数来学习接近最优的关键子序列。无监督的关键子序列学习(USSL)模型[4]可以在没有标签的情况下自动学习关键子序列。USSL 模型通过学习关键子序列将一元时间序列转化为基于关键子序列的特征，然后对特征进行聚类得到时间序列的伪标签。

表 5 - 1 列出了本章常用的符号说明。

表 5 - 1　本章常用的符号说明

符　号	定　义
任意矩阵 $\boldsymbol{Z},\boldsymbol{Z}'$：	
$\boldsymbol{Z}_{i.}$	矩阵 $\boldsymbol{Z}$ 的第 i 行
$\boldsymbol{Z}_{.j}$	矩阵 $\boldsymbol{Z}$ 的第 j 列
$\boldsymbol{Z}^{-1}$	矩阵 $\boldsymbol{Z}$ 的逆矩阵
$\boldsymbol{Z}^{\mathrm{T}}$	矩阵 $\boldsymbol{Z}$ 的秩
$\Vert\boldsymbol{Z}\Vert_F$	矩阵 $\boldsymbol{Z}$ 的 Frobenius 范数
$\boldsymbol{Z}\circ\boldsymbol{Z}'$	两个矩阵 $\boldsymbol{Z}$ 和 $\boldsymbol{Z}'$ 的对应元素相乘
一元时间序列：	
N	一元时间序列训练样本的数目
$\tilde{\boldsymbol{t}}^{(n)}$	第 n 个一元时间序列样本
K	关键子序列的数目
$\tilde{\boldsymbol{s}}^{(k)}$	第 k 个关键子序列
$\boldsymbol{X}$	基于关键子序列的时间序列特征
X_{kn}	$\tilde{\boldsymbol{t}}^{(n)}$ 与 $\tilde{\boldsymbol{s}}^{(k)}$ 的距离

续表 5-1

符　号	定　义
多元时间序列：	
N	多元时间序列训练样本的数目
M	多元时间序列中变量的数目
$\boldsymbol{T}$	多元时间序列训练样本
$\boldsymbol{S}$	USLA 中的候选关键多元子序列
$\boldsymbol{X}(\boldsymbol{S})$	基于关键多元子序列的多元时间序列特征
$\boldsymbol{S}^v$	MUSLA 中第 v 个视图上的候选关键多元子序列
l_v	第 v 个视图上的候选关键多元子序列的长度
K_v	第 v 个视图上的候选关键多元子序列的长度数目
$\boldsymbol{X}(\boldsymbol{S}^v)$	第 v 个视图上基于关键多元子序列的多元时间序列特征

给定一元时间序列样本 $\tilde{\boldsymbol{T}}$ 和候选子序列 $\tilde{\boldsymbol{S}}$，基于关键子序列的特征 $\boldsymbol{X}$ 可以表达为

$$X_{kn}=\text{distance}(\tilde{\boldsymbol{t}}^{(n)},\tilde{\boldsymbol{s}}^{(k)})=\min_{g=1,\cdots,\bar{q}}\frac{1}{l_k}\sum_{h=1}^{l_k}(\tilde{t}_{g+h-1}^{(n)}-\tilde{s}_h^{(k)})^2 \tag{5-1}$$

式中：$\bar{q}=q_n-l_k+1$ 表示时间序列 $\tilde{\boldsymbol{t}}^{(n)}$ 和子序列 $\tilde{\boldsymbol{s}}^{(k)}$ 的总片段数，q_n, l_k 分别表示时间序列 $\tilde{\boldsymbol{t}}^{(n)}$ 和子序列 $\tilde{\boldsymbol{s}}^{(k)}$ 的长度。基于关键子序列的特征 $\boldsymbol{X}$ 可以通过使用软最小函数来近似：

$$X_{kn}\approx\frac{\sum_{q=1}^{\bar{q}}d_{knq}\cdot\exp(\alpha\cdot d_{knq})}{\sum_{q=1}^{\bar{q}}\exp(\alpha\cdot d_{knq})} \tag{5-2}$$

式中：$d_{knq}=\sum_{h=1}^{l_k}(\tilde{t}_{q+h-1}^{(n)}-\tilde{s}_h^{(k)})^2/l_k$，$\alpha$ 为控制函数的近似精度。

为了学习关键子序列，USSL 模型需要最小化图拉普拉斯正则项、关键子序列间的相似项和正则化最小二乘项。USSL 模型的目标函数表示为

$$\min_{\boldsymbol{S},\boldsymbol{Y},\boldsymbol{W}}\frac{1}{2}\text{tr}(\boldsymbol{Y}\boldsymbol{L}(\boldsymbol{S})\boldsymbol{Y}^{\mathrm{T}})+\frac{\lambda_1}{2}\|\boldsymbol{H}(\boldsymbol{S})\|_F^2+\frac{\lambda_2}{2}\|\boldsymbol{W}^{\mathrm{T}}\boldsymbol{X}(\boldsymbol{S})-\boldsymbol{Y}\|_F^2+\frac{\lambda_3}{2}\|\boldsymbol{W}\|_F^2 \tag{5-3}$$

式中：$\boldsymbol{L}(\boldsymbol{S})\in\mathbb{R}^{N\times N}$ 表示 X 的拉普拉斯矩阵，$\boldsymbol{Y}\in\mathbb{R}^{c\times N}$ 表示伪标签，$\boldsymbol{H}(\boldsymbol{S})\in\mathbb{R}^{K\times K}$ 表示关键子序列间的相似性，$\boldsymbol{W}\in\mathbb{R}^{K\times c}$ 表示线性投影矩阵，$\lambda_1,\lambda_2,\lambda_3$ 是正则化参数。候选子序列 $\boldsymbol{S}$、伪标签 $\boldsymbol{Y}$、线性投影矩阵 $\boldsymbol{W}$ 是目标函数中的三个变量，USSL 模型可以通过固定其余两个变量来迭代更新一个变量。

5.1.2 基于自适应近邻的无监督关键多元子序列学习模型概述

基于关键子序列的表示学习方法已经成为时间序列聚类的重要分支。然而，无监督关键多元子序列学习存在一些挑战，例如不同变量的重要性和关键多元子序列的更新策略。针对这一问题，基于自适应近邻的无监督关键多元子序列学习（USLA）模型[1]可以进行关键多元子序列、样本间的局部图结构和伪标签的联合学习。USLA 模型可以根据基于关键多元子序列的特征自适应学习样本的近邻结构，并通过对稀疏的近邻结构进行划分获得最终的聚类结果。在 USLA 模型中，当给定候选多元子序列时，每个变量的重要性可以自动确定。给定候选多元子序列 $\boldsymbol{S}$ 时，USLA 模型可以计算基于多元子序列的特征 $\boldsymbol{X}$：

$$
\begin{aligned}
X_{kn} = \text{distance}(\boldsymbol{t}^{(n)}, \boldsymbol{s}^{(k)}) &= \min_{q=1,\cdots,\bar{q}} \sum_{m=1}^{M} \beta_k^m \left[\frac{1}{l_k} \sum_{h=1}^{l_k} (t_{q+h-1}^{m(n)} - s_h^{m(k)})^2 \right] \\
&= \min_{q=1,\cdots,\bar{q}} \sum_{m=1}^{M} \beta_k^m d_{knq}^m
\end{aligned}
\tag{5-4}
$$

式中：$\bar{q} = q_n - l_k + 1$ 表示多元时间序列 $\boldsymbol{t}^{(n)}$ 和多元子序列 $\boldsymbol{s}^{(k)}$ 的总片段数，q_n 表示多元时间序列 $\boldsymbol{t}^{(n)}$ 的长度，l_k 表示多元子序列 $\boldsymbol{s}^{(k)}$ 的长度，M 表示多元时间序列中的变量个数，$d_{knq}^m = \sum_{h=1}^{l_k} (mt_{q+h-1}^{m(n)} - s_h^{m(k)})^2 / l_k$ 表示多元子序列 $\boldsymbol{s}^{(k)}$ 的第 m 个序列之间的距离和 $\boldsymbol{t}^{(n)}$ 上的对应时间段间的距离，β_k^m 表示整合多个变量的权重和 $\sum_m \beta_k^m = 1$。由于 $\boldsymbol{X}$ 在公式(5-4)关于 $\boldsymbol{S}$ 的导数是不可微分的，本章使用软最小函数来近似 $\boldsymbol{X}$：

$$
\begin{aligned}
X_{kn} = \min_{q=1,\cdots,\bar{q}} \sum_{m=1}^{M} \beta_k^m d_{knq}^m &\approx \frac{\sum_{q=1}^{\bar{q}} \left[\sum_m \beta_k^m d_{knq}^m \cdot \exp\left(\alpha \cdot \sum_m \beta_k^m d_{knq}^m\right) \right]}{\sum_{q=1}^{\bar{q}} \exp\left(\alpha \cdot \sum_m \beta_k^m d_{knq}^m\right)} \\
&= \frac{\sum_{m=1}^{M} \beta_k^m \left[\sum_{q=1}^{\bar{q}} d_{knq}^m \exp\left(\alpha \cdot \sum_m \beta_k^m d_{knq}^m\right) \right]}{\sum_{q=1}^{\bar{q}} \exp\left(\alpha \cdot \sum_m \beta_k^m d_{knq}^m\right)} = \sum_{m=1}^{M} \beta_k^m MX_{kn}^m
\end{aligned}
\tag{5-5}
$$

式中：$MX_{kn}^m = \sum_{q=1}^{\bar{q}} d_{knq}^m \exp\left(\alpha \cdot \sum_v \beta_k^m d_{knq}^m\right) \Big/ \sum_{q=1}^{\bar{q}} \exp\left(\alpha \cdot \sum_v \beta_k^m d_{knq}^m\right)$，$\alpha$ 为控制函数的精度（本章设置 $\alpha = -100$）。$\boldsymbol{MX}_{k.}^m = \{MX_{kn}^m\}_{n=1}^N$ 表示第 m 元时间序列和第 k 个子序列间的距离。

由于将不同变量的重要性设置为相同是不合理的，因此，在给定多元子序列 $\boldsymbol{s}^{(k)}$ 时，USLA 引入了迭代路由协议机制[5]来确定不同变量的重要性权重 $\boldsymbol{\beta}_k$。重要性权

重 $\boldsymbol{\beta}_k$ 由多个变量中均等的固定权重 $\boldsymbol{\beta}_k^F$ 和可学习权重 $\boldsymbol{\beta}_k^L$ 组成，其中 $\boldsymbol{\beta}_k^L$ 根据 $\boldsymbol{X}_{k.}$ 和 $M\boldsymbol{X}_{k.}$ 学习得到。$\boldsymbol{\beta}_k$ 的学习过程可以看作是一种并行的注意力机制，它允许一个级别的每个变量关注下面级别的一些活跃序列并保留其他变量信息。此外，$\boldsymbol{\beta}_k$ 的计算可以表示为

$$\boldsymbol{\beta}_k = \mu\boldsymbol{\beta}_k^F + (1-\mu)\boldsymbol{\beta}_k^L = \mu\,\frac{\mathbf{1}}{M} + (1-\mu)\,\frac{\exp(\boldsymbol{b}_k)}{\sum_m \exp(b_k^m)} \tag{5-6}$$

式中：$\mu\in[0,1]$是平衡两种类型权重的参数，$\boldsymbol{b}_k$ 根据 $\boldsymbol{X}_{k.}$ 和 $\boldsymbol{MX}_{k.}$ 学习得到，迭代次数定义为 r'。$\boldsymbol{\beta}_k$ 学习过程的细节在算法 5.1 中给出。

算法 5.1 权重 $\boldsymbol{\beta}_k$ 的学习过程

输入：多元时间序列样本 $\boldsymbol{T}$，第 k 个多元子序列 $\boldsymbol{s}^{(k)}$，$\alpha=-100$，$\mu\in[0,1]$。

输出：权重 $\boldsymbol{\beta}_k\in\mathbb{R}^M$。

Step 1. 初始化 $\boldsymbol{b}_k=\mathbf{0}$，$\boldsymbol{\beta}_k^F=\mathbf{1}/M$，$\boldsymbol{\beta}_k^L=\mathbf{1}/M$。

Step 2. **for** r'次迭代 **do**

Step 3. 计算 $\boldsymbol{MX}_{k.}$：$MX_{kn}^m = \dfrac{\sum_{q=1}^{\bar{q}} d_{knq}^m \exp\left(\alpha\cdot\sum_v \beta_k^m d_{knq}^m\right)}{\sum_{q=1}^{\bar{q}} \exp\left(\alpha\cdot\sum_v \beta_k^m d_{knq}^m\right)}$；

Step 4. 计算 $\boldsymbol{X}_{k.}$：$X_{kn} = \sum_{m=1}^{M}\beta_k^m MX_{kn}^m$；

Step 5. 计算 $\hat{\boldsymbol{X}}_{k.}$：$\hat{\boldsymbol{X}}_{k.} = \dfrac{\|\boldsymbol{X}_{k.}\|}{1+\|\boldsymbol{X}_{k.}\|^2}\boldsymbol{X}_{k.}$；

Step 6. 计算 $\boldsymbol{b}_k$：$\boldsymbol{b}_k=\boldsymbol{b}_k+\hat{\boldsymbol{X}}_{k.}^{\mathrm{T}}\boldsymbol{MX}_{k.}$；

Step 7. 计算 $\boldsymbol{\beta}_k$：$\boldsymbol{\beta}_k=\mu\boldsymbol{\beta}_k^F+(1-\mu)\dfrac{\exp(\boldsymbol{b}_k)}{\sum_m\exp(b_k^m)}$；

Step 8. **end for**

Step 9. 返回权重 $\boldsymbol{\beta}_k$。

候选多元子序列确定后，USLA 模型可以根据基于关键多元子序列的特征自适应学习样本的近邻结构。为了学习关键多元子序列，USLA 需要同时学习近邻矩阵 $\boldsymbol{A}$、伪标签 $\boldsymbol{Y}$ 和候选关键多元子序列 $\boldsymbol{S}$。为了使关键多元子序列 $\boldsymbol{S}$ 尽可能地捕捉多元时间序列的不同特征，USLA 的目标函数包含四个主要建模成分：基于多元子序列的特征的近邻约束项、用于惩罚相似矩阵的较大值的近邻正则化项、保留多元时间序列间的局部图结构的图拉普拉斯正则化项、惩罚关键多元子序列相似的多元子序列不一致项。这样，USLA 模型的目标函数可以表示为

$$
\left.\begin{aligned}
&\min_{A,Y,S}\frac{1}{2}\sum_{i=1}^{n}\sum_{j=1}^{n}(\|X(S)_{.i}-X(S)_{.j}\|_F^2A_{ij})+\frac{\gamma}{2}\|A\|^2+\\
&\lambda_0\mathrm{tr}(YL(A)Y^{\mathrm{T}})+\frac{\lambda_1}{2}\|H(S)\|_F^2\\
&\text{s. t. } A_i^{\mathrm{T}}\mathbf{1}=1,\quad 0\leqslant A_{ij}\leqslant 1,\quad YY^{\mathrm{T}}=I
\end{aligned}\right\}\tag{5-7}
$$

式中：$Y\in\mathbb{R}^{c\times N}$表示伪标签，$A\in\mathbb{R}^{N\times N}$表示样本间的局部图结构（即稀疏的近邻矩阵），$L(A)=D_A-(A^{\mathrm{T}}+A)/2$是拉普拉斯矩阵，$H(S)\in\mathbb{R}^{K\times K}$表示多元子序列间的相似性（其中，$H(S)_{ij}=\exp(-\|\hat{d}_{ij}^S\|^2/\sigma^2)$表示$s^{(i)}$和$s^{(j)}$间的相似度，$\hat{d}_{ij}^S$可以通过公式(5-5)计算，$\sigma$是所有距离$\{\hat{d}_{ij}^S\}_{i,j=1}^K$的中位数），$\gamma$、$\lambda_0$、$\lambda_1$是正则化参数。候选子序列$S$、伪标签$Y$、近邻矩阵$A$是目标函数中的 3 个变量，USLA 可以通过固定其余两个变量来迭代更新一个变量。此外，USLA 模型使用 Tarjan 的算法[6]对稀疏的近邻结构进行划分，以获得最终的聚类结果。

5.1.3　优化和学习

USLA 模型是通过坐标下降法求解的，具体学习过程在算法 5.2 中给出。

算法 5.2　USLA 模型的学习过程

输入：多元时间序列样本 T，关键子序列的数目 K 和长度$\{l_k\}_{k=1}^K$，最大迭代次数 $i_{\max}$，学习率 η，参数 $\lambda_0,\lambda_1,\alpha,\mu$。

输出：关键子序列 S 和稀疏的近邻矩阵 A。

Step 1. 初始化 $S=\{S^{1(k)},S^{2(k)},\cdots,S^{M(k)}\}_{k=1}^K,Y=\mathbf{0}$。
Step 2. **while** 不收敛 **do**
Step 3. 　根据公式(5-4)计算 X；
Step 4. 　计算 $H(S)$：$H(S)_{ij}=\exp(-\|\hat{d}_{ij}^S\|^2/\sigma^2)$；
Step 5. 　**while** 不收敛 **do**
Step 6. 　　根据公式(5-10)计算 A；
Step 7. 　　根据公式(5-11)计算 Y；
Step 8. 　**end while**
Step 9. 　**for** $i=1,\cdots,i_{\max}$ **do**
Step 10. 　　根据公式(5-13)，(5-14)，(5-15)计算$\nabla S=\partial F(S)/\partial S$；
Step 11. 　　更新 S_{i+1}：$S_{i+1}=S_i-\eta\nabla S_i$；
Step 12. 　**end for**
Step 13. 　$S=S_{i_{\max}}$。
Step 14. **end while**
Step 15. 返回关键子序列 S 和稀疏的近邻矩阵 A。

1. 固定 $\boldsymbol{Y}$ 和 $\boldsymbol{S}$，更新 $\boldsymbol{A}$

固定 $\boldsymbol{Y}$ 和 $\boldsymbol{S}$，USLA 的目标函数退化成

$$\left.\begin{aligned}&\min_{\boldsymbol{A}} \boldsymbol{F}(\boldsymbol{A})=\frac{1}{2}\sum_{i,j=1}^{N}(\|\boldsymbol{X}(\boldsymbol{S})_{.i}-\boldsymbol{X}(\boldsymbol{S})_{.j}\|_F^2 A_{ij})+\\&\qquad\frac{\gamma}{2}\|\boldsymbol{A}\|^2+\lambda_0 \operatorname{tr}(\boldsymbol{YL}(\boldsymbol{A})\boldsymbol{Y}^{\mathrm{T}})\\&\text{s.t. } \boldsymbol{A}_i^{\mathrm{T}}\boldsymbol{1}=1,\quad 0\leqslant A_{ij}\leqslant 1\end{aligned}\right\}\tag{5-8}$$

接着，上面函数可以表示为

$$\begin{aligned}&\min_{\boldsymbol{A}_i^{\mathrm{T}}\boldsymbol{1}=1,0\leqslant A_{ij}\leqslant 1}\sum_{j=1}^{n}(\|\boldsymbol{X}(\boldsymbol{S})_{.i}-\boldsymbol{X}(\boldsymbol{S})_{.j}\|_F^2 A_{ij})+\gamma\|\boldsymbol{A}_i\|^2+\\&\lambda_0\sum_{j=1}^{n}(\|\boldsymbol{Y}_{.i}-\boldsymbol{Y}_{.j}\|_F^2 A_{ij})\\\Leftrightarrow&\min_{\boldsymbol{A}_i^{\mathrm{T}}\boldsymbol{1}=1,0\leqslant A_{ij}\leqslant 1}\sum_{j=1}^{n}\left\|\frac{1}{2\gamma}\boldsymbol{d}_i+A_{ij}\right\|^2\\\Leftrightarrow&\min_{\boldsymbol{A}_i,\eta,\beta_i}\boldsymbol{F}(\boldsymbol{A}_i,\xi,\beta_i)=\frac{1}{2}\|\boldsymbol{A}_i+\boldsymbol{d}_i/2\gamma\|_F^2-\xi(\boldsymbol{A}_i^{\mathrm{T}}\boldsymbol{1}-1)-\beta_i^{\mathrm{T}}\boldsymbol{A}_i\end{aligned}\tag{5-9}$$

式中：$d_{ij}=\|\boldsymbol{X}(\boldsymbol{S})_{.i}-\boldsymbol{X}(\boldsymbol{S})_{.j}\|_F^2+\lambda_0\|\boldsymbol{Y}_{.i}-\boldsymbol{Y}_{.j}\|_F^2$，$\eta,\beta_i\geqslant 0$ 表示拉格朗日系数。由于 $\boldsymbol{A}$ 是稀疏的，只有 $\boldsymbol{X}(\boldsymbol{S})_{.i}$ 的 $\bar{k}$ 个最近邻居才有机会连接到 $\boldsymbol{X}(\boldsymbol{S})_{.i}$。那么 $\boldsymbol{F}(\boldsymbol{A}_i,\xi,\beta_i)$ 的最优解应为

$$\boldsymbol{A}_i=\max(\xi-\boldsymbol{d}_i/2\gamma,0)\tag{5-10}$$

式中：$\xi=\frac{1}{\bar{k}}+\frac{1}{2\bar{k}\gamma}\sum_{j=1}^{\bar{k}}d_{ij}$，$\gamma=\frac{1}{N}\sum_{i=1}^{N}\left(\frac{\bar{k}}{2}d_{i,\bar{k}+1}-\frac{1}{2}\sum_{j=1}^{\bar{k}}d_{ij}\right)$，$\boldsymbol{A}_i$ 有 $\bar{k}$ 个非零元素。

2. 固定 $\boldsymbol{S}$ 和 $\boldsymbol{A}$，更新 $\boldsymbol{Y}$

固定 $\boldsymbol{S}$ 和 $\boldsymbol{A}$，USLA 的目标函数退化成

$$\min_{\boldsymbol{YY}^{\mathrm{T}}=\boldsymbol{I}}\operatorname{tr}(\boldsymbol{YL}(\boldsymbol{A})\boldsymbol{Y}^{\mathrm{T}})\tag{5-11}$$

可以看出，$\boldsymbol{Y}$ 的最优解由 $\boldsymbol{L}_{\boldsymbol{A}}$ 的 c 个最小特征值对应的特征向量组成，其中 c 表示聚类簇的数量。

3. 固定 $\boldsymbol{A}$ 和 $\boldsymbol{Y}$，更新 $\boldsymbol{S}$

固定 $\boldsymbol{A}$ 和 $\boldsymbol{Y}$，USLA 的目标函数退化成

$$\min_{\boldsymbol{S}}\boldsymbol{F}(\boldsymbol{S})=\sum_{i,j}(\|\boldsymbol{X}(\boldsymbol{S})_{.i}-\boldsymbol{X}(\boldsymbol{S})_{.j}\|_F^2 A_{ij})+\frac{\lambda_1}{2}\|\boldsymbol{H}(\boldsymbol{S})\|_F^2\tag{5-12}$$

上面的函数 $\boldsymbol{F}(\boldsymbol{S})$ 是关于变量 $\boldsymbol{S}$ 的非凸函数，本章采用迭代算法更新 $\boldsymbol{S}$，即 $\boldsymbol{S}_{i+1}=\boldsymbol{S}_i-\eta\nabla\boldsymbol{S}_i$（其中，$\nabla\boldsymbol{S}_i=\partial F(\boldsymbol{S}_i)/\partial\boldsymbol{S}_i$，$\eta$ 表示学习率）。$\boldsymbol{F}(\boldsymbol{S})$ 关于 $\boldsymbol{S}$ 的导数为

$$\frac{\partial \boldsymbol{F}(\boldsymbol{S})}{\partial s_{kp}^{m}}=\lambda_1 \boldsymbol{H}(\boldsymbol{S})\frac{\partial \boldsymbol{H}(\boldsymbol{S})}{\partial s_{kp}^{m}}+\sum_{i,j}\left[A_{ij}\left(\boldsymbol{X}(\boldsymbol{S})_{ki}-\boldsymbol{X}(\boldsymbol{S})_{kj}\right)\left(\frac{\partial \boldsymbol{X}(\boldsymbol{S})_{ki}}{\partial s_{kp}^{m}}-\frac{\partial \boldsymbol{X}(\boldsymbol{S})_{kj}}{\partial s_{kp}^{m}}\right)\right] \tag{5-13}$$

并且,$\partial H(\boldsymbol{S})_{ij}/\partial s_{kp}^{m}$ 可以表示为

$$\frac{\partial H(\boldsymbol{S})_{ij}}{\partial s_{kp}^{m}}=-\frac{2}{\sigma^2}H(\boldsymbol{S})_{ij}\hat{d}_{ij}^{\boldsymbol{s}}\frac{\partial \hat{d}_{ij}^{\boldsymbol{s}}}{\partial s_{kp}^{m}} \tag{5-14}$$

式中:$\hat{d}_{ij}^{\boldsymbol{s}}$ 表示 $\boldsymbol{s}^{(i)}$ 和 $\boldsymbol{s}^{(j)}$ 之间的距离,$\partial \hat{d}_{ij}^{\boldsymbol{s}}/\partial s_{kp}^{m}$ 计算方式与$\partial X(\boldsymbol{S})_{kn}/\partial s_{kp}^{m}$ 类似。$\partial X(\boldsymbol{S})_{kn}/\partial s_{kp}^{m}$ 可以表示为

$$\frac{\partial X(\boldsymbol{S})_{kn}}{\partial s_{kp}^{m}}=\frac{1}{\boldsymbol{E}^{22}}\left(\sum_{q=1}^{\bar{q}}\exp\left(\alpha\sum_{m'}\beta_k^{m'}d_{knq}^{m'}\right)\left((1+\alpha\beta_k^{m'}d_{knq}^{m'})\boldsymbol{E}^1-\alpha\boldsymbol{E}^2\right)\right)\beta_k^{m}\frac{\partial d_{knq}^{m}}{\partial s_{kp}^{m}} \tag{5-15}$$

式中:$\boldsymbol{E}^1=\sum_{q=1}^{\bar{q}}\beta_k^m d_{knq}^m\exp\left(\alpha\sum_{m'}\beta_k^{m'}d_{knq}^{m'}\right)$,$\boldsymbol{E}^2=\sum_{q=1}^{\bar{q}}\exp\left(\alpha\sum_{v}\beta_k^{m'}d_{knq}^{m'}\right)$,$\frac{\partial d_{knq}^{m}}{\partial s_{kp}^{m}}=\frac{2}{l_k}(s_p^{m(k)}-mt_{q+p-1}^{m(n)})$,$\bar{q}=q_n-l_k+1$。总之,$\nabla \boldsymbol{S}=\partial \boldsymbol{F}(\boldsymbol{S})/\partial \boldsymbol{S}$ 可以通过式(5-13)~式(5-15)计算得到。

5.1.4　收敛性分析

USLA 模型是通过坐标下降法求解的,并且它可以在较小的学习率下收敛到局部最优。USLA 模型的收敛性证明如下。

定理 5.1　更新 $\boldsymbol{S}$ 时,如果存在最优解 $\boldsymbol{S}^*$,那么学习率 η 足够小时(即 $0<\eta<1/\zeta$)$\boldsymbol{F}(\boldsymbol{S})$的更新规则 $\boldsymbol{S}_{i+1}=\boldsymbol{S}_i-\eta\nabla\boldsymbol{S}_i$ 将收敛于最优解 $\boldsymbol{S}^*$。

说明　需要证明 $\boldsymbol{S}_{i+1}$ 比 $\boldsymbol{S}_i$ 更接近最优解 $\boldsymbol{S}^*$。由 $\boldsymbol{F}(\boldsymbol{S})$的更新规则可知

$$\begin{aligned}\|\boldsymbol{S}_{i+1}-\boldsymbol{S}^*\|^2&=\|\boldsymbol{S}_i-\eta\nabla\boldsymbol{S}_i-\boldsymbol{S}^*\|^2\\&=\|\boldsymbol{S}_i-\boldsymbol{S}^*\|^2+\eta^2\|\nabla\boldsymbol{S}_i\|^2-2\eta\nabla\boldsymbol{S}_i^{\mathrm{T}}(\boldsymbol{S}_i-\boldsymbol{S}^*)\end{aligned} \tag{5-16}$$

固定 $\boldsymbol{A}$ 和 $\boldsymbol{Y}$,USLA 的目标函数退化成非凸函数 $\boldsymbol{F}(\boldsymbol{S})$,其中 $\boldsymbol{F}(\boldsymbol{S})$是 Lipschitz 连续可微的。如果存在最优解 $\boldsymbol{S}^*$ 和一个标量常数 ζ 使得 $\boldsymbol{S}$ 的梯度满足 $\|\nabla\boldsymbol{S1}-\nabla\boldsymbol{S2}\|^2\leqslant\zeta\|\boldsymbol{F}(\boldsymbol{S1})-\boldsymbol{F}(\boldsymbol{S2})\|^2$,那么等式 $\boldsymbol{F}(\boldsymbol{S1})-\boldsymbol{F}(\boldsymbol{S2})\leqslant\nabla\boldsymbol{S1}^{\mathrm{T}}(\boldsymbol{S1}-\boldsymbol{S2})-\|\nabla\boldsymbol{S1}-\nabla\boldsymbol{S2}\|^2/2\zeta$ 成立[4]。因此,

$$\boldsymbol{F}(\boldsymbol{S}_{i+1})-\boldsymbol{F}(\boldsymbol{S}^*)\leqslant\nabla\boldsymbol{S}_{i+1}\boldsymbol{S}_{i+1}-\nabla\boldsymbol{S}_{i+1}\boldsymbol{S}^*-\frac{1}{2\zeta}\|\nabla\boldsymbol{S}_{i+1}-\nabla\boldsymbol{S}^*\|^2 \tag{5-17}$$

式中:$\nabla\boldsymbol{S}^*=0$ 和 $\boldsymbol{F}(\boldsymbol{S}_{i+1})\geqslant\boldsymbol{F}(\boldsymbol{S}^*)$。那么式(5-17)可表达为

$$-\nabla\boldsymbol{S}_{i+1}(\boldsymbol{S}_{i+1}-\boldsymbol{S}^*)\leqslant-\frac{1}{2\zeta}\|\nabla\boldsymbol{S}_{i+1}\|^2 \tag{5-18}$$

根据式(5－16)和式(5－18)可以得到

$$\| \boldsymbol{S}_{i+1} - \boldsymbol{S}^* \|^2 \leqslant \| \boldsymbol{S}_i - \boldsymbol{S}^* \|^2 - \eta\left(\frac{1}{\zeta} - \eta\right) \| \nabla \boldsymbol{S}_i \|^2 \tag{5-19}$$

如果学习率 η 满足 $0<\eta<1/\zeta$，那么 $\| \boldsymbol{S}_{i+1} - \boldsymbol{S}^* \|^2 \leqslant \| \boldsymbol{S}_i - \boldsymbol{S}^* \|^2$。这样定理 5.1 已证明。

定理 5.2 USLA 模型可以在较小的学习率下收敛到局部最优。

证明 USLA 模型更新 $\boldsymbol{A}$ 和 $\boldsymbol{Y}$ 时，根据式(5－10)和式(5－11)可知 $\boldsymbol{A}_{i+1} = \boldsymbol{A}^*(\boldsymbol{Y}_i, \boldsymbol{S}_t)$ 和 $\boldsymbol{Y}_{i+1} = \boldsymbol{Y}^*(\boldsymbol{A}_{i+1}, \boldsymbol{S}_t)$。那么，

$$\boldsymbol{F}(\boldsymbol{A}_{t+1}, \boldsymbol{Y}_{t+1}, \boldsymbol{S}_t) \leqslant \boldsymbol{F}(\boldsymbol{A}_t, \boldsymbol{Y}_t, \boldsymbol{S}_t) \tag{5-20}$$

式中：$\boldsymbol{F}(\boldsymbol{A}, \boldsymbol{Y}, \boldsymbol{S})$是 USLA 模型的目标函数。接着，USLA 模型更新 $\boldsymbol{S}$ 时，$\boldsymbol{S}$ 的更新规则 $\boldsymbol{S}_{i+1} = \boldsymbol{S}_i - \eta \nabla \boldsymbol{S}_i$。那么，

$$\begin{aligned} \boldsymbol{F}(\boldsymbol{A}_{t+1}, \boldsymbol{Y}_{t+1}, \boldsymbol{S}_{t+1}) &\leqslant \boldsymbol{F}(\boldsymbol{A}_{t+1}, \boldsymbol{Y}_{t+1}, \boldsymbol{S}_{i_{\max}-1}) \\ &\leqslant \cdots \\ &\leqslant \boldsymbol{F}(\boldsymbol{A}_{t+1}, \boldsymbol{Y}_{t+1}, \boldsymbol{S}_t) \end{aligned} \tag{5-21}$$

这意味着 USLA 模型可以保证目标函数的值不断减小，并且定理 5.2 已证明。

5.1.5 相关分析

USLA 模型是关键多元子序列、样本间的局部图结构和伪标签的联合学习框架。与之前的关键子序列选择和关键子序列学习工作相比，USLA 用局部图结构和伪标签来指导显著多元子序列学习。例如，Funk 和 Xiong[7] 利用真实标签来选择经常出现并且与分类结果高度相关的时间序列片段(即关键子序列)，而 USSL 模型利用伪标签来学习与原始时间序列片段有差异的关键子序列。此外，USSL 模型需要约束伪标签来满足基于关键子序列的特征的图正则化约束以及基于关键子序列的特征和伪标签间的正则化最小二乘项。总的来说，USSL 模型和 USLA 模型有两个主要区别：① USSL 模型只能处理一元时间序列，而 USLA 模型可以用于多元时间序列聚类。在 USLA 中，当给定多元子序列时，每个变量的重要性的学习过程可以看作是一种并行的注意力机制，其允许上一层次上的特征更多地关注下一层次的一些变量并保留其他变量信息。② 与 USSL 不同，USLA 利用近邻图正则化约束代替正则化最小二乘约束来指导显著多元子序列学习。通过应用 USLA 中的学习机制，USSL 可以扩展用来解决多元时间序列。与 USSL 相比，USLA 可以通过学习样本间的近邻图来获得更多信息量的子序列，其中近邻图结构还包含样本的伪标签信息。

除了基于关键子序列学习的方法之外，目前还有其他的多元时间序列聚类方法，如基于降维的方法、基于经典距离的方法和基于深度学习的方法。USLA 模型与这些方法之间的关系如下。

基于降维的方法可以学习多元时间序列数据的低维表示并实现无监督划分。例如，MC2PCA 模型[8] 迭代更新每个簇的划分和公共投影，其中基于公共投影的重构

误差用于重新分配聚类簇的数目。与 MC2PCA 模型类似，USLA 模型也通过迭代学习获得聚类结果。其不同之处在于，USLA 模型利用信息丰富的多元形状集来获得低维表示和聚类结果。SWMDFC 模型[9]也是一种基于降维的方法，可以对多元时间序列数据进行降维实现无监督分区。SWMDFC 模型首先利用基于变量的主成分分析降低每个变量的维数，然后利用基于空间加权矩阵距离的模糊聚类进行多元时间序列聚类。与 SWMDFC 模型不同的是，USLA 模型在降维的同时考虑了不同变量之间的相关性，通过学习关键多元子序列获得多元时间序列的表示。

经典的基于距离的方法扩展了现有的单变量时间序列方法来处理多变量时间序列数据。例如，m - KSC 模型[10]扩展了基于形状的 KSC 模型来聚类多元时间序列，该算法使用 z - score 互相关系数作为其距离函数。通过这种方式，m - KSC 模型可以检测出不同时间的相互作用并实现无监督划分。与 m - KSC 模型一样，USLA 模型考虑了多元时间序列的形状以及不同变量之间的关系。它们的不同之处在于，当给定关键多元子序列时，USLA 会自动确定每个变量的重要性。此外，USLA 模型利用近邻图结构正则化来学习关键多元子序列。换句话说，USLA 模型利用自适应近邻聚类模型[11]来指导信息多元子序列的更新。

基于深度学习的方法也是时间序列聚类的重要技术。已经有许多工作证明深度学习技术可以挖掘时间序列数据中的时间信息，并已成功应用于语音识别、行人识别和活动识别等任务上。然而，这些工作大都使用样本标签信息来指导模型训练，并不适合多元时间序列聚类任务。最近，有一些基于深度学习的多元时间序列聚类工作，例如 DeTSEC 模型[12]利用注意力和门控机制来获得多元时间序列数据的嵌入表示。在 DeTSEC 模型中，使用注意力机制来组合不同时间戳的信息。类似地，USLA 模型中的迭代路由协议机制可以被视为并行注意机制。此外，DeTSEC 模型和 USLA 模型的注意力机制有两个主要区别：① DeTSEC 模型利用注意力机制来组合来自不同时间戳的信息，而 USLA 模型利用迭代路由协议机制来组合来自不同变量的信息；② DeTSEC 模型允许上一层的特征关注重要的时间戳而忽略其他时间戳，而 USLA 模型则允许上一层次上的特征更多地关注下一层次的一些变量并保留其他变量信息。

5.2　基于自适应近邻的多视图无监督关键多元子序列学习方法

5.2.1　模型概述

从不同长度的关键多元子序列学习到的特征表示都可以表示多元时间序列样本，并且通常包含彼此互补的信息。然而在 USLA 自适应学习样本的近邻结构的过程中，从不同长度的关键多元子序列学习到的特征被视为同等重要，并且基于不同长度的关键多元子序列的USLA模型与基于等距多元关键多元子序列模型性能差不多。基于此，如图5-1所示，本章将从不同长度的关键多元子序列学习到的特征视为不同的视图，并提出了一种新的基于自适应近邻的多视图无监督关键多元子序列学习（MUSLA）模型[1]，其继承了无监督关键多元子序列学习方法和基于自适应近邻的多视图聚类方法的优点。在确定候选多视图关键多元子序列时，MUSLA可以学习每个视图的重要性和基于多视图多元子序列的特征上的近邻图矩阵，其中通过对稀疏图矩阵进行分区可以获得最终的聚类结果。

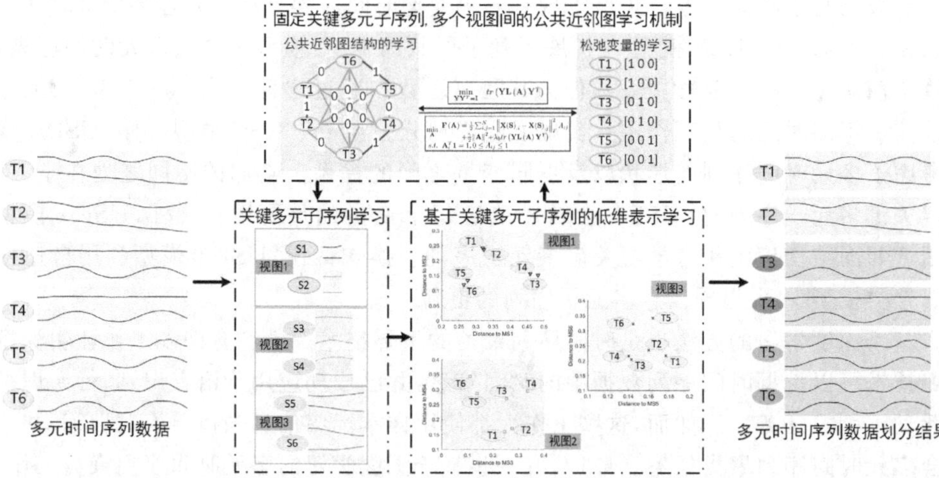

图5-1　MUSLA模型的示意图

MUSLA模型结合了不同视图间的近邻一致性项、近邻正则化项、图拉普拉斯正则化项、多元子序列不一致项和不同视图上特征相似矩阵的一致性项，其目标函数可以表示为

$$\left.\begin{aligned}&\min_{\boldsymbol{A},\boldsymbol{Y},\boldsymbol{S}^v}\ \frac{1}{2}\sum_{v}\sqrt{\sum_{i,j}\|\boldsymbol{X}(\boldsymbol{S}^v)_{.i}-\boldsymbol{X}(\boldsymbol{S}^v)_{.j}\|_F^2 A_{ij}}+\frac{\gamma}{2}\|\boldsymbol{A}\|^2+\\&\lambda_0\operatorname{tr}(\boldsymbol{YL}(\boldsymbol{A})\boldsymbol{Y}^{\mathrm{T}})+\frac{\lambda_1}{2}\sum_{v=1}^{V}\|\boldsymbol{H}(\boldsymbol{S}^v)\|_F^2+\\&\frac{\lambda_2}{2}\sum_{v',v}(w^{v'}w^{v}\|\boldsymbol{G}(\boldsymbol{X}(\boldsymbol{S}^v))-\boldsymbol{G}(\boldsymbol{X}(\boldsymbol{S}^{v'}))\|_F^2)\\&\text{s.t.}\quad \boldsymbol{A}_i^{\mathrm{T}}\boldsymbol{1}=1,\quad 0\leqslant A_{ij}\leqslant 1,\quad \boldsymbol{YY}^{\mathrm{T}}=\boldsymbol{I}\end{aligned}\right\}\qquad(5-22)$$

式中：$\boldsymbol{X}(\boldsymbol{S}^v)\in\mathbb{R}^{K_v\times N}$是基于$\boldsymbol{T}$和$\boldsymbol{S}^v$学到的特征，$\boldsymbol{A}$表示所有视图上稀疏的近邻图矩阵，$\boldsymbol{L}(\boldsymbol{A})$是拉普拉斯矩阵，$\boldsymbol{Y}$表示类标签，$\boldsymbol{H}(\boldsymbol{S}^v)$是多元子序列$\boldsymbol{S}^v$之间的相似性，$w_v=\left(\sum_{i,j=1}^{n}\|\boldsymbol{X}(\boldsymbol{S}^v)_{.i}-\boldsymbol{X}(\boldsymbol{S}^v)_{.j}\|_F^2 A_{ij}\right)^{-1/2}/2$表示平衡多个视图的参数，$\gamma,\lambda_0,\lambda_1,\lambda_2$是正则化参数，$\boldsymbol{G}(\boldsymbol{X}(\boldsymbol{S})^v)$可以表示为

$$G(X(S)^v)_{ij}=\exp(-\|X(S^v)_{.i}-X(S^v)_{.j}\|_F^2) \quad (5-23)$$

MUSLA 的优化是一个关于三个变量的联合优化问题，即 $\boldsymbol{A}$、$\boldsymbol{Y}$ 和 $\{\boldsymbol{S}^v\}_{v=1}^V$，其学习过程如算法 5.3 所示。

算法 5.3　MUSLA 模型的学习过程

输入：多元时间序列样本 $\boldsymbol{T}$，多个视图上多元子序列的数目 $\{K_v\}_{v=1}^V$ 和长度 $\{l_v\}_{v=1}^V$，内部迭代次数 $i_{\max}$，学习率 η，参数 $\lambda_0,\lambda_1,\lambda_2,\alpha,\mu$。

输出：关键子序列 $\{\boldsymbol{S}^v\}_{v=1}^V$ 和稀疏的近邻图结构 $\boldsymbol{A}$。

Step 1. 初始化 $\{\boldsymbol{S}^v\}_{v=1}^V=\{\{\boldsymbol{s}^{1(k)},\cdots,\boldsymbol{s}^{M(k)}\}_{k=1}^{K_v}\}_{v=1}^V$，$w_v=1/V$，$\boldsymbol{Y}=\boldsymbol{0}$。

Step 2. **while** 不收敛 **do**

Step 3. 　根据算法 5.1 和式(5-5)由 $\boldsymbol{T}$ 和 $\{\boldsymbol{S}^v\}_{v=1}^V$ 计算得到不同视图上关键子序列的特征 $\{\boldsymbol{X}(\boldsymbol{S})^v\}_{v=1}^V$；

Step 4. 　计算 $\boldsymbol{H}(\boldsymbol{S})$：$H(\boldsymbol{S})_{ij}=\exp(-\|\hat{d}_{ij}^{\boldsymbol{S}}\|^2/\sigma^2)$；

Step 5. 　**while** 不收敛 **do**

Step 6. 　　根据式(5-27)计算 $\boldsymbol{A}$；

Step 7. 　　计算 $\boldsymbol{w}=\{w_v\}_{v=1}^V$：$w_v=\left(\sum_{i=1}^n\sum_{j=1}^n\|\boldsymbol{X}(\boldsymbol{S})_{.i}^v-\boldsymbol{X}(\boldsymbol{S})_{.j}^v\|_F^2A_{ij}\right)^{-1/2}/2$；

Step 8. 　　根据式(5-28)计算 $\boldsymbol{Y}$；

Step 9. 　**end while**

Step 10. 　**for** $i=1,\cdots,i_{\max}$ **do**

Step 11. 　　根据式(5-30)计算 $\{\nabla\boldsymbol{S}_i^v\}_{v=1}^V$：$\nabla\boldsymbol{S}_i^v=\partial\boldsymbol{F}(\boldsymbol{S}^v)/\partial\boldsymbol{S}^v$；

Step 12. 　　更新 $\boldsymbol{S}_{i+1}$：$\boldsymbol{S}_{i+1}=\boldsymbol{S}_i-\eta\nabla\boldsymbol{S}_i$；

Step 13. 　**end for**

Step 14. 　$\boldsymbol{S}=\boldsymbol{S}_{i_{\max}}$。

Step 15. **end while**

Step 16. 返回关键子序列 $\{\boldsymbol{S}^v\}_{v=1}^V$ 和稀疏的近邻图结构 $\boldsymbol{A}$。

5.2.2　优化和学习

MUSLA 模型的目标函数是通过坐标下降法求解的，具体如下。

1. 固定 $\boldsymbol{Y}$ 和 $\{\boldsymbol{S}^v\}_{v=1}^V$，更新 $\boldsymbol{A}$

固定 $\boldsymbol{Y}$ 和 $\{\boldsymbol{S}^v\}_{v=1}^V$，MUSLA 的目标函数退化为

$$\min_{\boldsymbol{A}_i^{\mathrm{T}}\boldsymbol{1}=1,0\leqslant A_{ij}\leqslant 1}\boldsymbol{F}(\boldsymbol{A})=\lambda_0\operatorname{tr}(\boldsymbol{Y}\boldsymbol{L}(\boldsymbol{A})\boldsymbol{Y}^{\mathrm{T}})+\frac{\gamma}{2}\|\boldsymbol{A}\|^2+\frac{1}{2}\sum_v\sqrt{\sum_{i,j}\|\boldsymbol{X}(\boldsymbol{S}^v)_{.i}-\boldsymbol{X}(\boldsymbol{S}^v)_{.j}\|_F^2A_{ij}} \quad (5-24)$$

接着令 $\boldsymbol{F}(\boldsymbol{A})$ 关于 $\boldsymbol{A}$ 的导数等于零，可以得到

$$\frac{1}{2}\sum_{v}\left[w_v\frac{\partial\sum_{i,j}\|\boldsymbol{X}(\boldsymbol{S}^v)_{.i}-\boldsymbol{X}(\boldsymbol{S}^v)_{.j}\|_F^2A_{ij}}{\partial\boldsymbol{A}}\right]+$$

$$\frac{\gamma}{2}\frac{\partial\|\boldsymbol{A}\|^2}{\partial\boldsymbol{A}}+\frac{\lambda_0\partial\mathrm{tr}\left(\boldsymbol{YL}(\boldsymbol{A})\boldsymbol{Y}^{\mathrm{T}}\right)}{\partial\boldsymbol{A}}=\boldsymbol{0} \tag{5-25}$$

式中：$w_v=\frac{1}{2}\left(\sum_{i,j=1}^{N}\|\boldsymbol{X}(\boldsymbol{S}^v)_{.i}-\boldsymbol{X}(\boldsymbol{S}^v)_{.j}\|_F^2A_{ij}\right)^{-\frac{1}{2}}$。可以看到，$\boldsymbol{w}$ 依赖于变量 $\boldsymbol{A}$，因此上述函数无法直接求解。但是如果 $\boldsymbol{w}$ 设置为固定值，式(5-24)可以转化为以下优化问题：

$$\min_{\boldsymbol{A}_i^{\mathrm{T}}\boldsymbol{1}=1,0\leqslant A_{ij}\leqslant 1}\boldsymbol{F}(\boldsymbol{A})=\lambda_0\mathrm{tr}\left(\boldsymbol{YL}(\boldsymbol{A})\boldsymbol{Y}^{\mathrm{T}}\right)+\frac{\gamma}{2}\|\boldsymbol{A}\|^2+$$

$$\frac{1}{2}\sum_{v}\left(w_v\sum_{i,j}\left(\|\boldsymbol{X}(\boldsymbol{S}^v)_{.i}-\boldsymbol{X}(\boldsymbol{S}^v)_{.j}\|_F^2A_{ij}\right)\right) \tag{5-26}$$

式中：$\boldsymbol{w}=\{w_v\}_{v=1}^{V}$ 可以看作是平衡多个视图的参数。那么，式(5-24)的最优解应该是

$$\boldsymbol{A}_i=\max(\boldsymbol{\xi}-\boldsymbol{d}_i^{\boldsymbol{A}}/2\gamma,0) \tag{5-27}$$

式中：$d_{ij}^{\boldsymbol{A}}=\sum_{v}w_v\|\boldsymbol{X}(\boldsymbol{S}^v)_{.i}-\boldsymbol{X}(\boldsymbol{S}^v)_{.j}\|_F^2+\lambda_0\|\boldsymbol{Y}_{.i}-\boldsymbol{Y}_{.j}\|_F^2$，$d_i^{\boldsymbol{A}}$ 的元素从小到大排序，$\xi=\frac{1}{\bar{k}}+\frac{1}{2\bar{k}\gamma}\sum_{j=1}^{\bar{k}}d_{ij}^{\boldsymbol{A}}$，$\gamma=\frac{1}{N}\sum_{i=1}^{N}\left(\frac{\bar{k}}{2}d_{i,\bar{k}+1}^{\boldsymbol{A}}-\frac{1}{2}\sum_{j=1}^{\bar{k}}d_{ij}^{\boldsymbol{A}}\right)$。在更新变量 $\boldsymbol{A}$ 后，可以相应地计算出 $\boldsymbol{w}=\{w_v\}_{v=1}^{V}$ 的值。

2. 固定 $\{\boldsymbol{S}^v\}_{v=1}^{V}$ 和 $\boldsymbol{A}$，更新 $\boldsymbol{Y}$

固定 $\{\boldsymbol{S}^v\}_{v=1}^{V}$ 和 $\boldsymbol{A}$，MUSLA 的目标函数退化为

$$\min_{\boldsymbol{YY}^{\mathrm{T}}=\boldsymbol{I}}\mathrm{tr}\left(\boldsymbol{YL}(\boldsymbol{A})\boldsymbol{Y}^{\mathrm{T}}\right) \tag{5-28}$$

可以看出，$\boldsymbol{Y}$ 的最优解由 $\boldsymbol{L}(\boldsymbol{A})$ 的 c 个最小特征值对应的特征向量组成，其中 c 表示聚类簇的数量。

3. 固定 $\boldsymbol{A}$ 和 $\boldsymbol{Y}$，更新 $\{\boldsymbol{S}^v\}_{v=1}^{V}$

固定 $\boldsymbol{A}$ 和 $\boldsymbol{Y}$，MUSLA 的目标函数退化为

$$\min_{\boldsymbol{S}^v}\boldsymbol{F}(\boldsymbol{S}^v)=\frac{\lambda_1}{2}\|\boldsymbol{H}(\boldsymbol{S}^v)\|_F^2+\frac{1}{2}w_v\sum_{i,j}\left(\|\boldsymbol{X}(\boldsymbol{S}^v)_{.i}-\boldsymbol{X}(\boldsymbol{S}^v)_{.j}\|_F^2A_{ij}\right)+$$

$$\frac{\lambda_2}{2}\sum_{v'}\left(w^{v'}w^{v}\|\boldsymbol{G}\left(\boldsymbol{X}(\boldsymbol{S}^v)\right)-\boldsymbol{G}\left(\boldsymbol{X}(\boldsymbol{S}^{v'})\right)\|_F^2\right) \tag{5-29}$$

上面的函数 $\boldsymbol{F}(\boldsymbol{S}^v)$ 是关于变量 $\boldsymbol{S}^v$ 的非凸函数，本章采用迭代算法更新 $\boldsymbol{S}^v$，即 $\boldsymbol{S}_{i+1}^v=\boldsymbol{S}_i^v-\eta\nabla\boldsymbol{S}_i^v$（其中，$\nabla\boldsymbol{S}_i^v=\partial\boldsymbol{F}(\boldsymbol{S}_i^v)/\partial\boldsymbol{S}_i^v$ 和 η 表示学习率）。$\boldsymbol{F}(\boldsymbol{S}^v)$ 关于 $\boldsymbol{S}^v$ 的导数为

$$
\begin{aligned}
\frac{\partial \boldsymbol{F}(\boldsymbol{S}^{v})}{\partial s_{kp}^{mv}}=&\lambda_1 \boldsymbol{H}(\boldsymbol{S}^{v})\frac{\partial \boldsymbol{H}(\boldsymbol{S}^{v})}{\partial s_{kp}^{mv}}+\\
&\sum_{i,j}\left(w_v A_{ij}(X_{ki}^{v}-X_{kj}^{v})\left(\frac{\partial X(\boldsymbol{S}^{v})_{ki}}{\partial s_{kp}^{mv}}-\frac{\partial X(\boldsymbol{S}^{v})_{kj}}{\partial s_{kp}^{mv}}\right)\right)+\\
&\lambda_2\sum_{i,j,v'}\left(w^{v'}w^{v}(G(\boldsymbol{X}(\boldsymbol{S}^{v}))_{ij}-G(\boldsymbol{X}(\boldsymbol{S}^{v'}))_{ij})\frac{\partial G(\boldsymbol{X}(\boldsymbol{S}^{v}))_{ij}}{\partial s_{kp}^{mv}}\right)
\end{aligned}
\tag{5-30}
$$

式中：$\partial X(\boldsymbol{S}^{v})_{kn}/\partial s_{kp}^{mv}$ 计算方式与$\partial X(\boldsymbol{S})_{kn}/\partial s_{kp}^{m}$ 类似。$\dfrac{\partial G(\boldsymbol{X}(\boldsymbol{S}^{v}))_{ij}}{\partial s_{kp}^{mv}}$可以表达为 $G(\boldsymbol{X}(\boldsymbol{S}^{v}))_{ij}(-2(X(\boldsymbol{S}^{v})_{ki}-X(\boldsymbol{S}^{v})_{kj}))\left(\dfrac{\partial X(\boldsymbol{S}^{v})_{ki}}{\partial s_{kp}^{mv}}-\dfrac{\partial X(\boldsymbol{S}^{v})_{kj}}{\partial s_{kp}^{mv}}\right)$。

5.2.3　评论和复杂性分析

在多视图聚类中，每个样本都与来自不同视图的多个特征相关联，这些特征通常包含彼此互补的信息，目的是解决多个视图之间复杂的相关性问题。大多数多视图聚类方法通过学习多视图数据的统一表或样本间的公共图结构进行数据划分。在MUSLA 模型中，从不同长度的关键多元子序列学习到的特征视为不同的视图，并且根据不同视图上的特征学习多元时间序列样本间的公共图结构。事实上，在 USLA 模型中，多个关键多元子序列的长度可能不一致，并且不同长度的多元子序列包含原始多元时间序列上不同的时间信息。然而，基于不同长度的关键多元子序列的 USLA 模型与基于等距多元关键多元子序列模型性能差不多。也就是说，USLA 模型在自适应学习样本的近邻结构的过程中忽略了不同长度的关键多元子序列间的相关性，它认为不同长度的关键多元子序列学习到的特征是没有区分的。MUSLA 模型不仅将不同长度的关键多元子序列学习到的特征视为不同的视图，而且会自动确定这些特征的权重。此外，MUSLA 模型使用多视图自适应近邻聚类模型[13]来指导关键多元子序列的更新。通过这种方式，MUSLA 模型不仅可以在多元时间序列样本中学习更有效的近邻图结构，而且可以获得包含更多聚类信息的关键多元子序列。

可以看出，MUSLA 模型在学习过程中依次迭代更新 $\boldsymbol{A}$，$\boldsymbol{Y}$，$\boldsymbol{S}^{v}$。如算法 5.3 所示，需要迭代计算 $\{\boldsymbol{X}^{v}\}_{v=1}^{V}$ 和 $\{\boldsymbol{H}(\boldsymbol{S}^{v})\}_{v=1}^{V}$，它们的计算复杂度分别为 $O(MqNKVl)$ 和 $O(M^2l^2V^2K^2)$（其中，M 表示多元时间序列中的变量数目，q，l 表示最长变量的长度和最长子序列的长度，N 表示多元时间序列样本集的大小，K 表示所有视图上子序列数目的最大值）。固定 $\{\boldsymbol{S}^{v}\}_{v=1}^{V}$，需要迭代更新 $\boldsymbol{A}$ 和 $\boldsymbol{Y}$ 直到收敛，其中 J 是最大迭代次数。当更新 $\boldsymbol{A}$、$\boldsymbol{w}$ 和 $\boldsymbol{Y}$ 时，它们的计算复杂度分别为 $O(N^2VK+N^2c)$、$O(N^2VK)$和 $O(N^3)$（其中 c 表示簇数）。因此，当更新 $\boldsymbol{A}$ 和 $\boldsymbol{Y}$ 直到收敛时，需要 $O(JN^2(2VK+c+N))$的时间复杂度；更新 $\boldsymbol{S}^{v}$ 时，需要 $O(i_{\max}(M^2q^2N^2V^2+M^2l^2V^2K^2+N^2VK))$的时间复杂度（其中，$i_{\max}$ 是更新 $\boldsymbol{S}^{v}$ 中的最大迭代次数）。综

上所述,MULSA 模型的复杂度为 $O(I(MqNKVl+M^2l^2V^2K^2+JN^2(2VK+c+N)+i_{\max}(M^2q^2N^2V^2+M^2l^2V^2K^2+N^2VK)))$(其中,$I$ 是 MUSLA 的最大迭代次数)。由于 $V,K,c\leqslant N$,MUSLA 模型的时间复杂度可以写成 $O(I(JN^3+M^2q^2N^2V^2i_{\max}))$。同理,USLA 的时间复杂度为 $O(I(JN^3+M^2q^2N^2i_{\max}))$。可以看出,MUSLA 模型的计算复杂度与 USLA 模型差不多。

5.3 实验与分析

在本节中,在 AMD Ryzen 9 3900X 12CPU、Nvidia GeForce RTX 2060 GPU 和 32 GB RAM 的工作站上将提出的 MUSLA 模型与最新的多元时间序列方法在真实世界的多元时间序列数据集上进行比较。

5.3.1 实验设置

如表 5-2 所列,本节所使用的数据集是真实世界数据集,样本维数从 2～24 不等,长度从 45～2 500 不等,具体如下:

表 5-2 基准多元时间序列数据集的详细信息

数据集	训练样本	测试样本	序列维数	序列长度	类别数目
ArticularyWordRecognition	275	300	9	144	25
AtrialFibrillation	15	15	2	640	3
BasicMotions	40	40	6	100	4
Epilepsy	137	138	3	206	4
ERing	30	30	4	65	6
HandMovementDirection	320	147	10	400	4
Libras	180	180	2	45	15
NATOPS	180	180	24	51	6
StandWalkJump	12	15	4	2 500	3
UWaveGestureLibrary	120	320	3	315	8

- ArticularyWordRecognition 数据集[14]包括 EMA 数据集的 9 个维度,其中包含以英语为母语的人士收集的数据。
- AtrialFibrillation 数据集[15]记录了房颤的 5 s 双通道心电图信号。
- BasicMotions 数据集[16]记录了 4 名学生进行 4 项活动(站立、步行、跑步和打羽毛球)的加速度计和陀螺仪数据。
- Epilepsy 数据集[17]是从 6 名参与者身上收集的他们在主导手腕上使用三轴加速度计,同时进行 4 种不同的活动(步行、跑步、锯切和模仿癫痫发作)。

- ERing 数据集[18]记录了6种手和手指的姿势，包括大拇指、食指和中指的电场感应。
- HandMovementDirection 数据集①记录了两名受试者在听到提示后仅用手和手腕在他们选择的4个方向之一移动操纵杆的脑磁图数据。
- Libras 数据集[19]是从两个手部运动视频中获得的。在视频预处理中，从每个视频中选取45帧进行时间归一化。
- NATOPS 数据集[20]通过手、肘、手腕和拇指上的传感器记录了6次海军航空训练和操作程序标准化运动。
- StandWalkJump 数据集[21]记录了一名25岁健康男性进行不同体育活动的短时心电图信号，其中每个维度都是频谱图中的一个频段。
- UWaveGestureLibrary 数据集[22]记录了8个简单手势的加速度计数据。这些手势对应于来自8个参与者的VTT词汇表，其中包括基于Wii遥控器的原型。

本章将MUSLA与10种代表性的多元时间序列聚类方法进行了比较：① 基于降维的方法，包括MC2PCA模型[8]、SWMDFC模型[9]和TCK模型[23]；② 经典的基于距离的方法，包括m-kAVG+ED模型[10]、m-kDBA模型[10]、m-kShape模型[10]和m-KSC[10]；③ 基于深度学习的方法，如USRL模型[24]和DeTSEC模型[12]；④ 多视图学习方法，例如NESE模型[25]。

- MC2PCA模型：基于公共成分分析的多元时间序列聚类模型。MC2PCA模型结合公共成分分析和k均值聚类，可以得到用于多元时间序列聚类的公共投影。
- SWMDFC模型：基于变量主成分分析和模糊聚类的多元时间序列聚类模型。SWMDFC模型首先利用基于变量主成分分析降低每个变量的维数，然后利用基于空间加权矩阵距离的模糊聚类进行多元时间序列聚类。
- TCK模型：基于相似度度量的多元时间序列聚类核模型。TCK模型提出一个有效的内核函数，可以学习具有缺失数据的多元时间序列间的相似性。
- m-kAVG+ED模型：基于kAVG+ED的多元时间序列聚类模型。
- m-kDBA模型：基于kDBA的多元时间序列聚类模型。
- m-kShape模型：基于kShape的多元时间序列聚类模型。
- m-KSC模型：基于KSC的多元时间序列聚类模型。m-KSC模型扩展了KSC模型来聚类多元时间序列，其用z-score互相关系数作为距离函数。
- USRL模型：面向多元时间序列的无监督大规模表示学习模型。USRL模型利用编码器架构和三元组损失来训练模型，模型可以处理可变长度的输入并获得稳定和高质量的特征。

① http://bbci.de/competition/iv/

- DeTSEC 模型：基于注意力门控自编码的深度多元时间序列聚类模型。DeTSEC 模型利用注意力和门控机制来获得多元时间序列数据的嵌入表示，其聚类结果是在嵌入表示上使用 k 均值聚类获得的。
- NESE 模型：基于非负嵌入和谱嵌入的多视图谱聚类模型。在 NESE 中，多元时间序列的每个变量都被视为多视图聚类中的一个视图。

本章根据对比算法论文中的描述设置参数。由于关键多元子序列通常长度不等，因此在实验时将 USLA 模型划分成两种类型：基于等距多元子序列的 USLA 模型和基于不同长度的多元子序列的 USLA 模型。在基于等距多元子序列的 USLA 模型中，关键多元子序列的数量设置为 5，每个关键多元子序列的长度 l 选自每个变量时间序列{5%，10%，…，50%}的长度。在基于不同长度的多元子序列的 USLA 模型中，关键多元子序列的最小长度 l_v 选自长度的每个变量时间序列{5%，10%，…，25%}的长度，关键多元子序列以系数 r 扩展到不同的长度，即{$l_{\min}$，$2\times l_{\min}$，…，$r\times l_{\min}$}（其中，r 选自{2，3}，并且每种长度的关键多元子序列数量设置为 5）。为了比较，MUSLA 的关键多元子序列的参数空间与基于不同长度的多元子序列的 USLA 模型相同。在 USLA 和 MUSLA 中，正则化参数 λ_0，λ_1，λ_2 选自{10^{-4}，10^{-2}，10^0，10^2，10^4}，参数 μ 选自{0，0.5，1}，内部迭代次数 $i_{\max}$ 设置为 50，学习率 η 设置为 0.01。对于所有算法，聚类结果由以前工作中被广泛使用的评估指标（RI 和 NMI）来衡量[3,4]。对这两个评估指标，值越大表示性能越好。

5.3.2 算法比较与分析

1. 算法比较与分析概述

本章首先在多元时间序列基准数据集上测试 MUSLA 模型和对比算法的性能。表 5-3 和表 5-4 分别列出了 MUSLA 模型与对比算法在多元时间序列数据集中的 RI 指标和 NMI 指标上的性能比较。可以看出，在总共 10 个基准数据集中，MUSLA 模型在 6 个数据集上的 RI 指标取得最优性能，并在 7 个数据集上的 NMI 指标取得最优性能。MUSLA 模型在 RI 指标和 NMI 指标上的“Rank Mean”得分最低，明显低于对比算法。与所有代表性算法相比，MUSLA 模型在“Arithmetic Mean”方面的提升最低超过 6.94% RI 和 29.72% NMI（在“Geometric Mean”方面超过 6.79% RI 和 29.72% NMI）。所有这些实验结果表明，MUSLA 模型是一种强有力的多元时间序列聚类方法。

表 5-3 MUSLA 模型和对比算法在 RI 指标上的性能比较

数据集	MC2PCA	SWMDFC	TCK	m-kAVG+ED	m-kDBA	m-kShape
ArticularyWordRecognition	0.989 1	0.893 9	0.973 4	0.952 2	0.933 6	0.758 2
AtrialFibrillation	0.514 3	0.742 9	0.552 4	0.704 8	0.685 7	0.381 0

续表 5-3

数据集	MC2PCA	SWMDFC	TCK	m-kAVG+ED	m-kDBA	m-kShape
BasicMotions	0.791 0	0.701 3	0.867 9	0.771 8	0.748 7	0.524 4
Epilepsy	0.612 6	0.666 6	0.785 6	0.768 4	0.777 1	0.513 6
ERing	0.756 3	0.772 4	0.772 4	0.804 6	0.774 7	0.770 1
HandMovementDirection	0.627 2	0.652 7	0.635 3	0.696 8	0.685 3	0.572 8
Libras	0.892 0	0.861 1	0.917 1	0.911 1	0.913 3	0.660 5
NATOPS	0.881 8	0.761 0	0.833 4	0.852 5	0.875 5	0.653 4
StandWalkJump	0.590 5	0.723 8	0.761 9	0.733 3	0.695 2	0.348 5
UWaveGestureLibrary	0.882 8	0.824 6	0.913 0	0.920 4	0.893 4	0.801 5
Arithmetic Mean ↑	0.753 8	0.760 0	0.801 2	0.811 6	0.798 3	0.598 4
Geometric Mean ↑	0.738 0	0.756 3	0.790 8	0.806 9	0.792 9	0.577 7
Absolute Wins ↑	1	1	0	0	0	0
MUSLA 1 to 1[a]	9/0/1	9/0/1	9/1/0	9/0/1	10/0/0	10/0/0
Rank Mean ± Rank Std ↓	6.60±2.73	7.30±2.97	4.50±1.86	4.30±1.90	5.20±1.72	10.40±1.20
数据集	m-kSC	USRL	DeTSEC	NESE	MUSLA	
ArticularyWordRecognition	0.951 0	0.973 0	0.971 8	0.975 6	0.976 8	
AtrialFibrillation	0.657 1	0.200 0	0.628 6	0.619 0	0.723 8	
BasicMotions	0.771 8	1	0.716 5	0.744 9	1	
Epilepsy	0.604 4	0.971 0	0.839 7	0.889 7	0.815 7	
ERing	0.749 4	0.133 0	0.770 1	0.754 0	0.841 4	
HandMovementDirection	0.692	0.351 0	0.627 5	0.592 0	0.719 4	
Libras	0.922 7	0.883 0	0.907	0.908 7	0.941 2	
NATOPS	0.834 8	0.917 0	0.714 3	0.763 7	0.976 0	
StandWalkJump	0.657 1	0.402 0	0.733 3	0.647 6	0.771 4	
UWaveGestureLibrary	0.925 9	0.884 0	0.879 0	0.855 3	0.912 9	
Arithmetic Mean ↑	0.776 6	0.671 4	0.778 8	0.775 0	0.867 9	
Geometric Mean ↑	0.767 4	0.550 1	0.770 9	0.765 0	0.861 7	
Absolute Wins ↑	1	1.5	0	0	5.5	
MUSLA 1 to 1[a]	9/0/1	8/1/1	9/0/1	9/0/1	—	
Rank Mean ± Rank Std ↓	5.70±2.97	6.80±3.89	6.50±2.16	6.90±2.39	1.80±1.17	

[a] $x/y/z$ 表示 MUSLA 模型 1v1 比较的结果，分别是赢/平/输的数目。

表 5-4 MUSLA 模型和对比算法在 NMI 指标上的性能比较

数据集	MC2PCA	SWMDFC	TCK	m-kAVG+ED	m-kDBA
ArticularyWordRecognition	0.933 8	0.523 3	0.873 1	0.833 6	0.740 9
AtrialFibrillation	0.514 3	0.532 1	0.191 3	0.515 5	0.316 5
BasicMotions	0.673 6	0.510 3	0.776 4	0.543 2	0.638 8
Epilepsy	0.172 6	0.19	0.533 5	0.408 9	0.470 7
ERing	0.335 7	0.422 3	0.399 1	0.400 3	0.405 8
HandMovementDirection	0.067 1	0.151 2	0.103 3	0.168 3	0.264 8
Libras	0.577 3	0.500 1	0.620 2	0.622	0.622 4
NATOPS	0.697 9	0.471 6	0.679 3	0.643	0.642 7
StandWalkJump	0.349 5	0.482 9	0.535 6	0.558 7	0.465 8
UWaveGestureLibrary	0.570 1	0.481 8	0.71	0.713 4	0.582 4
Arithmetic Mean ↑	0.489 2	0.426 6	0.542 2	0.540 7	0.515 1
Geometric Mean ↑	0.398 5	0.395 9	0.463 4	0.502 4	0.491 5
Absolute Wins ↑	1	0	0	0	0
MUSLA 1 to 1[a]	9/0/1	10/0/0	9/0/1	10/0/0	10/0/0
Rank Mean ± Rank Std ↓	6.00±2.93	6.40±2.76	4.50±2.01	4.10±1.45	4.80±1.78
数据集	m-kShape	m-kSC	DeTSEC	NESE	MUSLA
ArticularyWordRecognition	0.343 5	0.842 7	0.792 2	0.848 6	0.838 2
AtrialFibrillation	0.116 3	0.387	0.292 8	0.346 1	0.538 4
BasicMotions	0.340 5	0.553 9	0.8	0.525	1
Epilepsy	0.163 2	0.381 1	0.345 5	0.76	0.600 8
ERing	0.268 3	0.347 8	0.392 3	0.377 8	0.722 3
HandMovementDirection	0.078 9	0.151	0.112 1	0.030 2	0.397 9
Libras	0.447 4	0.724 4	0.601 5	0.541 8	0.724 3
NATOPS	0.339 2	0.599 8	0.042 6	0.313 9	0.855 1
StandWalkJump	0.116 3	0.460 8	0.555 5	0.398 5	0.608 8
UWaveGestureLibrary	0.419 4	0.758 2	0.557 5	0.558 8	0.727 7
Arithmetic Mean ↑	0.263 3	0.520 7	0.449 2	0.470 1	0.701 4
Geometric Mean ↑	0.226	0.472	0.342 7	0.371 9	0.680 8
Absolute Wins ↑	0	1.5	0	1	6.5
MUSLA 1 to 1[a]	10/0/0	7/1/2	10/0/0	8/0/2	—
Rank Mean ± Rank Std ↓	9.60±0.80	4.90±2.21	6.30±2.24	6.70±2.61	1.70±1.19

[a] $x/y/z$ 表示 MUSLA 模型 1v1 比较的结果，分别是赢/平/输的数目。

从表 5－3 和表 5－4 中可以得出以下结论：① MUSLA 模型在“Arithmetic Mean”、“Geometric Mean”和“Rank Mean”方面明显优于基于降维的方法（即 MC2PCA 模型、SWMDFC 模型和 TCK 模型）。但是，MUSLA 在 ArticularyWordRecognition 数据集上略逊于 MC2PCA 模型，在 AtrialFibrilation 数据集上的 RI 得分略低于 SWMDFC 模型，在 ArticularyWordRecognition 数据集上的 NMI 得分略低于 TCK 模型。主要原因可能是基于降维的方法可以在这两个数据集上提取更有效的表示。② 与经典的基于距离的方法相比，MUSLA 模型仅在 UWaveGestureLibrary 数据集上略逊于 m－kAVG＋ED 模型和 m－KSC 模型。换句话说，MUSLA 模型在“Arithmetic Mean”、“Geometric Mean”和“Rank Mean”方面明显优于传统的基于距离的方法（即 m－kAVG＋ED 模型、m－kDBA 模型、m－kShape 模型和 m－KSC 模型）。③ MUSLA 模型在 Epilepsy 数据集上仅次于基于深度学习的方法（即 USRL 模型和 DeTSEC 模型）。此外，MUSLA 模型仅在 Epilepsy 数据集上的性能略逊于多视图学习方法（即 NESE）。这些结果表明，MUSLA 模型可以学习更多信息丰富的关键多元子序列和基于关键多元子序列的表示。

接着，本章在表 5－5 中报告了 MUSLA 模型和其他对比算法的训练时间，其中给出了 DeTSEC 模型的 GPU 时间和其他模型的 CPU 时间。可以看出，与其他方法相比，SWMDFC 模型和 NESE 模型在计算速度上有明显的优势。还可以发现：① 在基于降维的方法中，MC2PCA 模型和 TCK 模型的计算复杂度明显高于 SWMDFC 模型。其主要原因是 MC2PCA 模型利用基于公共投影的重构误差来实现多元时间序列聚类，而 TCK 需要计算所有多元时间序列实例之间的相似度。② 虽然 GPU 可以加速模型的训练，但基于深度学习的方法（例如 DeTSEC 模型）仍然需要最长的运行时间。③ 与其他方法相比，MUSLA 模型和基于不同长度的多元子序列的 USLA 模型花费的运行时间仅比深度学习少。另外，MUSLA 模型的运行时间比基于不同长度的多元子序列的 USLA 模型稍长，这也说明了 MUSLA 模型的计算复杂度与 USLA 模型大致相同。

表 5－5　MUSLA 模型和对比算法的的训练时间

s

数据集	MC2PCA	SWMDFC	TCK	m－kAVG＋ED	m－kDBA	m－kShape
ArticularyWordRecognition	553.402 5	0.186 3	41.411 9	51.883 9	131.155 2	65.224 4
AtrialFibrillation	44.241 0	0.074 1	0.602 1	1.932 3	1.957 6	1.938 9
BasicMotions	0.543 4	0.017 9	0.730 8	0.749 2	0.821 9	2.304 5
Epilepsy	36.277 8	0.021 0	7.072 9	2.560 7	1.504 5	3.056 7
ERing	1.903 2	0.007 0	0.662 0	0.498 0	0.454 9	0.356 2
HandMovementDirection	71.402 6	0.158 9	12.666 6	22.484 2	36.230 6	7.015 4
Libras	1.055 6	0.016 5	6.771 1	1.730 0	4.737 7	1.646 4

续表 5-5

数据集	MC2PCA	SWMDFC	TCK	m-kAVG+ED	m-kDBA	m-kShape
NATOPS	219.437 3	0.057 9	13.033 8	20.021 5	13.780 2	43.032 2
StandWalkJump	608.283 9	4.538 1	0.427 4	296.746 2	175.832 7	177.447 9
UWaveGestureLibrary	154.479 6	0.068 5	6.704 1	9.416 4	26.327 2	35.148 0
数据集	m-kSC	DeTSEC	NESE	USLA	MUSLA	
ArticularyWordRecognition	48.653 6	7 452.764	2.257 2	704.103 1	776.592 6	
AtrialFibrillation	1.951 2	7 241.828	0.039 2	92.029 6	89.023 6	
BasicMotions	0.768 5	2 788.55	0.080 5	23.415	23.957 6	
Epilepsy	0.862 5	1 358.058	0.094 4	156.841	159.213 4	
ERing	0.851 2	5 245.868	0.059 4	17.306 3	17.912 1	
HandMovementDirection	7.069	8 554.121	0.253 3	702.3	719.616 3	
Libras	1.913 8	1 547.761	0.101 2	27.854 9	28.395 6	
NATOPS	39.563 8	1 690.179	1.028 3	338.677 5	328.009 8	
StandWalkJump	100.256 9	24 277.07	0.034 2	20 362.42	20 239.17	
UWaveGestureLibrary	16.135 5	16 514.04	0.279 2	520.211 8	527.946	

然后，我们在多元时间序列基准数据集上测试 USLA 和 MUSLA 的性能。图 5-2 所示为基于等距子序列的 USLA 和基于不同长度子序列的 USLA 在多元时间序列数据集中的 RI 指标和 NMI 指标上的性能比较。

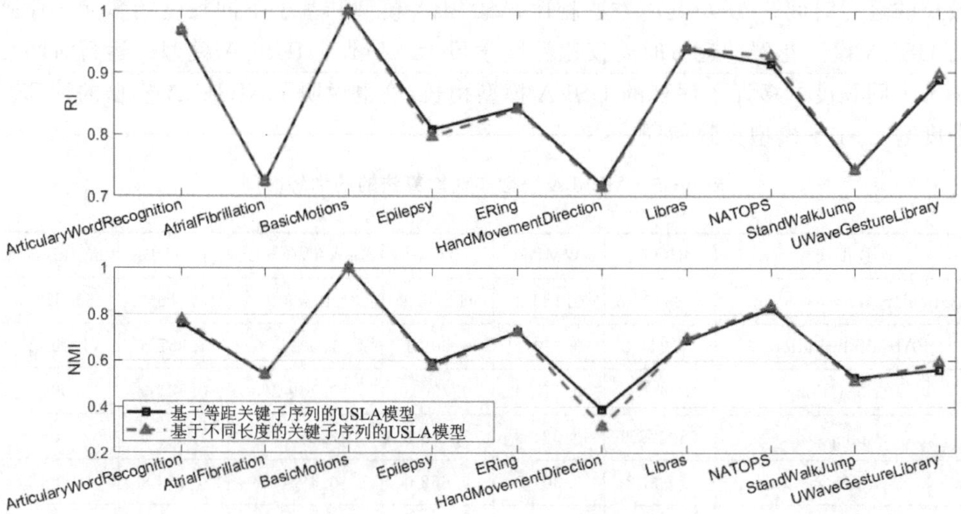

图 5-2　基于等距子序列的 USLA 和基于不同长度子序列的 USLA 的性能比较

从图 5－2 可以发现，两种类型的 USLA 在“Arithmetic Mean”“Geometric Mean”方面都优于其他对比算法，这表明 USLA 是一种有效的多元时间序列聚类方法。USLA 依次进行关键多元子序列学习与样本间的局部图结构学习，这可能是 USLA 表现更好的主要原因。USLA 模型可以根据基于关键多元子序列的特征自适应学习样本的近邻结构，并通过对稀疏的近邻结构进行划分获得最终的聚类结果，聚类结果提供了一种监督学习方式来指导关键多元子序列学习。此外，基于等距子序列的 USLA 在 NATOPS 和 UWaveGestureLibrary 数据集上的表现优于基于不同长度子序列的 USLA，而在 Epilepsy 和 HandMovementDirection 数据集上的表现略逊于基于不同长度子序列的 USLA。此外，与基于等距子序列的 USLA 相比，基于不同长度子序列的 USLA 在“Arithmetic Mean”方面实现了 0.07% RI 提升和 0.58% NMI 降低。从不同长度的关键多元子序列学习到的基于关键多元子序列的特征都可以表示多元时间序列实例，并且通常包含彼此互补的信息。

然而，基于不同长度的关键多元子序列的 USLA 模型与基于等距的关键多元子序列模型性能差不多，这可能是因为从不同长度的关键多元子序列学习到的特征在自适应的近邻结构学习过程中被视为同等重要。换句话说，USLA 模型忽略了从不同长度的关键多元子序列学习到的特征间的相关性。接下来，图 5－3 所示为 MUSLA 模型和基于不同长度的多元子序列的 USLA 在多元时间序列数据集中的 RI 指标和 NMI 指标上的性能比较。与 USLA 模型相比，MUSLA 模型不仅将不同长度的关键多元子序列学习到的特征视为不同的视图，而且会自动确定不同视图上特征的权重。换句话说，基于不同长度的多元子序列的 USLA 可以看作是 MUSLA 的消融模型。可以看出，MUSLA 在大多数多元时间序列数据集上的表现优于基于不同长度的多元子序列的 USLA。此外，与基于不同长度的多元子序列的 USLA 模型相

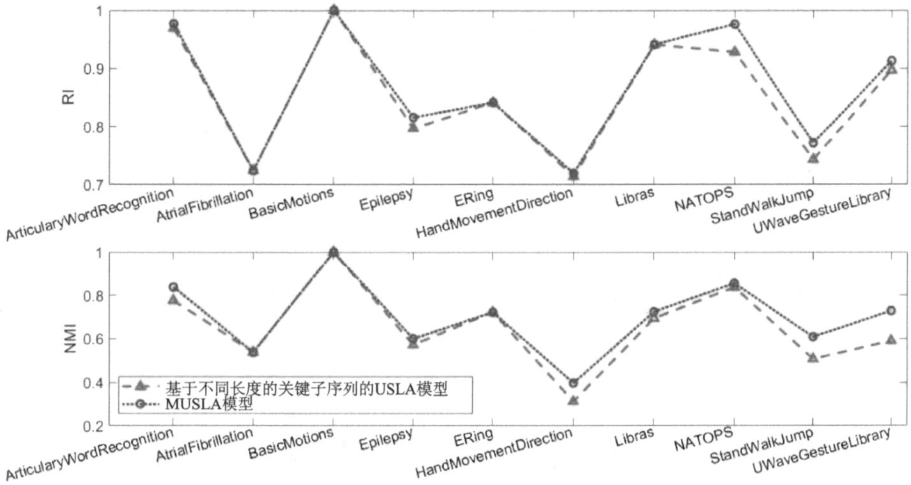

图 5－3　MUSLA 和基于不同长度的多元子序列的 USLA 的性能比较

比，MUSLA 模型在“Arithmetic Mean”方面实现了 1.46% RI 提升和 7.05% NMI 提升。结果表明，与 USLA 模型相比，MUSLA 模型可以学习得到信息更为丰富的关键多元子序列。

2. 参数分析

在 USLA 模型和 MUSLA 模型中存在 3 个关键参数：多元子序列的数量、多元子序列的长度和超参数 μ。本章以基于等距多元子序列的 USLA 模型为例来测试这 3 个参数对所提出模型的影响。首先测试多元子序列的不同数量和不同长度对 USLA 性能的影响。图 5-4 所示为基于等距多元子序列的 USLA 模型在 4 个数据集上使用多元子序列的不同数量和不同长度时的 RI 和 NMI 变化，其中多元子序列的数量从 1 到 10 不等，多元子序列的长度从多元时间序列长度的 0.05 到 0.5 不等。可以看到，基于等距多元子序列的 USLA 模型的 RI 和 NMI 值在右侧的区域达到峰值。换句话说，USLA 模型的性能随着多元子序列数量的增加而增加，但在多元子序列的数量过多时增加的速率急剧下降，这也是本章中多元子序列的数量固定为 5 的原因。

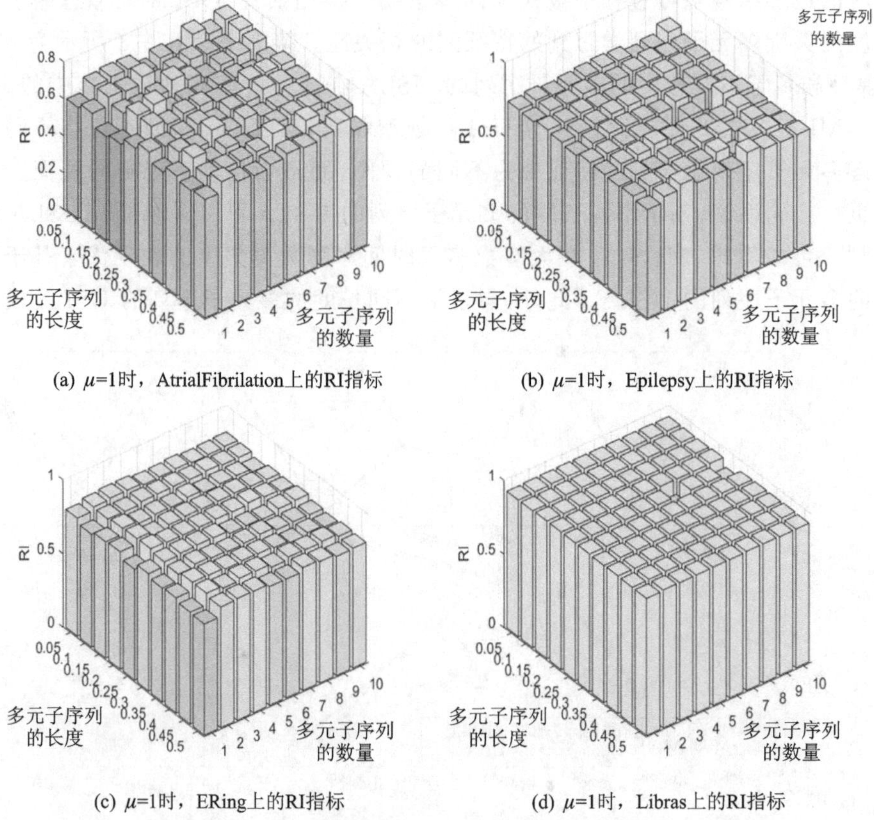

(a) μ=1时，AtrialFibrilation上的RI指标

(b) μ=1时，Epilepsy上的RI指标

(c) μ=1时，ERing上的RI指标

(d) μ=1时，Libras上的RI指标

图 5-4 USLA 在多元子序列的不同数量和不同长度上的性能变化

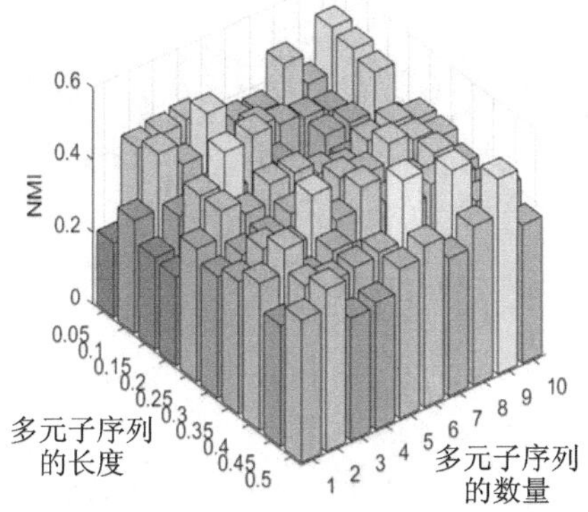

(e) μ=1时，AtrialFibrilation上的NMI指标

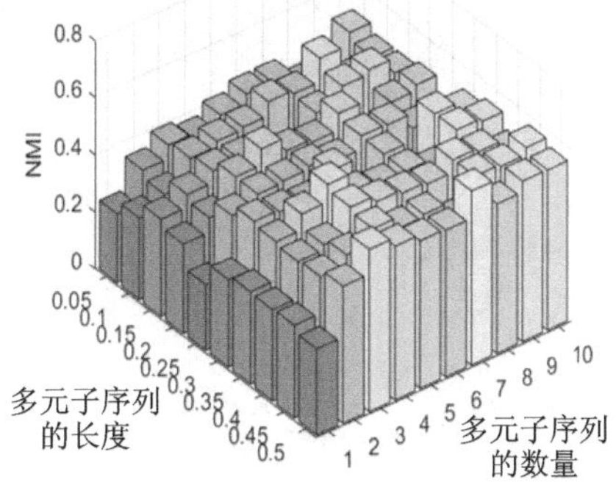

(f) μ=1时，Epilepsy上的NMI指标

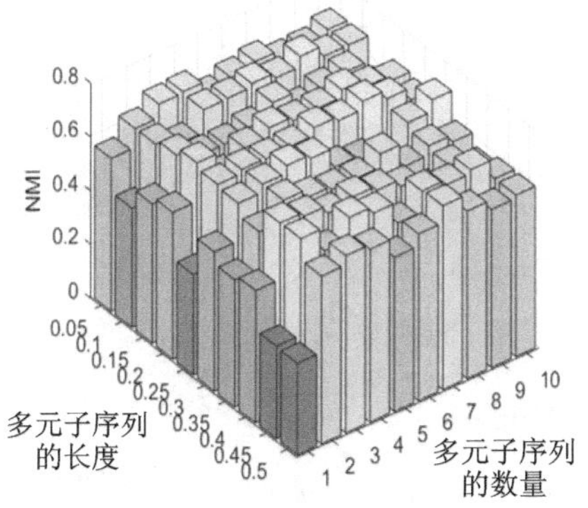

(g) μ=1时，ERing上的NMI指标

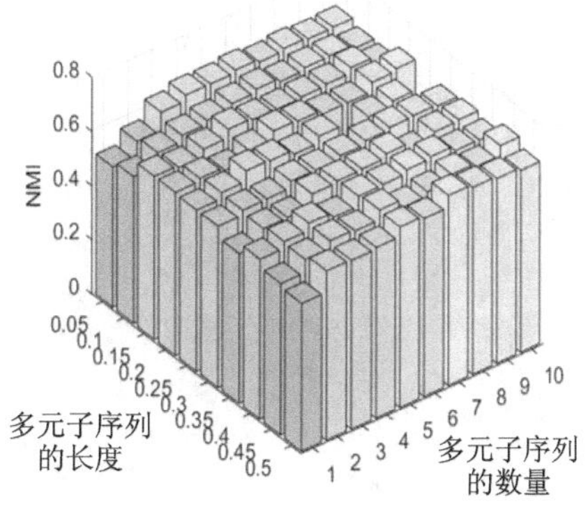

(h) μ=1时，Libras上的NMI指标

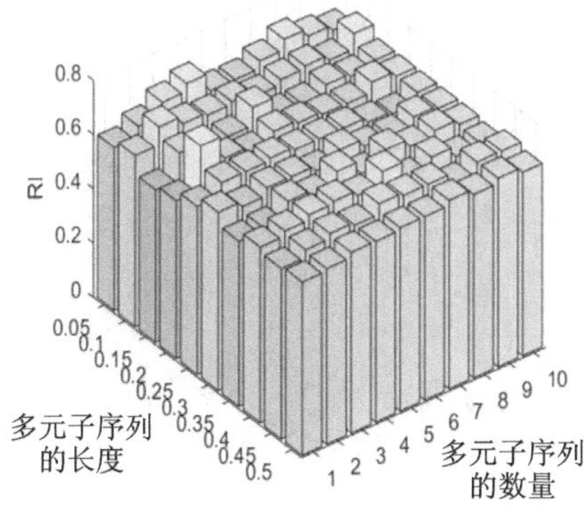

(i) μ=0时，AtrialFibrilation上的RI指标

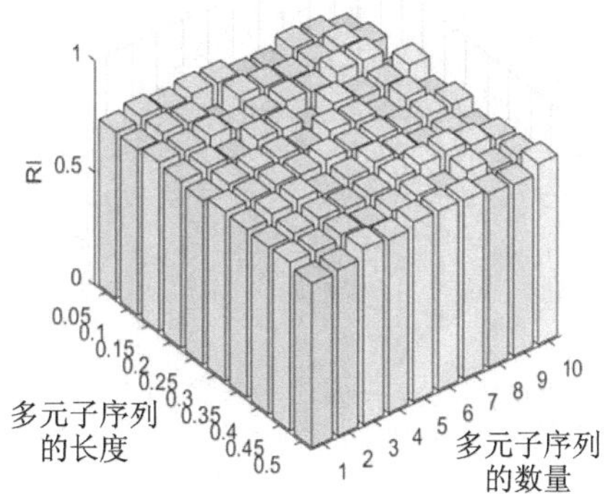

(j) μ=0时，Epilepsy上的RI指标

图 5-4　USLA 在多元子序列的不同数量和不同长度上的性能变化(续)

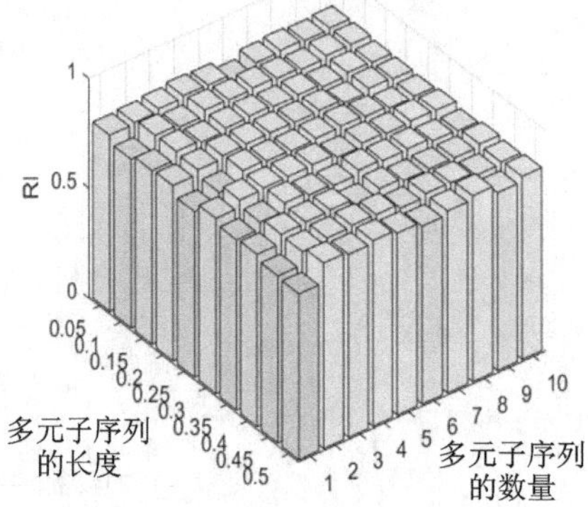

(k) μ=0时，ERing上的RI指标

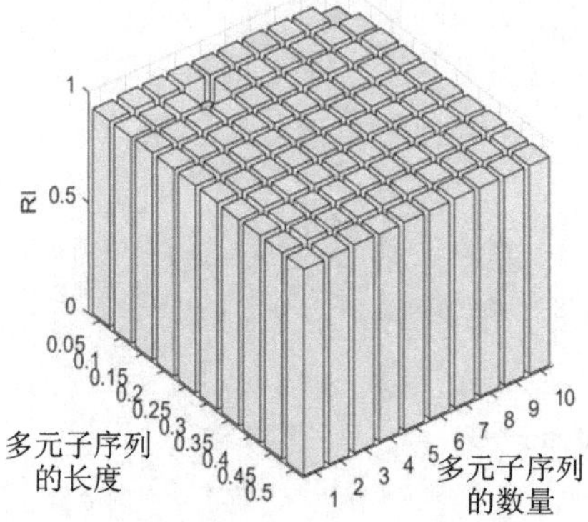

(l) μ=0时，Libras上的RI指标

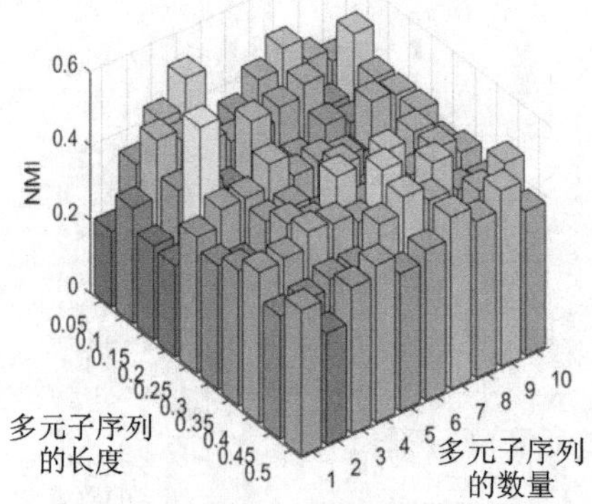

(m) μ=0时，AtrialFibrilation上的NMI指标

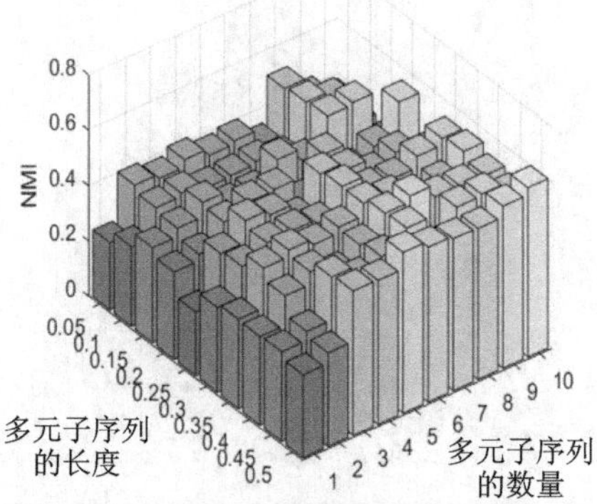

(n) μ=0时，Epilepsy上的NMI指标

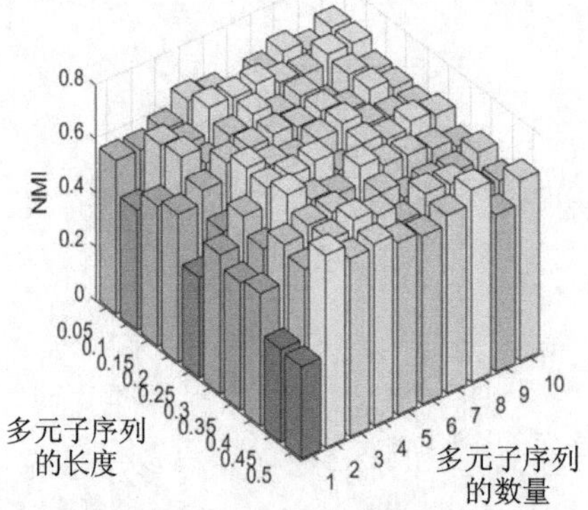

(o) μ=0时，ERing上的NMI指标

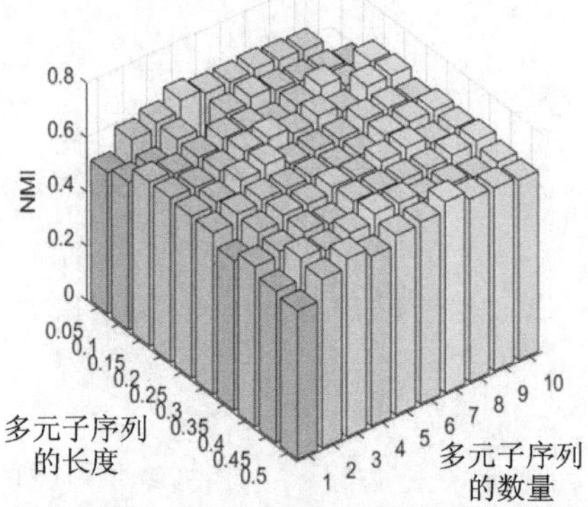

(p) μ=0时，Libras上的NMI指标

图 5－4　USLA 在多元子序列的不同数量和不同长度上的性能变化(续)

下面测试多元子序列的不同长度和不同 μ 值对 USLA 性能的影响。图 5-5 所示为基于等距多元子序列的 USLA 模型在 4 个数据集上使用多元子序列的不同数量和不同的 μ 值时的 RI 和 NMI 变化，其中多元子序列的长度从多元时间序列长度的 0.05 到 0.5 不等、μ 的值从 0 到 1。超参数 μ 是基于多元子序列的表示学习中的平衡参数，其中，$\mu=0$ 表示权重 $\boldsymbol{\beta}_k$ 由路由协议机制确定，$\mu=1$ 表示权重 $\boldsymbol{\beta}_k$ 是多个均等的固定权重变量组成。可以发现，基于等距多元子序列的 USLA 模型的 RI 和 NMI 值在左中区域达到峰值，验证了通过协议路由机制有助于学习更多可区分的基于多元子序列的特征。

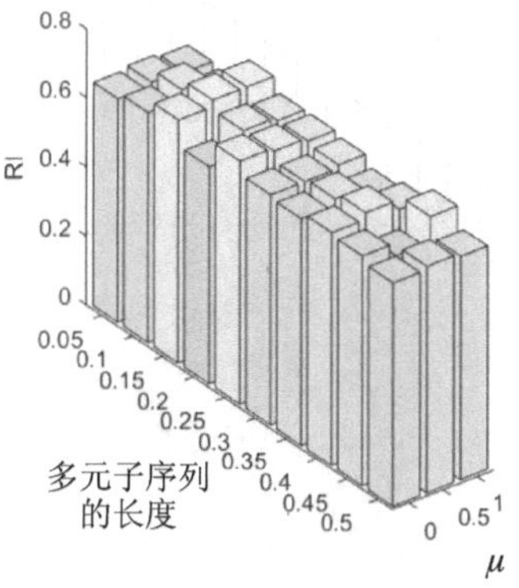

(a) AtrialFibrilation上的RI指标

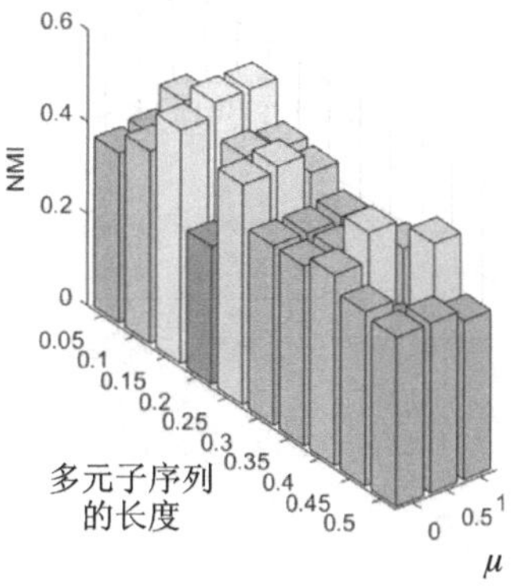

(b) AtrialFibrilation上的NMI指标

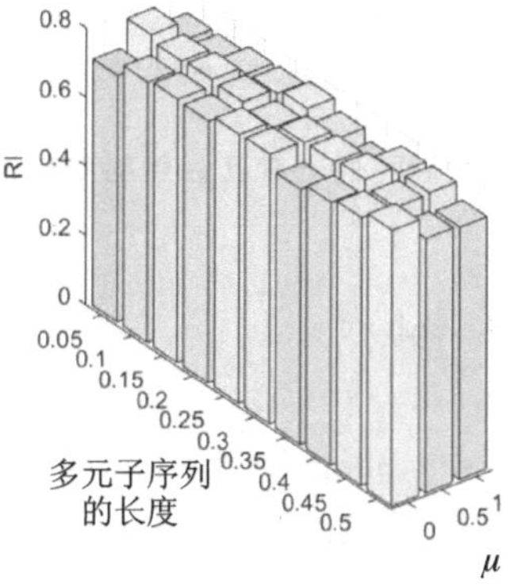

(c) Epilepsy上的RI指标

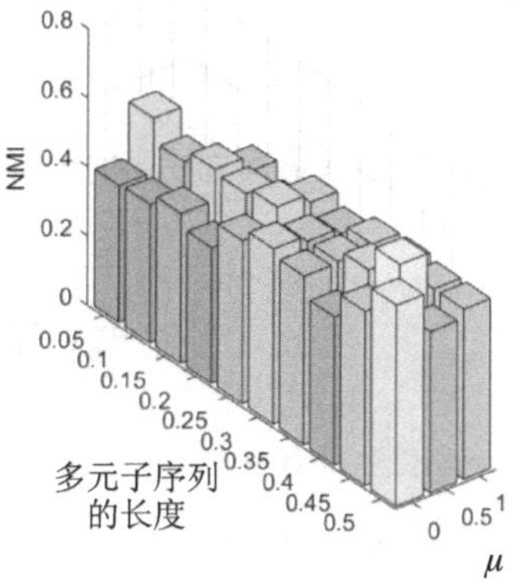

(d) Epilepsy上的NMI指标

图 5-5　USLA 在多元子序列的不同长度和不同 $\boldsymbol{\mu}$ 值上的性能变化

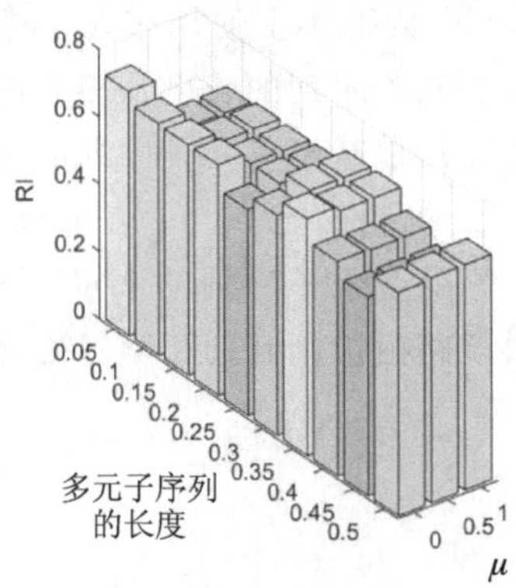

(e) ERing上的RI指标

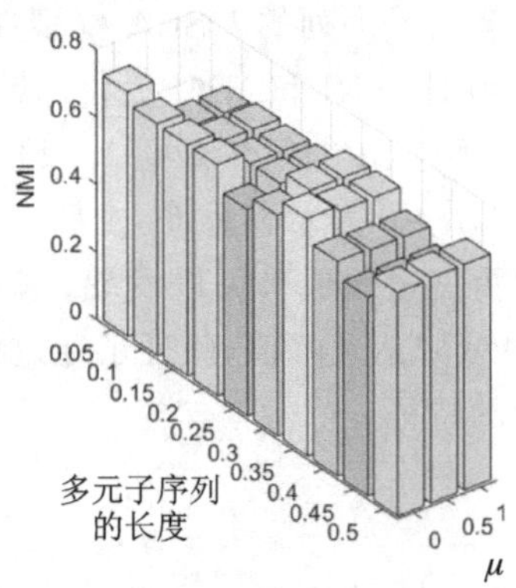

(f) ERing上的NMI指标

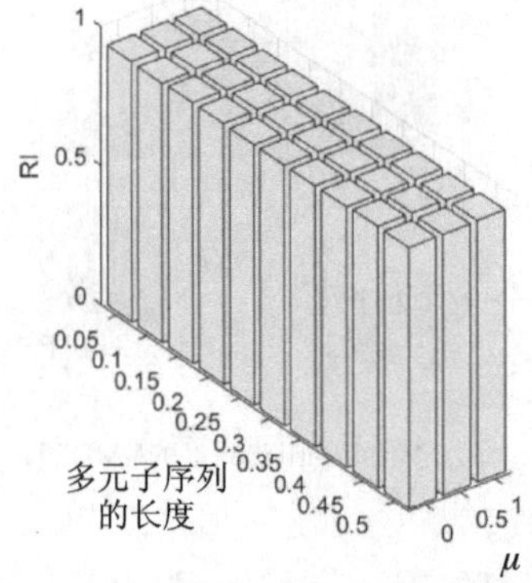

(g) Libras上的RI指标

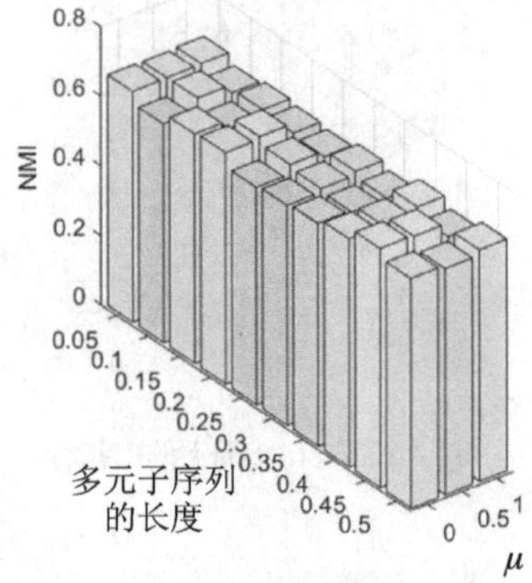

(h) Libras上的NMI指标

图 5－5　USLA 在多元子序列的不同长度和不同 μ 值上的性能变化(续)

参考文献

[1] Zhang N, Sun S. Multiview Unsupervised Shapelet Learning for Multivariate Time Series Clustering[J]. EEE Transactions on Pattern Analysis and Machine Intelligence, 2022, 1-16. DOI: 10.1109/TPAMI.2022.3198411.

[2] Ye L, Keogh E. Time series shapelets: a new primitive for data mining[C]//Proceedings of ACM SIGKDD International Conference on Knowledge Discovery and Data Mining. Paris: ACM, 2009: 947-956.

[3] Zakaria J, Mueen A, Keogh E. Clustering time series using unsupervised-shapelets[C]//Proceedings of IEEE International Conference on Data Mining. Brussels: IEEE Computer Society, 2012: 785-794.

[4] Zhang Q, Wu J, Zhang P, et al. Salient subsequence learning for time series clustering[J]. IEEE Transactions on Pattern Analysis and Machine Intelligence, 2019, 41(9): 2193-2207.

[5] Sabour S, Frosst N, Hinton G E. Dynamic routing between capsules[C]// Neural Information Processing Systems. Long Beach: Curran Associates, Inc., 2017: 3856-3866.

[6] Tarjan R. Depth-first search and linear graph algorithms[J]. SIAM Journal on Computing, 1972, 1(2): 146-160.

[7] Funk P, Xiong N. Discovering key sequences in time series data for pattern classification[C]//Proceedings of Industrial Conference on Data Mining. Leipzig: Springer, 2006: 492-505.

[8] Li H. Multivariate time series clustering based on common principal component analysis[J]. Neurocomputing, 2019, 349: 239-247.

[9] He H, Tan Y. Unsupervised classification of multivariate time series using VPCA and fuzzy clustering with spatial weighted matrix distance[J]. IEEE Transactions on Cybernetics, 2018, 50(3): 1096-1105.

[10] Ozer M, Sapienza A, Abeliuk A, et al. Discovering patterns of online popularity from time series[J]. Expert Systems with Applications, 2020, 151: 113337.

[11] Nie F, Wang X, Huang H. Clustering and projected clustering with adaptive neighbors[C]//Proceedings of ACM SIGKDD International Conference on Knowledge Discovery and Data Mining. New York City: ACM, 2014: 977-986.

[12] Ienco D, Interdonato R. Deep multivariate time series embedding clustering via attentive-gated autoencoder[J]. Advances in Knowledge Discovery and Data Mining, 2020, 12084: 318.

[13] Nie F, Cai G, Li X. Multi-view clustering and semi-supervised classification with adaptive neighbours[C]//Proceedings of AAAI Conference on Artificial Intelligence. San Francisco: AAAI Press, 2017: 2408-2414.

[14] Shokoohi-Yekta M, Hu B, Jin H, et al. Generalizing DTW to the multi-dimensional case requires an adaptive approach[J]. Data Mining and Knowledge Discovery, 2017, 31(1): 1-31.

[15] Moody G E. Spontaneous termination of atrial fibrillation: a challenge from physionet and computers in cardiology 2004[C]//Computers in Cardiology. Chicago: IEEE, 2004: 101-104.

[16] Bagnall A, Dau H A, Lines J, et al. The UEA multivariate time series classi-

fication archive[J]. arXiv preprint arXiv:1811.00075, 2018: 1-36.

[17] Villar J R, Vergara P, Menéndez M, et al. Generalized models for the classification of abnormal movements in daily life and its applicability to epilepsy convulsion recognition[J]. International Journal of Neural Systems, 2016, 26 (6): 1650037.

[18] Wilhelm M, Krakowczyk D, Trollmann F, et al. ERing: Multiple finger gesture recognition with one ring using an electric field[C]//Proceedings of International Workshop on Sensor-based Activity Recognition and Interaction. Rostock: ACM, 2015: 1-6.

[19] Dias D B, Madeo R C B, Rocha T, et al. Hand movement recognition for brazilian sign language: a study using distance-based neural networks[C]//Proceedings of International Joint Conference on Neural Networks. Atlanta: IEEE Computer Society, 2009: 697-704.

[20] Ghouaiel N, Marteau P F, Dupont M. Continuous pattern detection and recognition in stream-a benchmark for online gesture recognition[J]. International Journal of Applied Pattern Recognition, 2017, 4(2): 146-160.

[21] Behravan V, Glover N E, Farry R, et al. Rate-adaptive compressed-sensing and sparsity variance of biomedical signals[C]//Proceedings of International Conference on Wearable and Implantable Body Sensor Networks. Cambridge: IEEE, 2015: 1-6.

[22] Liu J, Zhong L, Wickramasuriya J, et al. uWave: Accelerometer-based personalized gesture recognition and its applications[J]. Pervasive and Mobile Computing, 2009, 5(6): 657-675.

[23] Mikalsen K Ø, Bianchi F M, Soguero-Ruiz C, et al. Time series cluster kernel for learning similarities between multivariate time series with missing data [J]. Pattern Recognition, 2018, 76: 569-581.

[24] Franceschi J Y, Dieuleveut A, Jaggi M. Unsupervised scalable representation learning for multivariate time series[C]//Neural Information Processing Systems. Vancouver: Curran Associates, Inc. , 2019:1-12.

[25] Hu Z, Nie F, Wang R, et al. Multi-view spectral clustering via integrating nonnegative embedding and spectral embedding [J]. Information Fusion, 2020, 55: 251-259.

第 6 章

不完整多视图非负表示学习模型

目前,多视图聚类已经成为机器学习和人工智能领域中的重要研究问题。在多视图聚类中,每个样本上不同视图的特征相互关联、彼此互补,多视图聚类的研究目标是发现多个视图之间的相关性并实现样本的无监督划分。大多数多视图聚类方法通常学习多视图数据的统一表示或样本间的公共图结构进行数据分组。而传统多视图聚类方法的一个重要假设是实例的所有视图都应该是完整的。在许多现实世界的多视图任务中,许多实例都缺乏部分视图,这导致很难对样本间的相关性进行建模。

多视图聚类中的视图缺失问题通常称为不完整多视图聚类问题。近年来,已经有一些方法来解决这个问题。基于图的方法是一种解决不完整多视图聚类问题的重要研究方法,其目标是在学习一致性特征的同时保留多个不完整视图之间的图结构信息。例如,IMG 模型[1]将包含完整视图和不完整视图的样本转化为统一的特征表示,并在此基础上学习一个公共图结构;IMSC_AGL 模型[2]可以同时进行不同视图上的子空间学习和一致性特征学习。矩阵分解方法是解决不完整多视图聚类问题的另一个研究方向,例如 PVC 模型[3]、MIC 模型[4]、OMVC 模型[5]、DAIMC 模型[6]和 OPIMC 模型[7]。基于矩阵分解的不完整多视图聚类方法通常引入包含缺失视图信息的加权矩阵,可以直观地处理不完整多视图聚类问题。与基于图的不完整多视图聚类方法相比,它们在样本间的非线性结构学习方面存在明显的缺点。

目前,有一些基于矩阵分解和图学习的不完整多视图聚类工作,例如 GPMVC 模型[8]和 GIMC_FLSD 模型[9]。GIMC_FLSD 模型可以灵活地进行局部结构学习和视图私有表示学习,其中所有视图私有表示都可以轻松转换为一致性表示。与基于图的不完整多视图聚类方法相比,GIMC_FLSD 通过对样本的近邻样本进行矩阵分解,可以更充分地利用样本间的局部几何信息,并自适应地学习不同视图的重要性。针对不完整多视图问题,不完整多视图非负表示学习(IMNRL)模型[10]继承了基于图和基于矩阵分解的不完整多视图聚类方法的优点。IMNRL 模型利用每个单独的不完整视图的近邻关系来构建多个相似图,并将这些图分解为一致性非负特征和视图私有的图特征。这样,一致性非负特征可以包含不同视图的非线性结构信息。IMNRL 模型还使用额外的图正则化项来约束一致性非负特征,以便学习到的一致性非负特征可以保留更多的图结构信息。本章首先介绍 IMNRL 模型的学习过程,然后对其进行收敛性分析、复杂性分析和相关性分析,最后通过仿真实验验证 IMNRL 模型的有效性。

6.1 不完整多视图非负表示学习方法

6.1.1 模型概述

如图 6-1 所示,本章提出了一种新颖的不完整多视图非负表示学习(IMNRL)框架,它对多个不完整图进行正交和非负矩阵分解,并获得一致性非负嵌入特征和多个视图上视图私有的正交嵌入特征。在提出的 IMNRL 框架中,一致性非负嵌入特征满足图正则化约束和一致性正则化约束,其中图正则化要求一致性非负嵌入特征满足每个单独视图上的近邻约束,一致性正则化约束要求一致性非负嵌入特征接近多个视图上视图私有的正交嵌入特征。不完整的多视图聚类结果可以通过非负嵌入特征的每一行中最大值对应的列索引来确定,其中一行表示一个样本。

如表 6-1 所列,本章总结了多视图聚类中常用的符号。

表 6-1 不完整多视图聚类中常用的符号说明

符号	定义
V	视图数目
N	所有样本的数量
N_v	第 v 个视图上不完整样本的数量
D_v	第 v 个视图上的样本维数
K	聚类簇的数目
$\boldsymbol{X}=\{\boldsymbol{X}^v\}_{v=1}^{V}$	不完整的多视图样本
$\boldsymbol{X}^v\in\mathbb{R}^{N_v\times D_v}$	不完整样本在第 v 个视图上的数据
$\boldsymbol{G}^v\in\mathbb{R}^{N_v\times N}$	第 v 个视图上的索引矩阵
$\boldsymbol{S}^v\in\mathbb{R}^{N_v\times N_v}$	第 v 个视图上的相似图结构
$\boldsymbol{D}^v\in\mathbb{R}^{N_v\times N_v}$	第 v 个视图上的度矩阵
$\boldsymbol{A}^v\in\mathbb{R}^{N\times N}$	第 v 个视图上的归一化相似图结构
$\boldsymbol{H}\in\mathbb{R}^{N\times K}$	一致性非负嵌入特征
$\boldsymbol{F}^v\in\mathbb{R}^{N\times K}$	第 v 个视图上视图私有的正交谱嵌入特征

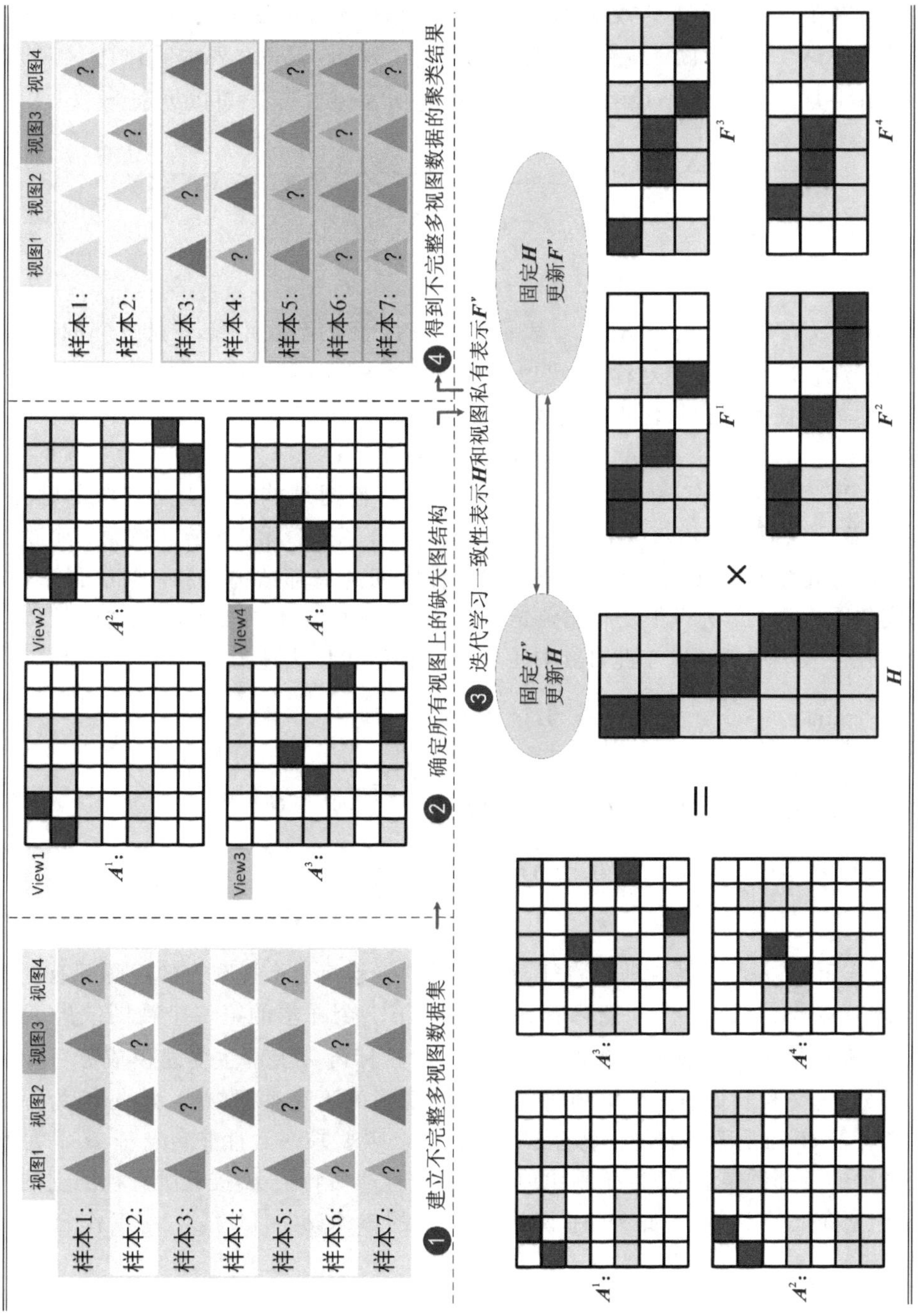

图6-1　IMNRL模型的示意图

给定一组不完整的多视图样本 $\boldsymbol{X}=\{\boldsymbol{X}^v\}_{v=1}^V$，其中样本类别数是 K，$\boldsymbol{X}^v\in\mathbb{R}^{N_v\times N}$ 表示样本在第 v 个视图上的数据，$\boldsymbol{G}^v\in\mathbb{R}^{N_v\times N}$ 表示样本在第 v 个视图上的指示矩阵，$G_{ij}^v=1$ 表示 $\boldsymbol{X}^v$ 的第 i 行对应第 j 个样本的第 v 个视图，$G_{ij}^v=0$ 表示第 j 个样本的第 v 个视图缺失。这样，每个视图上的相似度图结构 $\boldsymbol{S}^v\in\mathbb{R}^{N_v\times N_v}$ 可以表示为

$$S_{ij}^v=\begin{cases}\dfrac{d(\boldsymbol{X}_{i.}^v,\hat{\boldsymbol{X}}_{(k+1).}^v)-d(\boldsymbol{X}_{i.}^v,\boldsymbol{X}_{j.}^v)}{\sum\limits_{j'=1}^{k}\left(d(\boldsymbol{X}_{i.}^v,\hat{\boldsymbol{X}}_{(k+1).}^v)-d(\boldsymbol{X}_{i.}^v,\hat{\boldsymbol{X}}_{j'.}^v)\right)}, & \boldsymbol{X}_{j.}^v\in\mathrm{KNN}(\boldsymbol{X}_{i.}^v)\\ 0, & \text{其他}\end{cases}\tag{6-1}$$

式中：$d(\boldsymbol{X}_{i.}^v,\boldsymbol{X}_{j.}^v)=\|\boldsymbol{X}_{i.}^v-\boldsymbol{X}_{j.}^v\|_F^2$ 表示 $\boldsymbol{X}_{i.}^v$ 与 $\boldsymbol{X}_{j.}^v$ 间的欧式距离，k 是近邻的数目。这样，相似图 $\boldsymbol{S}^v$ 可能是不对称的，可以将其定义为 $\boldsymbol{S}^v=(\boldsymbol{S}^v+\boldsymbol{S}^{v\mathrm{T}})/2$。接下来，可以计算每个单独视图的归一化相似图 $\boldsymbol{A}^v\in\mathbb{R}^{N\times N}$：

$$\boldsymbol{A}^v=\boldsymbol{G}^{v\mathrm{T}}(\boldsymbol{D}^{v-1/2}\boldsymbol{S}^v\boldsymbol{D}^{v-1/2})\boldsymbol{G}^v\tag{6-2}$$

式中：$\boldsymbol{A}^v$ 可以看作是第 v 个视图上样本的不完整图结构，$\boldsymbol{D}^v$ 是 $\boldsymbol{S}^v$ 的度矩阵，$\boldsymbol{D}^{v-1/2}\boldsymbol{S}^v\boldsymbol{D}^{v-1/2}$ 通过指示矩阵 $\boldsymbol{G}^v$ 转换成 $\boldsymbol{A}^v$，$\boldsymbol{A}_{i.}^v=\boldsymbol{0}$ 意味着第 i 个样本的第 v 个视图缺失。归一化相似图 $\boldsymbol{A}^v$ 包含第 v 个视图上样本间的局部结构信息，因此可以对多个不完整图 $\{\boldsymbol{A}^v\}_{v=1}^V$ 进行正交和非负矩阵分解，得到包含不同视图的非线性结构信息的一致性非负特征。基于此，IMNRL 的目标函数可以表述为

$$\left.\begin{aligned}&\min_{\boldsymbol{H},\{\boldsymbol{F}^v\}_{v=1}^V}\ \frac{1}{2}\sum_v\left(\delta_v\|\boldsymbol{A}^v-(\boldsymbol{H}\circ\boldsymbol{P}^v)\boldsymbol{F}^{v\mathrm{T}}\|_F^2\right)+\\&\frac{\beta}{2}\sum_v\left(\delta_v\sum_{i,j}(\|\boldsymbol{H}_{i.}-\boldsymbol{H}_{j.}\|_F^2A_{ij}^v)\right)+\frac{\lambda}{2}\sum_v\left(\delta_v\|\boldsymbol{H}\circ\boldsymbol{P}^v-\boldsymbol{F}^v\|_F^2\right)\\&\text{s.t. }\delta_v\geqslant 0,\sum_v\delta_v=1,\boldsymbol{H}\geqslant\boldsymbol{0},\forall v:\boldsymbol{F}^{v\mathrm{T}}\boldsymbol{F}^v=\boldsymbol{I}_K\end{aligned}\right\}\tag{6-3}$$

式中：$\boldsymbol{H}\in\mathbb{R}^{N\times K}$ 表示一致性非负特征，$\boldsymbol{F}^v\in\mathbb{R}^{N\times K}$ 表示第 v 个视图上的视图私有的谱特征，$\boldsymbol{P}^v=\boldsymbol{G}^{v\mathrm{T}}\boldsymbol{1}_{N_v\times K}$，$\boldsymbol{P}_{i.}^v=\boldsymbol{0}$ 意味着 $\boldsymbol{A}_{i.}^v=\boldsymbol{0}$ 和第 i 个样本的第 v 个视图缺失，$\boldsymbol{\delta}=\{\delta^v\}_{v=1}^V$ 表示平衡不同视图的参数。IMNRL 的目标函数上的主要建模成分可以分为 3 部分：正交和非负矩阵分解项将每个单独视图的不完整图结构 $\boldsymbol{A}^v$ 分解为一致性非负特征 $\boldsymbol{H}$ 和视图私有的谱特征 $\boldsymbol{F}^v$，图正则化项要求一致性非负特征 $\boldsymbol{H}$ 满足每个视图上的近邻约束，一致性正则化项约束一致性非负特征 $\boldsymbol{H}$ 接近所有视图上的视图私有谱特征 $\{\boldsymbol{F}^v\}_{v=1}^V$。此外，平衡多个视图的参数 $\boldsymbol{\delta}=\{\delta^v\}_{v=1}^V$ 的工作自动确定[11]，即

$$\begin{aligned}\delta^v=\Big(&\|\boldsymbol{A}^v-(\boldsymbol{H}.\times\boldsymbol{P}^v)\boldsymbol{F}^{v\mathrm{T}}\|_F^2+\beta\sum_{i,j}\|\boldsymbol{H}_{i.}-\boldsymbol{H}_{j.}\|_F^2A_{ij}^v+\\&\lambda\|\boldsymbol{H}.\times\boldsymbol{P}^v-\boldsymbol{F}^v\|_F^2\Big)^{-1/2}\end{aligned}\tag{6-4}$$

本章还考虑每个视图上不同程度的视图缺失，并将平衡参数 $\boldsymbol{\delta}=\{\delta^v\}_{v=1}^V$ 定义为

$$\delta^v=\frac{1}{N_v\sqrt{\|\boldsymbol{A}^v-(\boldsymbol{H}.\times\boldsymbol{P}^v)\boldsymbol{F}^{v\mathrm{T}}\|_F^2+\beta\sum_{i,j}\|\boldsymbol{H}_{i.}-\boldsymbol{H}_{j.}\|_F^2A_{ij}^v+\lambda\|\boldsymbol{H}.\times\boldsymbol{P}^v-\boldsymbol{F}^v\|_F^2}}\tag{6-5}$$

可以看到，$\boldsymbol{\delta}=\{\delta^v\}_{v=1}^V$ 由变量 $\boldsymbol{H}$，$\{\boldsymbol{F}^v\}_{v=1}^V$ 确定。这样，IMNRL 的目标函数可以改写为

$$\left.\begin{aligned}&\min_{\boldsymbol{H},\{\boldsymbol{F}^v\}_{v=1}^V}\ f(\boldsymbol{H},\{\boldsymbol{F}^v\}_{v=1}^V)=\\&\sum_v\frac{1}{N_v}\sqrt{\|\boldsymbol{A}^v-(\boldsymbol{H}.\times\boldsymbol{P}^v)\boldsymbol{F}^{v\mathrm{T}}\|_F^2+\beta\sum_{i,j}\|\boldsymbol{H}_{i.}-\boldsymbol{H}_{j.}\|_F^2A_{ij}^v+\lambda\|\boldsymbol{H}.\times\boldsymbol{P}^v-\boldsymbol{F}^v\|_F^2}\\&\text{s.t.}\quad \boldsymbol{H}\geqslant 0,\forall v:\boldsymbol{F}^{v\mathrm{T}}\boldsymbol{F}^v=\boldsymbol{I}_K\end{aligned}\right\}\tag{6-6}$$

显然，IMNRL 模型的优化是关于两个变量 $\boldsymbol{H}$，$\{\boldsymbol{F}^v\}_{v=1}^V$ 的联合优化问题。具体优化过程将在下一小节中介绍。

6.1.2　优化和学习

IMNRL 的目标是通过坐标下降法解决的，具体如下：

1. 固定 $\{\boldsymbol{F}^v\}_{v=1}^V$，更新 $\boldsymbol{H}$

固定 $\{\boldsymbol{F}^v\}_{v=1}^V$，IMNRL 的目标函数退化成

$$\begin{aligned}\min_{\boldsymbol{H}\geqslant 0}f(\boldsymbol{H})=\sum_v\frac{1}{N_v}\Big(&\|\boldsymbol{A}^v-(\boldsymbol{H}.\times\boldsymbol{P}^v)\boldsymbol{F}^{v\mathrm{T}}\|_F^2+\\&\beta\sum_{i,j}(\|\boldsymbol{H}_{i.}-\boldsymbol{H}_{j.}\|_F^2A_{ij}^v)+\lambda\|\boldsymbol{H}.\times\boldsymbol{P}^v-\boldsymbol{F}^v\|_F^2\Big)^{\frac{1}{2}}\end{aligned}\tag{6-7}$$

接着，$f(\boldsymbol{H})$对 $\boldsymbol{H}$ 求导可以得到

$$\frac{\partial f(\boldsymbol{H})}{\partial\boldsymbol{H}}=\frac{1}{2}\sum_v\left(\frac{w^v}{N_v}\frac{f^v(\boldsymbol{H})}{\partial\boldsymbol{H}}\right)\tag{6-8}$$

式中：$f^v(\boldsymbol{H})=\|\boldsymbol{A}^v-(\boldsymbol{H}.\times\boldsymbol{P}^v)\boldsymbol{F}^{v\mathrm{T}}\|_F^2+\beta\sum_{i,j}\|\boldsymbol{H}_{i.}-\boldsymbol{H}_{j.}\|_F^2A_{ij}^v+\lambda\|\boldsymbol{H}.\times\boldsymbol{P}^v-\boldsymbol{F}^v\|_F^2$，$w^v=f^v(\boldsymbol{H})^{-1/2}$。可以看到，$w^v$ 取决于变量 $\boldsymbol{H}$，所以上面的函数不能直接求解。但是如果将$\{w^v\}_{v=1}^V$ 设置为固定值、$\delta^v=w^v/N_v$，那么式(6-7)的问题可以转化为以下优化问题：

$$\begin{aligned}\min_{\boldsymbol{H}\geqslant 0}f(\boldsymbol{H},\delta)=\sum_v\delta^v\Big(&\|\boldsymbol{A}^v-(\boldsymbol{H}.\times\boldsymbol{P}^v)\boldsymbol{F}^{v\mathrm{T}}\|_F^2+\\&\beta\sum_{i,j}\|\boldsymbol{H}_{i.}-\boldsymbol{H}_{j.}\|_F^2A_{ij}^v+\lambda\|\boldsymbol{H}.\times\boldsymbol{P}^v-\boldsymbol{F}^v\|_F^2\Big)\end{aligned}\tag{6-9}$$

式中：$\boldsymbol{\delta}=\{\delta^v\}_{v=1}^V$ 是平衡不同视图的参数。令 $\bar{A}_{ij}=\sum_v\delta^vA_{ij}^v$，可以将式(6-9)中的

$\sum_{i,j}\|\boldsymbol{H}_{i.}-\boldsymbol{H}_{j.}\|_F^2\sum_v\delta^v A_{ij}^v$ 改写为

$$\sum_{i,j}\|\boldsymbol{H}_{i.}-\boldsymbol{H}_{j.}\|_F^2\sum_v\delta^v A_{ij}^v=\sum_{i,j}\|\boldsymbol{H}_{i.}-\boldsymbol{H}_{j.}\|_F^2\bar{A}_{ij}=2\mathrm{tr}(\boldsymbol{H}^{\mathrm{T}}\boldsymbol{L}^{\bar{A}}\boldsymbol{H}) \tag{6-10}$$

式中：$\boldsymbol{L}^{\bar{A}}$ 是 $\bar{\boldsymbol{A}}$ 的拉普拉斯矩阵。因此，$f(\boldsymbol{H},\boldsymbol{\delta})$对 $\boldsymbol{H}$ 求导可以得到

$$\begin{aligned}\frac{\partial f(\boldsymbol{H},\boldsymbol{\delta})}{\partial \boldsymbol{H}}&=2\sum_v\left(\delta^v(\boldsymbol{H}.\times\boldsymbol{P}^v-\boldsymbol{A}^v\boldsymbol{F}^v)\right)+4\beta\boldsymbol{L}^{\bar{A}}\boldsymbol{H}+2\sum_v\left(\lambda\delta^v(\boldsymbol{H}.\times\boldsymbol{P}^v-\boldsymbol{F}^v)\right)\\&=2(\boldsymbol{Q}\boldsymbol{H}-\boldsymbol{R})\end{aligned} \tag{6-11}$$

式中：$\hat{\boldsymbol{P}}^v=\boldsymbol{1}_{N\times N_v}\boldsymbol{G}^v$，$\boldsymbol{Q}=(1+\lambda)\sum_v\delta^v(\boldsymbol{I}_N.\times\hat{\boldsymbol{P}}^v)+2\beta\boldsymbol{L}^{\bar{A}}\in\mathbb{R}^{N\times N}$ 是一个稀疏矩阵，$\boldsymbol{R}=\sum_v(\delta^v\boldsymbol{A}^v\boldsymbol{F}^v+\lambda\delta^v\boldsymbol{F}^v)\in\mathbb{R}^{N\times K}$。接着，$f(\boldsymbol{H},\boldsymbol{\delta})$ 关于 $\boldsymbol{H}$ 的导数等于零，可以得到

$$\boldsymbol{H}=\max\left(\boldsymbol{0},\left((1+\lambda)\sum_v\delta^v(\boldsymbol{I}_N.\times\hat{\boldsymbol{P}}^v)+2\beta\boldsymbol{L}^{\bar{A}}\right)^{-1}\sum_v(\delta^v\boldsymbol{A}^v\boldsymbol{F}^v+\lambda\delta^v\boldsymbol{F}^v)\right) \tag{6-12}$$

2. 固定 $\boldsymbol{H}$，更新 $\{\boldsymbol{F}^v\}_{v=1}^V$

固定 $\boldsymbol{H}$，IMNRL 模型的目标函数退化成

$$\begin{aligned}&\min_{\boldsymbol{F}^{v\mathrm{T}}\boldsymbol{F}^v=\boldsymbol{I}_K}\|\boldsymbol{A}^v-(\boldsymbol{H}.\times\boldsymbol{P}^v)\boldsymbol{F}^{v\mathrm{T}}\|_F^2+\lambda\|\boldsymbol{H}.\times\boldsymbol{P}^v-\boldsymbol{F}^v\|_F^2\\ \Leftrightarrow&\min_{\boldsymbol{F}^{v\mathrm{T}}\boldsymbol{F}^v=\boldsymbol{I}_K}f(\boldsymbol{F}^v)=\mathrm{tr}\left(\left(\boldsymbol{A}^{v\mathrm{T}}(\boldsymbol{H}.\times\boldsymbol{P}^v)+\lambda\boldsymbol{H}.\times\boldsymbol{P}^v\right)\boldsymbol{F}^{v\mathrm{T}}\right)\end{aligned} \tag{6-13}$$

即正交 Procrustes 问题。这样，可以得到 $\boldsymbol{F}^v$ 的解是

$$\boldsymbol{F}^v=\boldsymbol{U}\boldsymbol{V}^{\mathrm{T}} \tag{6-14}$$

式中：$\boldsymbol{USV}^{\mathrm{T}}$ 通过 $\boldsymbol{\Delta}^v=\boldsymbol{A}^{v\mathrm{T}}(\boldsymbol{H}.\times\boldsymbol{P}^v)+\lambda\boldsymbol{H}.\times\boldsymbol{P}^v$ 由奇异值分解得到。如果第 i 个样本的第 v 个视图缺失，那么 $\boldsymbol{\Delta}_{i.}^v=\boldsymbol{0}$ 且 $\boldsymbol{F}_{i.}^v=\boldsymbol{0}$。

6.2 模型分析

6.2.1 收敛性分析

引理 6.1 对于任意两个正常数 u 和 v，以下不等式成立：

$$\sqrt{u}-\frac{u}{2\sqrt{v}}\leqslant\sqrt{v}-\frac{v}{2\sqrt{v}} \tag{6-15}$$

定理 6.1 固定$\{\boldsymbol{F}^v\}_{v=1}^V$，公式(6-7)中函数 $f(\boldsymbol{H})$的值随着迭代次数的增加而减少，即 $f(\boldsymbol{H}_{t+1})\leqslant f(\boldsymbol{H}_t)$，其中 $\boldsymbol{H}_t$ 表示第 t 次迭代时的值。

证明 令 $\chi_t^v=(\|\boldsymbol{A}^v-(\boldsymbol{H}_t.\times\boldsymbol{P}^v)\boldsymbol{F}_t^{v\mathrm{T}}\|_F^2+\beta\sum_{i,j}\|\boldsymbol{H}_{ti.}-\boldsymbol{H}_{tj.}\|_F^2A_{ij}^v+\lambda\|\boldsymbol{H}_t.\times$

$\boldsymbol{P}^v-\boldsymbol{F}_t^v\|_F^2)/N_v$，那么 $\delta_t^v=1/N_v\sqrt{\chi_t^v}$，$f(\boldsymbol{H}_t,\boldsymbol{\delta}_t)=\sum_v\delta_t^v\chi_t^v$，$f(\boldsymbol{H}_t)=\sum_v\sqrt{\chi_t^v}$。如果将 $\{\delta_t^v\}_{v=1}^V$ 设置为固定值，公式(6-7)问题的求解可以转化成公式(6-9)问题的求解。已知，$\boldsymbol{H}_{t+1}$ 是 $f(\boldsymbol{H}_t,\boldsymbol{\delta}_t)$ 的最优解，并且 $f(\boldsymbol{H}_{t+1},\boldsymbol{\delta}_t)\leqslant f(\boldsymbol{H}_t,\boldsymbol{\delta}_t)$。也就是说，

$$
\begin{aligned}
f(\boldsymbol{H}_{t+1},\boldsymbol{\delta}_t)\leqslant f(\boldsymbol{H}_t,\boldsymbol{\delta}_t)&\Leftrightarrow\sum_v\delta_t^v f_{t+1}^v(\boldsymbol{H})\leqslant\sum_v\delta_t^v f_t^v(\boldsymbol{H})\\
&\Leftrightarrow\sum_v\frac{f_{t+1}^v(\boldsymbol{H})}{2N_v\sqrt{f_t^v(\boldsymbol{H})}}\leqslant\sum_v\frac{f_t^v(\boldsymbol{H})}{2N_v\sqrt{f_t^v(\boldsymbol{H})}}
\end{aligned}
\tag{6-16}
$$

根据引理 6.1 可以知道

$$
\sum_v\left(\frac{1}{N_v}\left(\sqrt{f_{t+1}^v(\boldsymbol{H})}-\frac{f_{t+1}^v(\boldsymbol{H})}{2\sqrt{f_t^v(\boldsymbol{H})}}\right)\right)\leqslant\sum_v\left(\frac{1}{N_v}\left(\sqrt{f_t^v(\boldsymbol{H})}-\frac{f_t^v(\boldsymbol{H})}{2\sqrt{f_t^v(\boldsymbol{H})}}\right)\right)
\tag{6-17}
$$

将式(6-16)和式(6-17)左右相加可以知道

$$
\sum_v\left(\frac{1}{N_v}\sqrt{f_{t+1}^v(\boldsymbol{H})}\right)\leqslant\sum_v\left(\frac{1}{N_v}\sqrt{f_t^v(\boldsymbol{H})}\right)\Leftrightarrow f(\boldsymbol{H}_{t+1})\leqslant f(\boldsymbol{H}_t)
\tag{6-18}
$$

因此，可以证明定理 6.1 成立。

定理 6.2　IMNRL 模型收敛到其局部最优解。

证明　IMNRL 的目标函数是通过坐标下降法解决的。当更新 $\boldsymbol{H}$ 时，根据定理 6.1 可以得到 $f(\boldsymbol{H}_{t+1},\{\boldsymbol{F}_t^v\}_{v=1}^V)\leqslant f(\boldsymbol{H}_t,\{\boldsymbol{F}_t^v\}_{v=1}^V)$，其中 $f(\boldsymbol{H},\{\boldsymbol{F}^v\}_{v=1}^V)$ 表示 IMNRL 的目标函数。当更新 $\{\boldsymbol{F}^v\}_{v=1}^V$ 时，可以得出 $\boldsymbol{F}_{t+1}^v=\boldsymbol{F}^{v*}(\boldsymbol{H}_{t+1},\boldsymbol{A}^v)$。这意味着，IMNRL 的目标函数随着迭代次数的增加不断减小或者保持不变，从而可以证明定理 6.2 成立。

6.2.2　复杂性分析

与 $\boldsymbol{H}$，$\{\boldsymbol{F}^v\}_{v=1}^V$ 的计算相比，IMNRL 模型中其他步骤的计算复杂度可以忽略不计。IMNRL 模型在学习过程中迭代更新 $\boldsymbol{H}$，$\{\boldsymbol{F}^v\}_{v=1}^V$，它们的计算复杂度分别为 $O(N^3+N^2K)$ 和 $O(VNK^2)$。如果最大迭代次数是 T，那么 IMNRL 的计算复杂度为 $O(T(N^3+N^2K+VNK^2))$。由于 $V,K\leqslant N$，那么 IMNRL 的计算复杂度为 $O(TN^3)$。

6.2.3　模型概述

IMNRL 模型是一致性非负嵌入特征和多个视图上视图私有的正交嵌入特征的联合学习框架。实际上，以前的子空间聚类工作也有基于一致性特征和多个视图上

视图私有特征的联合学习模型，例如 ECMSC 模型[172]和 SMVC 模型[173]。在 ECMSC 模型中，视图私有特征是每个视图上的子空间表示，满足其他视图表示和公共表示的图结构约束。这样，视图私有特征 $\boldsymbol{Z}^v$ 需要满足 3 个约束：子空间约束（即 $\|\boldsymbol{X}^v-\boldsymbol{X}^v\boldsymbol{Z}^v\|_F^2$），一致性图约束项（即 $\sum_{i,j}\|\boldsymbol{H}_{i.}-\boldsymbol{H}_{j.}\|_F^2 Z_{ij}^v$）和其他视图的图约束项（即 $\|\sum_{w\neq v}(\sum_{i,j}\|\boldsymbol{Z}_{i.}^w-\boldsymbol{Z}_{j.}^w\|_F^2 Z_{ij}^v)\|_F^2$）。在SMVC模型，子空间表示由一致性特征 $\boldsymbol{Z}^0$ 和相应的视图私有特征 $\boldsymbol{Z}^v$ 组成（即 $\|\boldsymbol{X}^v-\boldsymbol{X}^v(\boldsymbol{Z}^v+\boldsymbol{Z}^0)\|_F^2$），其中一致性特征 $\boldsymbol{Z}^0$ 保持数据的相似关系（即 $\mathrm{tr}((\boldsymbol{Z}^0)^{\mathrm{T}}\boldsymbol{L}\boldsymbol{Z}^0)$）、视图私有特征 $\boldsymbol{Z}^v$ 保持有不同视图间的多样性（即 $\mathrm{tr}\left(\sum_{w\neq v}(\boldsymbol{Z}^w)^{\mathrm{T}}\boldsymbol{Z}^v+(\boldsymbol{Z}^0)^{\mathrm{T}}\boldsymbol{Z}^v\right)$）。与这两项工作不同，IMNRL 模型对多个不完整图进行矩阵分解$\left(\text{即}\sum_v\|\boldsymbol{A}^v-(\boldsymbol{H}.\times\boldsymbol{P}^v)\boldsymbol{F}^v\|_F^2+\lambda\sum_v\|\boldsymbol{H}.\times\boldsymbol{P}^v-\boldsymbol{F}^v\|_F^2\right)$，并计算得到一致性非负特征 $\boldsymbol{H}$ 和视图私有的谱特征 $\{\boldsymbol{F}^v\}_{v=1}^V$。这样，一致性非负特征 $\boldsymbol{H}$ 可以代表所有样本、视图私有的谱特征 $\boldsymbol{F}^v$ 可以表示第 v 个视图上的视图缺失情况（如果第 i 个样本的第 v 个视图缺失，那么 $\boldsymbol{F}_{i.}^v=\boldsymbol{0}$）。

基于图的方法是一种解决 IMC 问题的重要研究方法，其目标是在学习一致性特征的同时保留多个不完整视图之间的图结构信息。例如，IMSC_AGL 模型可以学习多个不完整图上的一致性特征，其目标函数是

$$\left.\begin{aligned}&\min_{\boldsymbol{F},\{\boldsymbol{Z}^v\}_{v=1}^V}\ \frac{1}{2}\sum_v\left(\|\boldsymbol{X}^v-\boldsymbol{X}^v\boldsymbol{Z}^{v\mathrm{T}}-\boldsymbol{E}^v\|_F^2+\lambda_1\|\boldsymbol{E}^v\|_1\right)+\\&\qquad\frac{1}{2}\sum_v\lambda_2\,\mathrm{tr}\left(\boldsymbol{F}^{\mathrm{T}}\boldsymbol{G}^{v\mathrm{T}}\boldsymbol{L}^{\boldsymbol{A}^v}\boldsymbol{G}^v\boldsymbol{F}\right)\\&\text{s.t.}\quad \boldsymbol{F}^{\mathrm{T}}\boldsymbol{F}=\boldsymbol{I}_K,\quad \forall v:\boldsymbol{Z}^{v\mathrm{T}}\boldsymbol{1}=\boldsymbol{1},\quad Z_{ii}^v=0\end{aligned}\right\}\qquad(6-19)$$

式中：$\boldsymbol{A}^v=(|\boldsymbol{Z}^v|+|\boldsymbol{Z}^v|^{\mathrm{T}})/2$，$\boldsymbol{L}^{\boldsymbol{A}^v}$ 是 $\boldsymbol{A}^v$ 的拉普拉斯矩阵。IMSC_AGL 允许一致性特征 $\boldsymbol{F}$ 满足不同视图上的图约束。IMSC_AGL 在不同视图上使用子空间聚类获得多个图结构，并基于拉普拉斯正则化项计算得到一致性特征 $\boldsymbol{F}$。IMNRL 模型也用于计算聚类的一致性特征，但不同的是 IMNRL 直接使用矩阵分解来获得一致性非负特征，并使用图正则化项来约束一致性非负特征保留更多的图结构信息。目前，也有一些基于矩阵分解和图学习的不完整多视图聚类工作。例如，GIMC_FLSD 利用矩阵分解来学习每个视图的私有表示，并约束它们以满足各个视图的图结构约束并可以转换为一致性表示：

$$\left.\begin{aligned}&\min_{\boldsymbol{H},\{\boldsymbol{H}^v,\boldsymbol{F}^v\}_{v=1}^V}\ \sum_v\delta_v\left(\sum_{i,j}S_{ij}^v\|\boldsymbol{X}_{i.}^v-\boldsymbol{H}_{j.}^v\boldsymbol{F}^{v\mathrm{T}}\|_F^2+\right.\\&\left.\lambda_1\|\boldsymbol{H}^v\|_F^2+\lambda_2\|\boldsymbol{H}^v-\boldsymbol{G}^v\boldsymbol{H}\|_F^2\right)\\&\text{s.t.}\ \delta_v\geqslant 0,\quad \sum_v\delta_v=1,\quad \boldsymbol{F}^{v\mathrm{T}}\boldsymbol{F}^v=\boldsymbol{I}\end{aligned}\right\}\qquad(6-20)$$

式中：$\boldsymbol{S}^v$ 是 $\boldsymbol{X}^v$ 的相似度图结构，$\boldsymbol{\delta}=\{\delta^v\}_{v=1}^V$ 是平衡多个视图的参数。与 GIMC_FLSD 模型一样，IMNRL 模型可以自适应学习不同视图的重要性并同时进行一致性特征学习和图结构学习。GIMC_FLSD 模型和 IMNRL 模型的主要区别如下：① GIMC_FLSD 对不同视图中样本的近邻样本进行矩阵分解得到一致性特征（即 $\boldsymbol{X}^v\sum_{i,j}S_{ij}^v\|\boldsymbol{X}_{i.}^v-\boldsymbol{H}_{j.}^v\boldsymbol{F}^{v\mathrm{T}}\|_F^2$），而 IMNRL 模型对多个不完整图进行矩阵分解得到一致性特征（即 $\|\boldsymbol{A}^v-(H.\times\boldsymbol{P}^v)\boldsymbol{F}^v\|_F^2$）。这样，GIMC_FLSD 模型获得了多个包含样本间的局部几何信息的视图私有特征 $\{\boldsymbol{H}^v\}_{v=1}^V$，而 IMNRL 模型采用一致性非负特征 $\boldsymbol{H}$ 保留不同视图的非线性结构信息。② *GIMC_FLSD* 模型需要将多个视图私有特征 $\{\boldsymbol{H}^v\}_{v=1}^V$ 转换得到一致性特征（即 $\|\boldsymbol{H}^v-\boldsymbol{G}^v\boldsymbol{H}\|_F^2$），而 IMNRL 模型直接使用矩阵分解来获得一致性特征 $\boldsymbol{H}$（即 $\|\boldsymbol{A}^v-(\boldsymbol{H}.\times\boldsymbol{P}^v)\boldsymbol{F}^v\|_F^2$）。③ 与 GIMC_FLSD 模型不同，IMNRL 模型还使用额外的图正则化项（即 $\sum_{\mathrm{v}}\delta_{\mathrm{v}}\sum_{\mathrm{i,j}}\|\boldsymbol{H}_{i.}-\boldsymbol{H}_{j.}\|_F^2A_{ij}^v$）来约束一致性特征 $\boldsymbol{H}$ 保留更多的图结构信息。

6.3　实验与分析

6.3.1　实验设置

本章用 7 个真实世界数据集评估所提出的模型，包括 4 个二视图数据集（Cora①、Cornell①、Handwritten② 和 Washington①）和 3 个多视图数据集（3 Sources③、BBCSport④ 和 Caltech7⑤）。在这些真实世界的数据集中，样本数从 116 到 2 708 不等，视图数从 2 到 7 不等，具体如表 6－2 所列。本章按照参考文献[9]的策略在这些数据集上构建不完整的多视图数据。对于二视图数据集，保留 $p\%$ 的样本是完整的，其余样本只有一个视图，其中 $p\%$ 完整的样本是随机选择的并且 $p\in\{30,50,70,90\}$。对于多视图数据集，从每个单独的视图中随机删除 $p\%$ 的样本，其中 $p\in\{10,30,50\}$。此外，每个数据集中的不完整场景随机选择 15 次。

本章将 IMNRL 模型与 10 种代表性的不完整多视图聚类方法进行了比较，其中对比算法可以分为 3 组：① 4 种基于矩阵分解的不完整多视图聚类方法，包括 PVC 模型[3]、MIC 模型[4]、OMVC 模型[5]和 DAIMC 模型[6]；② 3 种基于图的不完整多视图聚类方法，包括 IMG 模型[1]、IMSC_AGL 模型[2]和 AGC_IMC 模型[12]；③ 3 种基

① http://lig-membres.imag.fr/grimal/data.html

② http://archive.ics.uci.edu/ml/datasets/Multiple+Features

③ http://erdos.ucd.ie/datasets/3sources

④ http://erdos.ucd.ie/datasets/bbc.html

⑤ https://drive.google.com/drive/folders/1O_3YmthAZGiq1ZPSdE74R7Nwos2PmnHH

于矩阵分解和图学习的 IMC 方法，包括 GPMVC 模型[8]、IMC_GRMF 模型[13]和 GIMC_FLSD 模型[9]。

表 6-2 基准多视图数据集的详细信息

数据集	样本数目	视图数目	属性数目	类别数目
3 Sources	169	3	3 560/3 361/3 068	6
BBCSport	116	4	1 991/2 063/2 113/2 158	5
Caltech7	1 474	7	48/40/254/1 474/512/928	7
Cora	2 708	2	1 433/2 708	7
Cornell	195	2	195/1 703	5
Handwritten	2 000	2	240/76	10
Washington	230	2	230/1 703	5

- PVC 模型：部分多视图聚类模型。PVC 模型是面向不完整多视图数据的代表方法，可以得到低维的公共表示。
- MIC 模型：基于加权非负矩阵分解的不完整视图聚类模型。MIC 模型在 PVC 模型基础上提出的不完整多视图聚类模型，可以处理各种不完整的多视图场景。
- OMVC 模型：面向不完整视图的在线多视图聚类模型。
- DAIMC 模型：DAIMC 模型在加权负矩阵分解中引入了回归约束，利用给定的对齐信息来学习所有视图的一致性特征矩阵。
- IMG 模型：IMG 模型将包含完整视图和不完整视图的样本转化为统一的特征表示并在此基础上学习一个公共图结构。
- IMSC_AGL 模型：基于自适应图学习的不完整多视图谱聚类模型。IMSC_AGL 模型可以进行不同视图上的子空间学习和公共特征学习。
- AGC_IMC 模型：双对齐不完整多视图聚类模型。AGC_IMC 模型利用视图间信息对不同视图上的不完整图进行补全，它在完整图上使用拉普拉斯图正则化项来获得聚类的公共特征表示。
- GPMVC 模型：基于图正则化 非负矩阵分解的部分多视图聚类模型。
- IMC_GRMF 模型：基于图正则化矩阵分解的不完整多视图聚类模型。
- GIMC_FLSD 模型：基于灵活局部结构扩散的广义不完整多视图聚类模型。GIMC_FLSD 通过对样本的邻居进行矩阵分解，可以更充分地利用样本间的局部几何信息，并自适应地学习不同视图的重要性。

PVC 模型、IMG 模型和 IMC_GRMF 模型仅适用于某些样本只有一个视图而其余样本是完整的特殊不完整场景。此外，本章还给出了 k - means 在单一视图的最佳结果(BSV)[1]和所有视图的串联结果(Concat)[1]，其中缺失视图用所有样本的均值填充。本章根据原始论文中的描述选择对比算法的参数。在 IMNRL 中，参数 β 和 λ 的值选自{0.0001 0.001 0.01 0.1 1}。对于所有算法，聚类结果由 3 个流行的评估指标来衡量，即聚类准确度（ACC）、归一化互信息（NMI）和 Purity。对于这些评估指标，指标的值越大，模型性能越好。

6.3.2　算法比较与分析

本小节首先测试 IMNRL 在不完整二视图基准数据集上的性能。表 6－3、表 6－4 和表 6－5 分别报告了 IMNRL 和对比算法在不完整二视图基准数据集上的 ACC、NMI 和 Purity 得分。

可以看出，IMNRL 在不完整二视图场景上的“Mean ± Std”和“Rank Mean ± Std”结果明显优于其他对比算法。IMNRL 在总共 16 个不完整二视图场景中 16 个场景上的 ACC 得分最好或次佳、12 个场景上的 NMI 得分最好或次佳、16 个场景上的 Purity 得分最好或次佳。此外，图 6－2 直观地显示了这些算法在 3 个评估指标上的性能比较，展示了算法在二视图基准数据集的平均性能。

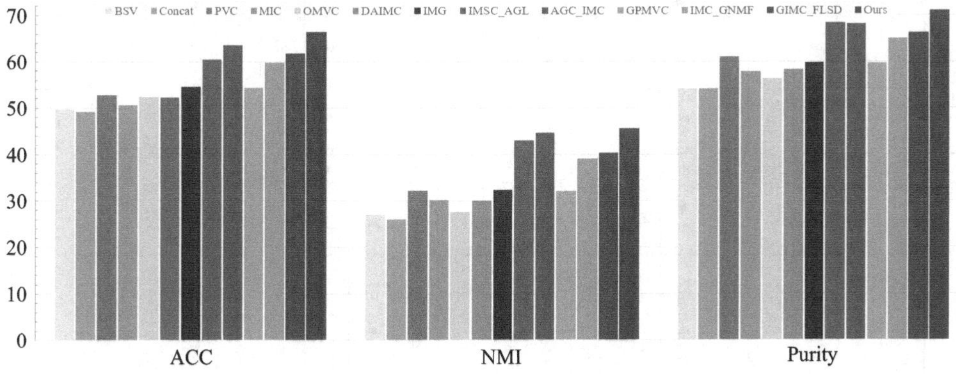

图 6－2　IMNRL 和对比算法在不完整二视图基准数据集上的性能比较

从表 6－3、表 6－4、表 6－5 和图 6－2 上，可以得出以下结论：

① 与对比算法相比，IMNRL 模型最少提高了 4.20％的 ACC 得分、1.02％的 NMI 得分和 4.18％的 Purity 得分，这表明 IMNRL 模型是一种有效的不完整多视图聚类工具。同时，IMNRL 模型在不同成对率上也明显优于其他对比算法（例如，IMNRL 模型在 0.3、0.5、0.7 和 0.9 配对率上的 ACC 得分最少提高了 7.41％、2.56％、2.24％和 4.80％），这表明 IMNRL 模型可以有效地处理二视图缺失问题。

② Concat 在一些二视图不完整场景下表现比 BSV 差一点，说明简单的拼接不能解决二视图缺失问题（即部分样本是完整的，其余样本只有一个视图）。与 BSV 和 Concat 相比，基于矩阵分解和基于图的不完整多视图聚类方法都可以很好地处理此类数据。

表 6-3　IMNRL 和对比算法在不完整二视图基准数据集上的 ACC 得分

数据集	完整比例	BSV	Concat	PVC	MIC	OMVC	DAIMC	IMG
Cora	0.3	31.43±1.97	28.26±1.98	34.06±1.97	31.20±1.18	30.77±0.77	31.29±2.73	34.94±1.99
	0.5	33.03 ±1.64	31.77±3.79	36.14±1.61	32.26±1.92	31.35±0.81	32.96±2.76	34.61±2.35
	0.7	33.31±4.33	33.61±3.07	38.52±1.60	33.30±1.66	35.12±0.87	34.64±2.21	34.82±1.72
	0.9	35.32±3.14	37.97±2.67	39.61±1.34	39.58±3.73	35.89±0.84	40.57±1.51	35.20±1.51
Cornell	0.3	46.43±5.60	46.70±3.67	41.26±6.02	44.21±2.59	41.85±6.78	39.04±4.58	44.49±3.02
	0.5	47.83±5.16	48.62±5.06	41.02±5.65	44.49±2.65	43.34±4.07	38.63±4.26	44.70±3.47
	0.7	48.82±5.44	48.96±5.10	42.48±3.17	45.94±2.60	43.78±4.52	39.04±3.16	45.22±1.41
	0.9	48.92±4.72	53.16±6.87	42.53±2.45	46.53±2.68	44.73±4.68	39.15±3.03	45.72±2.46
Handwritten	0.3	48.93±2.91	50.19±2.95	70.61±2.61	60.41±3.89	62.63±3.96	67.77±4.96	74.52±2.56
	0.5	57.23±2.97	55.31±2.89	73.10±3.12	66.12±3.52	70.28±3.46	77.41±4.19	75.58±3.12
	0.7	62.73±4.65	65.34±4.43	74.84±2.52	74.64±4.69	75.29±2.74	81.35±3.72	76.42±3.62
	0.9	71.63±5.41	71.52±5.57	77.30±3.41	80.81±2.62	79.48±2.95	85.43±3.07	79.89±3.53
Washington	0.3	56.23±6.87	52.67±7.62	56.14±2.33	47.31±2.92	58.72±5.26	54.59±4.54	58.72±4.87
	0.5	58.03±5.54	49.28±6.30	57.77±1.09	52.34±2.78	59.41±5.81	55.36±4.40	62.12±3.74
	0.7	57.25±6.02	54.70±6.42	58.41±1.83	53.92±2.77	62.41±5.56	58.69±4.76	62.40±4.24
	0.9	58.32±5.19	59.83±5.73	60.33±1.77	55.63±3.08	64.13±5.08	60.54±3.12	63.74±4.16
Mean±Std		49.72±11.33	49.24±11.42	52.76±14.64	50.54±13.98	52.45±15.45	52.28±17.52	54.57±15.99
Rank Mean±Std		9.43±2.89	9.81±3.68	9.25±2.02	10.37±2.06	9.06±2.33	9.56±2.34	7.56±2.03
Absolute Wins		0	0	0	0	0	0	0
IMNRL 1v1		16/0/0	16/0/0	16/0/0	16/0/0	16/0/0	16/0/0	16/0/0

续表 6-3

数据集	完整比例	IMSC AGL	AGC IMC	GPMVC	IMC GNMF	GIMC FLSD	IMNRL	
Cora	0.3	43.65±6.04	44.73±6.09	32.32±2.29	39.18±2.58	41.55±2.34	51.97±3.56	
	0.5	49.12±4.79	54.23±4.21	32.22±3.33	42.70±2.92	44.21±2.29	56.59±3.31	
	0.7	47.77±4.14	58.86±2.65	35.33±2.03	44.19±2.31	47.72±1.13	59.38±3.25	
	0.9	50.80±3.61	61.60±2.13	36.56±2.35	48.00±2.09	50.95±1.52	57.49±2.30	
Cornell	0.3	43.39±4.52	50.10±4.31	40.69±5.30	46.83±4.17	50.93±3.83	52.34±4.85	
	0.5	46.33±4.21	49.03±3.85	41.62±4.06	47.18±4.57	51.13±5.38	51.69±4.96	
	0.7	45.38±2.46	51.62±3.43	43.75±1.69	46.66±5.25	51.32±6.14	54.56±3.63	
	0.9	49.78±4.77	50.00±2.57	44.30±1.52	48.31±2.89	50.53±2.33	58.02±2.81	
Handwritten	0.3	87.63±2.59	82.45±0.97	74.30±6.01	78.18±3.42	78.35±2.31	88.14±2.00	
	0.5	90.38±0.83	82.73±0.35	79.97±4.42	85.77±1.58	85.85±1.68	87.47±1.57	
	0.7	92.33±0.70	82.98±0.49	84.87±3.12	88.54±0.68	88.89±1.74	89.27±1.71	
	0.9	94.18±0.79	82.83±0.28	85.57±3.96	90.36±1.06	91.02±0.57	92.17±0.55	
Washington	0.3	48.35±4.78	61.42±6.72	53.86±5.51	59.96±2.62	60.76±3.14	63.94±3.20	
	0.5	54.44±3.59	68.01±1.95	58.20±2.87	61.16±2.96	63.94±2.71	64.75±2.51	
	0.7	60.53±3.28	68.15±2.06	61.76±2.17	63.54±2.50	64.99±2.75	64.26±3.15	
	0.9	64.10±3.13	69.30±1.92	63.71±2.21	64.71±2.69	65.59±2.62	68.72±1.72	
Mean±Std		60.51±18.51	63.63±13.08	54.31±18.26	59.70±16.85	61.73±15.76	66.30±14.10	
Rank Mean±Std		5.25±3.47	2.81±1.78	8.50±2.26	4.81±0.88	3.06±0.66	1.50±0.61	
Absolute Wins		3	4	0	0	0	9	
IMNRL 1v1		13/0/3	12/0/4	16/0/0	16/0/ 0	15/0/1	—	

表 6-4 **IMNRL 和对比算法在不完整二视图基准数据集上的 NMI 得分**

数据集	完整比例	BSV	Concat	PVC	MIC	OMVC	DAIMC	IMG
Cora	0.3	7.55±3.88	7.16±3.22	16.14±1.64	11.53±1.36	9.45±0.57	10.54±2.41	15.51±1.02
	0.5	11.84±2.09	11.97±3.79	17.66±0.98	13.78±2.03	12.14±1.35	12.37±2.35	16.23±0.96
	0.7	13.93±3.87	15.02±3.95	19.15±1.13	14.37±1.25	12.35±1.76	15.49±2.09	17.00±1.06
	0.9	17.55±4.30	21.55±3.06	20.34±1.24	20.52±2.28	14.79±1.23	20.91±1.84	17.65±0.51
Cornell	0.3	8.35±4.07	8.28±4.84	17.19±2.00	17.72±3.32	11.89±4.70	13.09±3.27	16.48±2.76
	0.5	9.87±3.63	10.50±4.95	17.90±2.37	19.60±2.99	12.50±2.73	13.19±4.16	17.82±3.06
	0.7	12.33±4.38	12.60±4.98	18.84±2.41	20.60±2.83	13.97±2.44	16.04±3.97	18.96±3.48
	0.9	15.62±3.65	16.95±7.43	21.39±3.13	23.21±2.54	14.55±3.42	17.39±4.40	21.79±3.85
Handwritten	0.3	44.14±2.19	44.99±1.43	60.98±1.98	52.64±2.58	53.78±3.45	55.11±2.97	61.57±1.81
	0.5	52.10±1.90	51.02±2.38	65.07±1.88	58.53±2.00	60.33±4.05	64.20±2.29	64.42±2.01
	0.7	57.90±2.38	59.59±2.69	68.20±1.64	66.72±2.34	64.54±2.23	68.31±2.40	67.84±2.34
	0.9	66.75±2.58	66.87±2.82	72.73±1.50	72.59±1.52	70.57±2.91	74.47±2.01	72.38±2.14
Washington	0.3	21.57±3.70	19.04±5.45	22.02±4.39	21.13±2.13	20.62±4.54	19.36±4.24	22.24±2.75
	0.5	26.13±3.30	17.83±6.37	23.68±2.43	22.35±2.38	21.75±4.74	20.54±4.59	26.75±3.11
	0.7	32.13±3.24	24.03±6.06	26.79±2.66	23.81±2.69	23.74±4.63	28.14±4.03	29.07±3.26
	0.9	34.32±2.91	29.74±3.18	29.33±3.24	24.74±2.83	24.97±5.45	32.47±3.79	32.04±4.24
Mean±Std		27.01±18.41	26.07±18.42	32.34±20.26	30.24±19.40	27.62±20.72	30.10±21.45	32.36±20.37
Rank Mean±Std		10.88±2.83	11.44±1.69	7.69±1.21	8.94±2.08	11.19±1.01	9.06±1.39	7.75±1.30
Absolute Wins		0	0	0	0	0	0	0
IMNRL 1v1		15/0/1	16/0/0	16/0/0	16/0/0	16/0/0	16/0/0	16/0/0

续表 6 - 4

数据集	完整比例	IMSC AGL	AGC IMC	GPMVC	IMC GNMF	GIMC FLSD	IMNRL	
Cora	0.3	43.65±6.04	44.73±6.09	32.32±2.29	39.18±2.58	41.55±2.34	51.97±3.56	
	0.5	26.91±4.78	29.32±5.98	14.92±2.00	20.64±1.80	22.56±1.45	27.99±2.80	
	0.7	31.48±3.44	37.37±3.23	14.30±2.11	23.20±1.56	24.79±1.36	34.07±2.51	
	0.9	31.90±3.74	40.98±1.28	18.18±2.19	25.52±1.54	27.45±0.87	37.81±2.41	
Cornell	0.3	34.97±3.86	44.04±1.52	23.38±2.17	30.22±1.16	30.84±1.63	38.99±1.68	
	0.5	21.89±4.07	25.92±4.10	16.13±4.21	19.13±3.08	19.54±3.73	25.15±3.27	
	0.7	25.13±2.44	25.03±3.78	15.21±3.57	20.93±1.44	21.36±3.75	27.13±3.95	
	0.9	26.07±3.31	24.14±3.27	15.63±3.15	20.25±3.61	23.70±3.36	33.97±2.64	
Handwritten	0.3	30.35±3.79	24.37±2.68	15.29±3.84	23.81±3.25	26.66±2.09	39.49±2.87	
	0.5	79.88±2.69	82.33±0.82	70.58±3.61	71.09±2.01	71.33±1.73	82.19±1.07	
	0.7	83.04±1.58	83.62±0.62	71.72±3.62	76.98±1.62	77.23±1.37	81.39±1.09	
	0.9	85.62±1.15	84.67±0.66	75.87±2.55	79.88±0.86	80.44±1.15	80.77±1.41	
Washington	0.3	88.38±1.36	85.06±0.40	78.75±2.99	83.09±1.36	83.75±0.85	84.50±0.79	
	0.5	24.56±3.11	29.99±3.80	19.36±2.57	29.15±2.42	29.68±3.59	31.22±1.87	
	0.7	28.54±2.64	31.10±1.95	20.37±1.90	31.05±2.48	31.59±1.45	33.59±3.47	
	0.9	32.82±2.75	32.33±2.22	21.87±1.82	33.11±2.54	35.47±2.37	36.84±3.36	
Mean±Std		49.72±11.33	35.87±3.84	33.66±2.74	23.47±1.45	35.76±1.83	37.06±1.80	
Rank Mean±Std		9.43±2.89	42.96±24.15	44.62±23.34	32.19±24.49	38.99±22.97	40.22±22.51	
Absolute Wins		2	7	0	0	1	6	
IMNRL 1v1		12/0/4	9/0/7	16/0/0	15/0/1	15/0/1	—	

表 6-5 IMNRL 和对比算法在不完整二视图基准数据集上的 Purity 得分

数据集	完整比例	BSV	Concat	PVC	MIC	OMVC	DAIMC	IMG
Cora	0.3	32.08±1.73	34.22±3.38	42.74±1.66	37.79±1.13	35.95±0.64	37.05±2.04	41.39±1.25
	0.5	37.48±2.34	37.59±3.73	44.19±1.25	38.97±1.73	37.77±1.05	37.62±1.91	41.37±1.66
	0.7	38.71±3.75	39.78±3.46	47.17±1.54	39.21±1.18	39.45±1.92	39.49±2.02	41.84±1.20
	0.9	41.69±3.67	45.03±2.67	48.33±1.64	44.58±2.26	39.88±1.44	45.41±2.07	41.33±0.64
Cornell	0.3	48.79±4.05	48.62±3.69	54.80±2.23	52.61±±2.29	48.30±4.10	48.67±3.69	51.01±2.39
	0.5	49.74±3.38	50.67±4.87	55.41±3.19	54.76±2.80	48.56±2.83	48.17±3.83	51.91±3.06
	0.7	51.21±3.99	51.62±3.65	56.67±2.56	55.80±2.76	49.85±2.84	49.61±4.01	52.56±3.53
	0.9	52.65±2.79	54.87±5.82	57.68±3.61	56.89±2.79	50.44±3.07	51.35±4.39	54.68±3.68
Handwritten	0.3	50.03±2.70	51.12±2.39	71.92±2.29	61.22±3.62	63.40±4.11	68.80±4.17	73.59±2.42
	0.5	58.23±2.05	56.91±2.01	74.97±2.53	67.04±2.86	70.82±3.01	77.65±3.83	75.84±2.96
	0.7	64.58±3.86	66.41±4.01	76.79±2.15	75.86±3.91	75.09±2.83	81.47±3.44	76.98±3.94
	0.9	73.14±4.28	73.52±4.11	79.45±2.49	81.25±2.07	80.33±2.94	85.53±2.77	80.03±2.22
Washington	0.3	62.17±4.15	62.46±3.40	63.72±2.69	64.17±1.75	63.80±4.20	61.94±3.63	65.48±2.10
	0.5	65.88±2.07	60.09±6.95	66.54±1.72	63.81±1.15	64.32±4.96	62.69±3.21	68.05±2.13
	0.7	69.16±1.80	64.41±5.07	66.92±0.99	64.52±2.03	66.65±5.18	67.24±1.85	69.36±2.59
	0.9	70.46±1.75	67.83±1.71	68.31±2.01	66.27±1.62	67.19±5.28	69.39±1.86	71.02±1.74
Mean±Std		54.13±12.28	54.07±11.07	60.98±11.45	57.80±12.46	56.36±13.80	58.26±15.24	59.78±3.76
Rank Mean±Std		10.94±2.22	11.00±1.66	7.44±1.77	9.31±1.96	10.81±1.33	9.81±2.24	7.56±1.87
Absolute Wins		0	0	0	0	0	0	0
IMNRL 1v1		16/0/0	16/0/0	16/0/0	16/0/0	16/0/0	16/0/0	16/0/0

续表 6－5

数据集	完整比例	IMSC AGL	AGC IMC	GPMVC	IMC GNMF	GIMC FLSD	IMNRL	
Cora	0.3	51.42±4.46	52.91±5.82	39.45±2.11	45.13±1.59	46.64±1.68	55.38±2.68	
	0.5	55.88±3.73	58.11±3.08	38.62±1.67	47.64±2.20	48.69±2.10	59.59±2.85	
	0.7	54.54±3.29	60.60±1.64	41.46±2.23	48.78±2.29	52.01±1.92	62.33±2.54	
	0.9	57.45±3.84	62.08±1.58	46.63±2.34	52.17±2.00	55.70±2.59	62.00±1.92	
Cornell	0.3	56.20±4.14	58.94±1.69	51.84±4.07	56.10±2.44	56.62±2.19	60.62±1.62	
	0.5	58.35±2.04	58.15±2.56	50.53±3.89	56.14±1.79	57.12±3.03	62.26±2.17	
	0.7	59.12±2.03	58.70±1.82	50.68±3.23	56.27±3.42	58.36±3.37	66.39±2.17	
	0.9	60.21±2.80	57.80±1.05	48.91±3.56	58.64±2.93	61.02±2.12	67.76±2.30	
Handwritten	0.3	87.63±2.59	84.64±0.52	76.13±4.71	78.25±3.34	78.55±1.87	88.28±1.53	
	0.5	90.38±0.83	85.04±0.31	80.37±3.68	85.49±1.47	85.86±1.49	87.50±1.49	
	0.7	92.31±0.70	85.33±0.40	84.75±3.15	87.59±0.68	88.45±1.65	89.27±1.71	
	0.9	94.18±0.79	85.23±0.24	85.81±3.65	90.39±1.06	91.02±0.57	92.17±0.55	
Washington	0.3	67.90±1.33	69.80±1.69	63.78±1.82	68.23±1.69	68.90±2.05	69.57±1.36	
	0.5	68.64±1.93	70.62±1.01	64.49±1.51	69.13±1.58	69.44±1.20	70.52±1.23	
	0.7	70.27±12.8	70.82±1.24	65.26±0.89	69.30±1.92	70.72±1.20	70.90±1.44	
	0.9	70.48±2.04	71.40±1.15	66.04±0.75	70.00±1.41	71.39±1.28	71.19±0.74	
Mean±Std		68.44±14.27	68.14±11.12	59.67±15.45	64.95±14.19	66.28±13.64	70.98±11.46	
Rank Mean±Std		2.94±1.34	2.81±1.74	8.69±2.36	4.88±0.86	3.31±0.68	1.50±0.61	
Absolute Wins		3	3.5	0	0	0.5	9	
IMNRL 1v1		13/0/3	12/0/4	16/0/0	16/0/ 0	15/0/1	—	

③ 虽然 IMNRL 模型在“Mean±Std”和“Rank Mean±Std”方面比 IMSC_IMC 模型和 AGC_IMC 模型要好，但在一些场景上表现比它们差。出现这种情况的原因可能是，与 IMSC_IMC 模型和 AGC_IMC 模型相比，IMNRL 模型并没有直接约束目标函数上数据的不同视图之间的对应关系。换句话说，IMNRL 模型在二视图不完整场景上可能不会取得明显的改进，并且可以灵活地处理随机不完整的多视图场景（例如，表 6-6、表 6-7 和表 6-8 的结果将证明这一点）。

表 6-6　IMNRL 和对比算法在不完整多视图基准数据集上的 ACC 得分

数据集	缺失比例	BSV	Concat	MIC	OMVC	DAIMC
3 Sources	0.1	41.66±4.00	41.46±9.09	50.83±4.36	43.94±6.42	51.97±7.01
	0.3	36.58±5.90	40.21±8.22	48.21±4.05	39.51±2.84	50.43±6.92
	0.5	34.81±3.57	36.62±6.16	43.16±2.79	38.30±3.48	49.33±6.39
BBCSport	0.1	52.87±8.32	55.52±9.04	50.51±2.10	51.45±5.67	62.53±8.16
	0.3	45.24±5.65	46.62±8.10	47.05±3.96	44.28±5.01	60.66±9.71
	0.5	39.09±5.20	34.59±5.17	45.52±1.87	49.57±4.37	54.51±9.18
Caltech7	0.1	44.17±2.38	48.79±1.01	41.77±3.64	38.89±2.64	42.26±4.03
	0.3	39.79±3.44	38.68±1.12	40.47±3.36	37.77±3.91	41.16±3.49
	0.5	43.17±1.70	41.91±0.96	38.88±4.95	36.50±2.79	38.35±2.78
Mean±Std		41.93±5.05	42.71±6.18	45.16±4.09	42.25±5.09	50.13±7.95
Rank Mean±Std		8.00±1.63	7.667±1.94	7.00±1.15	8.56±1.17	5.67±1.25
Absolute Wins		0	0	0	0	0
IMNRL 1v1		9/0/0	9/0/0	9/0/0	9/0/0	9/0/0

数据集	缺失比例	IMSC AGL	AGC IMC	GPMVC	GIMC FLSD	Ours
3 Sources	0.1	68.19±5.19	77.63±0.83	48.85±7.09	69.28±5.45	77.71±1.38
	0.3	68.12±5.37	71.06±5.48	44.39±6.25	68.76±5.31	79.21±6.13
	0.5	67.78±5.21	68.16±4.09	41.44±6.91	63.78±4.69	77.15±5.19
BBCSport	0.1	77.47±2.84	83.10±5.74	49.48±6.46	79.02±4.47	79.43±2.87
	0.3	76.38±4.50	80.17±3.19	42.89±4.66	76.29±1.91	78.27±3.35
	0.5	67.78±5.21	70.86±6.14	40.13±4.77	69.71±4.20	74.97±2.94
Caltech7	0.1	54.03±1.58	72.52±2.58	43.34±3.30	48.20±1.55	70.62±4.13
	0.3	55.43±2.37	68.23±3.08	40.81±4.90	47.14±1.12	68.33±2.82
	0.5	53.04±2.20	63.12±4.26	34.25±3.93	44.08±2.41	68.23±4.15
Mean±Std		65.36±8.66	72.76±6.03	42.84±4.35	62.92±12.38	74.88±4.34
Rank Mean±Std		3.44±0.50	1.66±0.47	8.00±1.49	3.67±0.67	1.33±0.47
Absolute Wins		0	3	0	0	6
IMNRL 1v1		9/0/0	6/0/3	9/0/0	9/0/0	—

表 6-7　IMNRL 和对比算法在不完整多视图基准数据集上的 NMI 得分

数据集	缺失比例	BSV	Concat	MIC	OMVC	DAIMC
3 Sources	0.1	16.87±5.02	20.85±6.74	38.64±2.49	32.13±6.62	52.02±4.89
	0.3	13.02±3.80	13.67±7.16	37.52±3.73	24.68±3.98	47.21±6.90
	0.5	7.93±3.65	11.15±8.32	27.81±2.24	22.09±2.53	40.38±6.68
BBCSport	0.1	29.69±5.71	34.31±11.99	30.47±2.91	39.37±6.46	49.24±8.20
	0.3	21.60±3.95	19.79±8.45	26.30±4.57	40.32±5.12	46.99±9.23
	0.5	13.90±5.59	8.24±4.78	24.54±3.19	42.65±4.91	36.54±9.40
Caltech7	0.1	38.72±0.73	28.60±0.44	35.52±1.72	27.74±1.57	42.71±2.65
	0.3	32.41±1.69	23.68±0.52	31.10±1.95	23.76±3.47	40.29±2.44
	0.5	25.14±1.23	20.10±0.83	26.67±3.29	19.87±3.32	36.22±2.27
Mean±Std		22.14±9.59	20.04±7.82	30.95±4.88	30.29±8.14	43.51±5.31
Rank Mean±Std		8.33±1.56	8.78±0.79	6.67±0.67	7.56±1.50	5.11±0.31
Absolute Wins		0	0	0	0	0
IMNRL 1v1		9/0/0	9/0/0	9/0/0	9/0/0	9/0/0

数据集	缺失比例	IMSC AGL	AGC IMC	GPMVC	GIMC FLSD	Ours
3 Sources	0.1	65.81±4.68	68.84±1.71	34.73±8.26	61.44±4.31	74.13±1.52
	0.3	60.13±4.67	61.53±3.84	29.42±6.86	60.48±3.02	73.17±4.15
	0.5	59.18±5.69	51.59±3.92	26.33±6.52	53.92±3.56	69.09±3.57
BBCSport	0.1	72.77±4.04	73.19±4.73	28.14±6.93	71.81±3.60	74.16±3.87
	0.3	68.84±4.16	67.79±4.88	18.94±4.84	64.64±2.54	70.74±3.09
	0.5	59.18±5.69	52.41±5.92	17.82±5.18	52.28±5.91	64.70±4.57
Caltech7	0.1	45.54±1.20	53.92±0.55	29.08±3.00	44.84±0.85	56.45±2.73
	0.3	45.34±1.82	55.28±2.86	21.24±7.05	42.32±1.05	55.51±4.00
	0.5	41.00±2.00	48.04±9.56	13.41±3.31	36.53±1.91	51.52±4.17
Mean±Std		57.53±10.58	59.18±8.43	24.35±6.46	54.25±10.83	65.50±8.34
Rank Mean±Std		2.78±0.63	2.44±0.68	8.56±1.34	3.78±0.42	1.00±0.00
Absolute Wins		0	0	0	0	9
IMNRL 1v1		9/0/0	9/0/0	9/0/0	9/0/0	—

随后，本小节首先测试 IMNRL 在不完整多视图基准数据集（随机不完整的多视图场景）上的性能。表 6-6、表 6-7 和表 6-8 报告了 IMNRL 模型和对比算法在不完整多视图基准数据集上的 ACC、NMI 和 Purity 得分，其中最佳结果以粗体突出显示，次优结果以下画线突出显示。可以看出，IMNRL 在不完整多视图场景上的

“Mean±Std”和“Rank Mean±Std”结果明显优于其他对比算法。IMNRL 在总共 9 个不完整多视图场景中 6 个场景上的 ACC 得分最好或次佳、8 个场景上的 NMI 得分最好或次佳、9 个场景上的 Purity 得分最好或次佳。图 6-3 直观地显示了这些算法在 3 个评估指标上的性能比较，展示了算法在多视图基准数据集的平均性能。

表 6-8 IMNRL 和对比算法在不完整多视图基准数据集上的 Purity 得分

数据集	缺失比例	BSV	Concat	MIC	OMVC	DAIMC
3 Sources	0.1	46.82±2.56	48.09±7.05	58.64±3.54	55.01±4.39	69.63±4.33
	0.3	42.41±4.31	43.29±8.13	60.67±3.17	49.19±3.69	66.98±6.19
	0.5	37.49±3.45	40.23±7.15	53.11±2.18	44.58±2.68	62.60±6.11
BBCSport	0.1	60.69±5.31	61.55±9.91	56.19±2.13	52.56±5.78	71.49±7.03
	0.3	50.20±5.18	48.99±8.48	51.22±4.38	54.52±5.24	69.71±9.91
	0.5	43.36±5.79	37.03±4.83	50.41±2.91	56.47±5.16	62.90±8.24
Caltech7	0.1	81.71±0.31	77.76±0.31	80.86±1.12	78.95±0.88	84.63±1.37
	0.3	75.18±0.90	72.82±0.46	78.24±1.62	76.90±2.19	83.79±1.25
	0.5	69.71±1.31	67.69±0.65	74.99±3.58	75.23±2.46	82.60±0.96
Mean±Std		41.93±5.05	42.71±6.18	45.16±4.09	42.25±5.09	50.13±7.95
Rank Mean±Std		8.00±1.63	7.667±1.94	7.00±1.15	8.56±1.17	5.67±1.25
Absolute Wins		0	0	0	0	0
IMNRL 1v1		9/0/0	9/0/0	9/0/0	9/0/0	9/0/0

数据集	缺失比例	IMSC AGL	AGC IMC	GPMVC	GIMC FLSD	Ours
3 Sources	0.1	77.63±3.11	83.33±0.49	59.78±6.51	80.83±2.62	82.88±1.46
	0.3	75.23±2.91	77.87±3.68	56.42±4.94	80.06±2.43	83.93±3.95
	0.5	76.03±4.90	73.73±1.85	54.31±5.88	75.21±2.97	81.99±3.47
BBCSport	0.1	88.44±2.64	86.03±2.08	56.83±6.16	88.45±2.70	89.60±2.45
	0.3	86.64±3.42	83.79±3.83	47.84±4.16	85.34±1.68	87.95±2.21
	0.5	76.03±4.90	76.03±4.54	45.60±4.21	77.67±5.16	84.00±3.04
Caltech7	0.1	84.48±0.93	85.14±0.14	78.41±1.86	86.62±0.34	88.79±0.96
	0.3	84.68±0.74	86.11±1.31	74.31±6.28	85.63±0.65	89.16±1.82
	0.5	83.48±1.21	81.76±7.32	68.71±3.75	83.33±0.96	87.99±1.52
Mean±Std		81.40±4.85	81.53±4.31	60.25±10.70	82.57±4.16	86.25± 2.83
Rank Mean±Std		3.33±1.05	3.22±1.13	8.00±1.33	2.56±0.50	1.11±0.31
Absolute Wins		0	1	0	0	8
IMNRL 1v1		9/0/0	8/0/1	9/0/0	9/0/0	—

从表 6－6、表 6－7、表 6－8 和图 6－3，可以得出以下结论：① 与对比算法相比，IMNRL 模型最少提高了 2.91％的 ACC 得分、10.68％的 NMI 得分和 4.46％的 Purity 得分。除了二视图数据集外，IMNRL 模型还展示了随机多视图场景的优越性能，这表明它是一种有效的不完整多视图聚类方法。② IMNRL 在不同的缺失率上明显优于其他对比算法（例如，IMNRL 模型在 0.1、0.3 和 0.5 缺失率上的 NMI 得分最少提高了 4.49％、8.03％和 16.28％），这表明 IMNRL 可以有效地处理随机视图缺失问题。此外，IMNRL 模型在当缺失率较高时的性能提升更为明显（例如，在 0.5 的高缺失率下，IMNRL 模型仍然分别实现了 9.01％ ACC 得分、16.28％ NMI 得分和 7.52％ Purity 得分的最小提升），这表明 IMNRL 模型可以有效地处理随机不完整多视图问题。

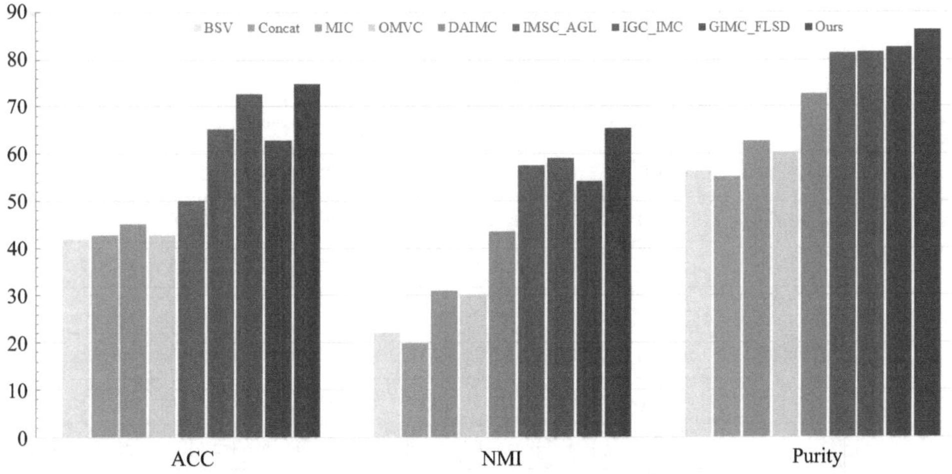

图 6－3　IMNRL 和对比算法在不完整多视图基准数据集上的性能比较

IMNRL 模型多个不完整视图结构分解为一致性非负特征和多个视图上视图私有的谱嵌入特征，该一致性非负特征还应满足图正则化约束和一致性正则化约束。图正则化约束一致性非负特征满足每个视图上的近邻约束，而一致性正则化约束要求一致性非负特征接近视图上视图私有的谱嵌入特征。为了演示每个组件如何对性能做出贡献，本小节进行了消融实验。表 6－9 和表 6－10 所列为 IMNRL 模型和消融模型的性能比较，其中 Ablation－1/2/3 和 IMNRL 模型的不同在于一致性非负特征是否满足图正则化约束和一致性正则化约束。在 Ablation－1 中，非负表示不满足这两个约束；Ablation－2 仅要求一致性非负特征满足图正则化约束；Ablation－3 仅要求一致性非负特征满足一致性正则化约束。

根据表 6－9 和表 6－10 中的结果，可以发现：① 与 Ablation－1 相比，Ablation－2 平均提升 2.14％的 ACC 得分、2.40％的 NMI 得分和 1.14％的 Purity 得分；② 与 Ablation－1 相比，Ablation－3 平均提升 2.21％的 ACC 得分、3.05％的 NMI 得分和

1.41%的 Purity 得分;③ 与 Ablation-1 相比,IMNRL 平均提升 5.04%的 ACC 得分、5.83%的 NMI 得分和 2.65%的 Purity 得分。这些都说明,无论是图正则化约束还是一致性正则化约束都可以有效提升 IMNRL 模型的多视图聚类结果。同时,可以发现 Ablation-1 也能取得不错的性能,原因如下:Ablation-1 在多个不完整图上进行矩阵分解,这样一致性特征表示可以保留不同视图的结构信息。

表 6-9 IMNRL 和消融模型在不完整二视图基准数据集上的性能比较

数据集	完整比例	评价指标	Ablation-1	Ablation-2	Ablation-3	IMNRL
3 Sources	0.3	ACC	48.10±4.13	51.33±2.51	49.71±3.68	51.97±3.56
		NMI	25.04±3.06	26.97±1.56	26.38±3.07	27.99±2.80
		Purity	52.67±2.83	54.20±1.95	53.61±2.82	55.38±2.68
	0.5	ACC	51.25±4.39	54.37±3.53	53.43±3.34	56.59±3.56
		NMI	29.88±3.02	32.07±2.23	31.69±2.64	34.07±2.51
		Purity	55.55±3.69	57.70±3.02	57.33±3.04	59.59±2.85
	0.7	ACC	54.48±4.38	57.57±5.22	56.46±2.88	59.38±3.25
		NMI	32.98±2.84	36.07±3.96	35.70±2.36	37.81±2.41
		Purity	58.00±3.16	61.00±3.92	60.16±2.15	62.33±2.54
	0.9	ACC	55.16±3.29	56.32±2.14	57.43±2.29	57.49±2.30
		NMI	35.26±3.40	37.30±1.22	38.41±2.05	38.99±1.68
		Purity	59.57±3.24	60.75±1.76	61.87±1.96	62.00±1.92
BBCSport	0.3	ACC	43.97±2.62	48.00±4.73	46.94±2.28	52.34±4.85
		NMI	20.43±3.66	22.14±2.85	22.32±2.67	25.15±3.27
		Purity	56.82±2.12	58.36±1.56	58.29±1.48	60.62±1.62
	0.5	ACC	46.53±2.82	47.35±3.96	47.15±2.94	51.69±4.96
		NMI	23.87±2.69	24.91±3.36	23.97±3.43	27.13±3.95
		Purity	59.73±2.97	60.21±3.32	60.58±2.76	62.26±2.17
	0.7	ACC	49.61±3.92	50.46±3.52	49.78±3.44	54.56±3.63
		NMI	29.31±2.23	31.91±3.02	31.09±2.56	33.97±2.64
		Purity	63.18±2.68	63.97±3.43	63.69±2.62	66.39±2.17
	0.9	ACC	53.44±3.15	55.25±2.34	55.73±2.78	58.02±2.81
		NMI	36.70±3.15	37.18±2.19	37.01±2.96	39.49±2.87
		Purity	65.85±2.48	66.70±1.89	66.36±1.90	67.76±2.30

续表 6－9

数据集	完整比例	评价指标	Ablation－1	Ablation－2	Ablation－3	IMNRL
Caltech7	0.3	ACC	53.44±3.16	86.90±3.62	88.16±2.02	88.14±2.00
		NMI	81.45±1.65	81.78±1.38	82.17±1.00	82.19±1.07
		Purity	87.51±2.37	87.65±2.23	88.30±1.55	88.28±1.53
	0.5	ACC	53.44±3.17	86.84±2.34	87.36±1.45	87.47±1.57
		NMI	80.17±1.08	80.45±1.19	80.96±0.91	81.39±1.09
		Purity	86.95±1.71	87.09±1.71	87.39±1.37	87.50±1.49
	0.7	ACC	53.44±3.18	89.12±1.65	89.03±1.58	89.27±1.71
		NMI	80.06±1.04	80.51±1.32	80.34±1.17	80.77±1.41
		Purity	88.89±1.53	89.12±1.65	89.03±1.58	89.27±1.71
	0.9	ACC	53.44±3.19	92.00±1.68	91.39±1.36	92.17±0.55
		NMI	83.63±1.50	84.56±1.47	83.89±1.36	84.50±0.79
		Purity	91.12±2.43	92.00±1.68	91.39±1.89	92.17±0.55
Caltech7	0.3	ACC	53.44±3.20	61.42±4.96	60.61±3.54	63.94±3.20
		NMI	29.04±2.96	30.27±2.19	29.45±2.66	31.22±1.87
		Purity	68.00±1.39	69.42±1.40	68.52±1.33	69.97±1.46
	0.5	ACC	53.44±3.21	61.97±3.80	61.74±4.16	64.75±2.51
		NMI	31.35±3.41	32.11±4.24	32.67±2.69	33.59±3.47
		Purity	69.16±1.37	69.51±1.75	70.06±1.03	70.52±1.23
	0.7	ACC	53.44±3.22	61.77±3.04	62.38±2.79	64.26±3.15
		NMI	34.30±2.12	34.60±2.14	35.23±1.60	36.84±3.36
		Purity	69.94±2.91	70.03±0.89	70.49±0.91	70.90±1.44
	0.9	ACC	53.44±3.23	69.01±1.73	69.07±1.69	68.72±1.72
		NMI	32.77±1.54	33.62±1.76	33.24±1.84	34.07±2.00
		Purity	70.72±0.61	71.07±0.65	70.75±0.64	71.19±0.74

IMNRL 模型在一致性特征上添加了非负约束，这样可以直接通过一致性特征得到聚类结果避免了后处理。图 6－4 所示为 IMNRL 模型和 Ablation－H_{negative} 的性能比较，其中 Ablation－H_{negative} 没有在一致性特征上添加非负约束。可以看出，IMNRL 模型在两视图不完整场景和随机不完整多视图场景上都明显优于 Ablation－H_{negative}，这表明非负约束可以使一致性特征包含更多的类簇信息。

表 6-10 IMNRL 和消融模型在不完整多视图基准数据集上的性能比较

数据集	缺失比例	评价指标	Ablation-1	Ablation-2	Ablation-3	IMNRL
3 Sources	0.1	ACC	76.37±1.94	77.00±1.29	77.12±1.95	77.71±1.38
		NMI	73.07±1.94	73.30±1.93	73.74±1.52	74.13±1.52
		Purity	81.89±2.06	82.45±1.36	82.45±1.96	82.88±1.46
	0.3	ACC	75.33±7.59	76.65±5.79	78.06±6.99	79.21±6.13
		NMI	69.73±5.77	70.87±4.00	71.67±4.54	73.17±4.15
		Purity	81.28±4.96	81.98±3.95	83.11±4.42	83.93±3.95
	0.5	ACC	73.87±4.06	76.02±5.43	75.84±4.49	77.15±5.19
		NMI	62.98±3.08	65.90±4.70	66.82±2.79	69.09±3.57
		Purity	78.97±2.69	80.77±3.42	80.86±2.94	81.99±3.47
BBCSport	0.1	ACC	78.16±3.37	79.08±2.84	77.79±3.30	79.43±2.87
		NMI	70.96±3.47	71.92±3.89	73.32±3.40	74.16±3.87
		Purity	88.05±2.48	88.79±2.33	88.97±2.73	89.60±2.45
	0.3	ACC	76.08±3.01	76.48±2.91	77.52±2.83	78.27±3.35
		NMI	68.12±3.28	69.15±2.46	70.07±3.09	70.74±3.09
		Purity	86.40±2.53	86.74±2.35	87.72±2.00	87.95±2.21
	0.5	ACC	69.75±6.40	71.51±5.23	73.97±4.27	74.97±2.94
		NMI	58.40±5.00	59.93±4.48	63.11±4.25	64.70±4.57
		Purity	78.74±4.27	80.27±3.82	82.87±3.36	84.00±3.04
Caltech7	0.1	ACC	67.39±1.74	68.77±1.48	67.80±1.71	70.62±4.13
		NMI	55.71±1.74	57.45±2.91	55.80±2.94	56.45±2.73
		Purity	88.79±1.25	89.55±1.10	88.81±1.24	88.79±0.96
	0.3	ACC	66.90±1.59	66.69±1.79	67.96±1.54	68.33±2.82
		NMI	53.65±2.58	52.84±2.31	55.76±2.84	55.51±4.00
		Purity	88.64±0.99	87.95±1.42	89.39±1.03	89.16±1.82
	0.5	ACC	64.17±2.08	64.87±2.34	65.46±2.30	68.23±4.15
		NMI	47.08±3.01	48.08±3.74	49.11±3.66	51.52±4.17
		Purity	86.59±1.29	87.02±1.46	87.26±1.59	87.99±1.52

此外，图 6-5 可视化了 IMNRL 在 90%成对率的 Handwritten 数据集上特征：图(a) $\boldsymbol{H}$；图(b) $(\boldsymbol{H}.\times\boldsymbol{P}^1)(\boldsymbol{F}^1)^{\mathrm{T}}$；图(c) $(\boldsymbol{H}.\times\boldsymbol{P}^2)(\boldsymbol{F}^2)^{\mathrm{T}}$。如图 6-5 (a)所示，最终的聚类标签可以由一致性非负特征 $\boldsymbol{H}$ 每行中最大值的列索引确定。如图 6-5(b)和(c)所示，$(\boldsymbol{H}\circ\boldsymbol{P}^v)(\boldsymbol{F}^v)^{\mathrm{T}}$ 可以较好地重构每个视图上的不完整图结构。

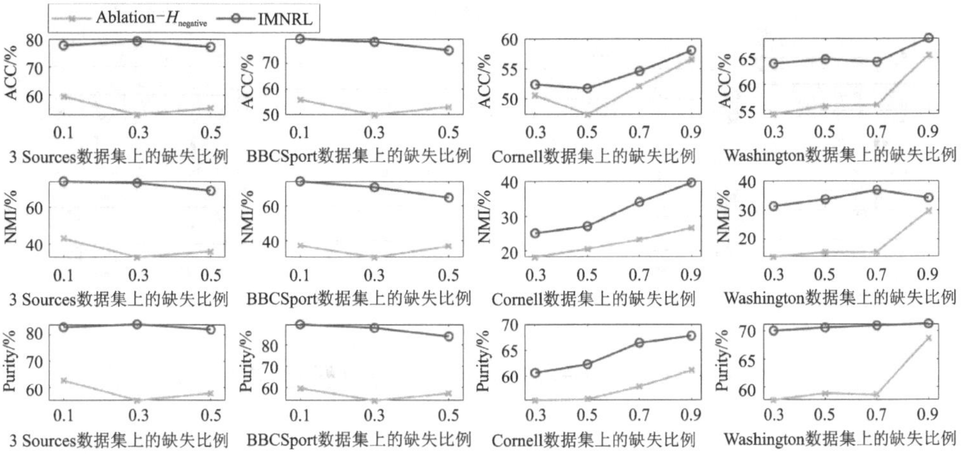

图 6-4　IMNRL 和 Ablation-$H_{negative}$ 的性能比较

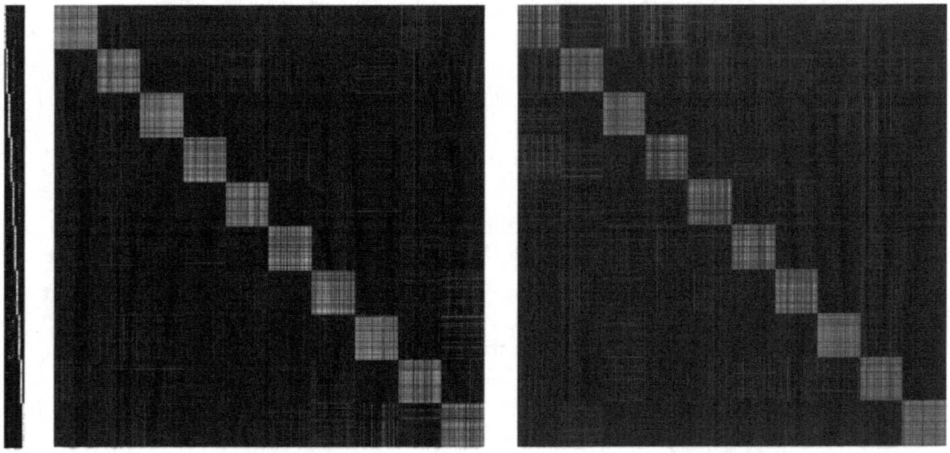

(a) $\boldsymbol{H}$　　(b) $(\boldsymbol{H}.\times\boldsymbol{P}^1)(\boldsymbol{F}^1)^{\mathrm{T}}$　　(c) $(\boldsymbol{H}.\times\boldsymbol{P}^2)(\boldsymbol{F}^2)^{\mathrm{T}}$

图 6-5　IMNRL 在 90%成对率的 Handwritten 数据集上特征的可视化

IMNRL 框架中有两个关键的正则化参数，β 和 λ。图 6-6 和图 6-7 所示为 IMNRL 在 Washington 和 BBCSport 数据集上使用不同的 β，λ 值的性能变化。可以发现，正则化参数 β，λ 对 IMNRL 模型在 Washington（特殊不完整场景）和 BBCSport（随机不完整多视图场景）上的性能都有显著的影响，这表明图正则化约束和一致性正则化都可以有效提升 IMNRL 模型的多视图聚类性能。从图 6-6 和图 6-7 中可以看出：① IMNRL 模型在一定的参数空间范围内取得了很好的性能，这说明它在一定程度上对参数不敏感；② IMNRL 模型在 Washington 数据集上随着成对率的增加性能更好，在 BBCSport 数据集上随着缺失率的增加性能更糟。这与我们的直觉是一致的。

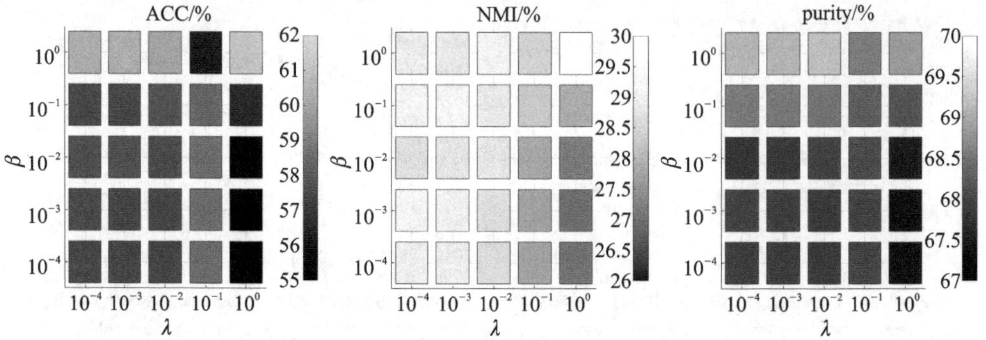

图 6-6　IMNRL 在 30%成对率的 Washington 上随着不同的 β,λ 值的性能变化

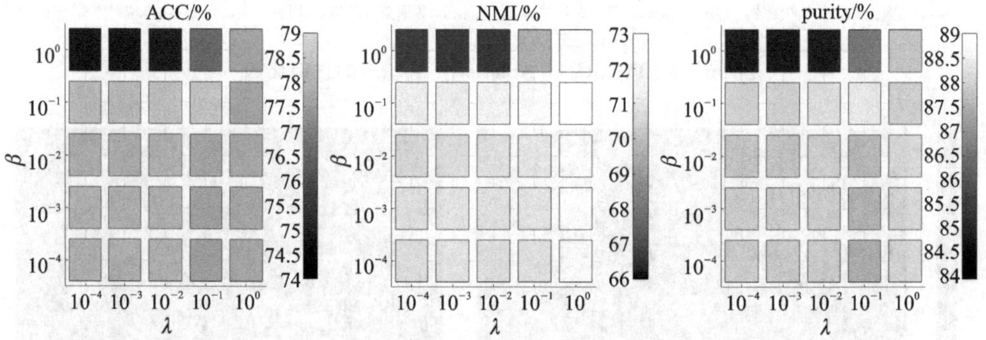

图 6-7　IMNRL 在 10%缺失率的 BBCSport 上随着不同的 β,λ 值的性能变化

参考文献

[1] Zhao H, Liu H, Fu Y. Incomplete multi-modal visual data grouping[C]//Proceedings of. International Joint Conference on Artificial Intelligence. New York: IJCAI/AAAI Press, 2016: 2392-2398.

[2] Wen J, Xu Y, Liu H. Incomplete multiview spectral clustering with adaptive graph learning[J]. IEEE transactions on cybernetics, 2020, 50(4): 1418-1429.

[3] Li S Y, Jiang Y, Zhou Z H. Partial multi-view clustering[C]//Proceedings of AAAI Conference on Artificial Intelligence. Québec City: AAAI Press, 2014, 28(1): 1969-1974.

[4] Shao W, He L, Yu P. Multiple incomplete views clustering via weighted nonnegative matrix factorization with L2, 1 regularization[C]//Proceedings of Joint European Conference on Machine Learning and Knowledge Discovery in Databases. Porto: Springer, 2015: 318-334.

[5] Shao W, He L, Lu C, et al. Online multi-view clustering with incomplete views[C]// Proceedings of IEEE International Conference on Big Data. Washington: IEEE, 2016: 1012-1017.

[6] Hu M, Chen S. Doubly aligned incomplete multi-view clustering[C]//Proceedings of International Joint Conference on Artificial Intelligence. Stockholm: ACM, 2018:2262-2268.

[7] Hu M, Chen S. One-pass incomplete multi-view clustering[C]//Proceedings of AAAI Conference on Artificial Intelligence. Honolulu: AAAI Press, 2019, 33(1): 3838-3845.

[8] Rai N, Negi S, Chaudhury S, et al. Partial multi-view clustering using graph regularized NMF[C]//Proceedings of International Conference on Pattern Recognition. Cancun: IEEE, 2016: 2192-2197.

[9] Wen J, Zhang Z, Zhang Z, et al. Generalized incomplete multiview clustering with flexible locality structure diffusion[J]. IEEE Transactions on Cybernetics, 2021, 51(1): 101-114.

[10] Zhang N, Sun S. Incomplete multiview nonnegative representation learning with multiple graphs[J]. Pattern Recognition, 2022, 123: 108412.

[11] Nie F, Li J, Li X. Self-weighted Multiview Clustering with Multiple Graphs[C]//Proceedings of International Joint Conference on Artificial Intelligence. Melbourne: ijcai. org, 2017:2564-2570.

[12] Wen J, Yan K, Zhang Z, et al. Adaptive graph completion based incomplete multi-view clustering[J]. IEEE Transactions on Multimedia, 2020, 23: 2493-2504.

[13] Wen J, Zhang Z, Xu Y, et al. Incomplete multi-view clustering via graph regularized matrix factorization[C]//Proceedings of the European Conference on Computer Vision Workshops. Munich: Springer, 2018: 593-608.

第 7 章

基于图补全和自适应近邻的不完整多视图表示学习模型

多视图聚类是多视图学习的一个重要研究分支，它将多视图情况划分为不同的簇，将相似的实例分组到同一个类中。典型相关分析和协同训练是早期多视图聚类工作中具有代表性的两种方法。典型相关分析可以在每个视图上构造低维表示，协同训练可以优化不同视图之间的一致性并处理无监督多视图学习问题。现有的多视图聚类方法大致可分为矩阵分解方法、图方法、子空间学习方法和多核方法，但是这些方法是基于所有多视图样本都已完成的假设，相当多的样本在现实场景中只有部分视图。

矩阵分解方法是解决不完整多视图聚类问题的一个研究方向，例如 PVC 模型[1]、MIC 模型[2]、OMVC 模型[3]、DAIMC 模型[4] 和 OPIMC 模型[5]。基于矩阵分解的不完整多视图聚类方法通常引入包含缺失视图信息的加权矩阵，可以直观地处理不完整多视图聚类问题。但是，这些方法往往忽略了矩阵分解过程中缺失视图的隐藏信息和数据的图结构学习。针对这一问题，IMCRV 模型[6] 对缺失视图进行重构，并对补全的样本进行矩阵分解，其中使用一致性表示的图拉普拉斯项来提高聚类性能。IMCRV 模型采用图的拉普拉斯项来桥接不同样本的公共表示，忽略了原始样本的图结构学习。基于图补全和自适应近邻的不完整多视图表示学习模型[7]，在 IMNRL 模型[8] 的基础上考虑缺失图补全和一致性图结构学习，进行缺失图补全、公共图结构和公共特征表示的联合学习。本章首先介绍基于图补全和自适应近邻的不完整多视图表示学习模型的学习过程，然后对其进行相关性分析和复杂性分析，最后通过仿真实验验证该模型的有效性。

7.1 基于图补全和自适应近邻的不完整多视图非负表示学习方法

7.1.1 模型概述

如图 7-1 所示，基于图补全和自适应近邻的不完整多视图表示学习(IMNGA)模型，将每个视图上的完整图结构和不完整图结构分解为一致性非负特征和两个视图私有表示，其中一致性非负特征还需要满足公共图的正则化约束。通过这种方式，IMNGA 模型充分利用来自可用视图和缺失视图的信息来学习具有表现力的一致性非负特征。此外，它约束公共图以满足不完整多视图数据和一致性非负特征的近邻约束。

给定一组不完整的多视图样本 $\boldsymbol{X}=\{\boldsymbol{X}^v\}_{v=1}^V$，其中样本类别数是 K、$\boldsymbol{X}^v\in\mathbb{R}^{N_v\times N}$ 表示样本在第 v 个视图上的数据，$\boldsymbol{G}^v\in\mathbb{R}^{N_v\times N}$ 表示样本在第 v 个视图上的指示矩阵，$G_{ij}^v=1$ 表示 $\boldsymbol{X}^v$ 的第 i 行对应第 j 个样本的第 v 个视图，$G_{ij}^v=0$ 表示第 j 个样本的第 v 个视图缺失。这样，每个视图上的相似度图结构 $\boldsymbol{S}^v\in\mathbb{R}^{N_v\times N_v}$ 可以表示为

$$S_{ij}^v=\begin{cases}\dfrac{d(\boldsymbol{X}_{i.}^v,\hat{\boldsymbol{X}}_{(k+1).}^v)-d(\boldsymbol{X}_{i.}^v,\boldsymbol{X}_{j.}^v)}{\sum\limits_{j'=1}^{k}(d(\boldsymbol{X}_{i.}^v,\hat{\boldsymbol{X}}_{(k+1).}^v)-d(\boldsymbol{X}_{i.}^v,\hat{\boldsymbol{X}}_{j'.}^v))}, & \boldsymbol{X}_{j.}^v\in\mathrm{KNN}(\boldsymbol{X}_{i.}^v)\\ 0, & \text{其他}\end{cases}\tag{7-1}$$

式中：$d(\boldsymbol{X}_{i.}^v,\boldsymbol{X}_{j.}^v)=\|\boldsymbol{X}_{i.}^v-\boldsymbol{X}_{j.}^v\|_F^2$ 表示 $\boldsymbol{X}_{i.}^v$ 与 $\boldsymbol{X}_{j.}^v$ 间的欧式距离，k 是近邻的数目。这样，相似图 $\boldsymbol{S}^v$ 可能是不对称的，可以将其定义为 $\boldsymbol{S}^v=(\boldsymbol{S}^v+\boldsymbol{S}^{v\mathrm{T}})/2$。接下来，可以计算每个单独视图的归一化相似图 $\boldsymbol{A}^v\in\mathbb{R}^{N\times N}$：

$$\boldsymbol{A}^v=\boldsymbol{G}^{v\mathrm{T}}(\boldsymbol{D}^{v-1/2}\boldsymbol{S}^v\boldsymbol{D}^{v-1/2})\boldsymbol{G}^v\tag{7-2}$$

式中：$\boldsymbol{A}^v$ 是第 v 个视图上样本的不完整图结构，$\boldsymbol{D}^v$ 是 $\boldsymbol{S}^v$ 的度矩阵，$\boldsymbol{D}^{v-1/2}\boldsymbol{S}^v\boldsymbol{D}^{v-1/2}$ 通过指示矩阵 $\boldsymbol{G}^v$ 转换成 $\boldsymbol{A}^v$，$\boldsymbol{A}_{i.}^v=\boldsymbol{0}$ 意味着第 i 个样本的第 v 个视图缺失。可以看出，IMNGA 上不完整图 $\boldsymbol{A}^v$ 的学习与 IMNRL 一样。这时，可以利用样本 $\{\boldsymbol{X}^v\}_{v=1}^V$ 和所有视图上的不完整图 $\{\boldsymbol{A}^v\}_{v=1}^V$ 初始化公共图结构 $\boldsymbol{A}$ 和所有视图上的补全的完整图 $\{\widetilde{\boldsymbol{A}}^v\}_{v=1}^V$。

如图 7-1 所示，IMNGA 模型可以同时进行缺失图补全、公共图学习和一致性非负特征学习。具体来说，IMNGA 模型的目标函数可以由以下 4 部分组成：

- **图重构项**将每个视图上的完整图结构 $\widetilde{\boldsymbol{A}}^v$ 和不完整图结构 $\boldsymbol{A}^v$ 分解为一致性非负特征 $\boldsymbol{H}$ 和两个视图私有表示 $\widetilde{\boldsymbol{F}}^v$，$\boldsymbol{F}^v$；
- **协同正则化项**强制一致性非负特征 $\boldsymbol{H}$ 满足公共图 $\boldsymbol{A}$ 的正则化约束。换句话

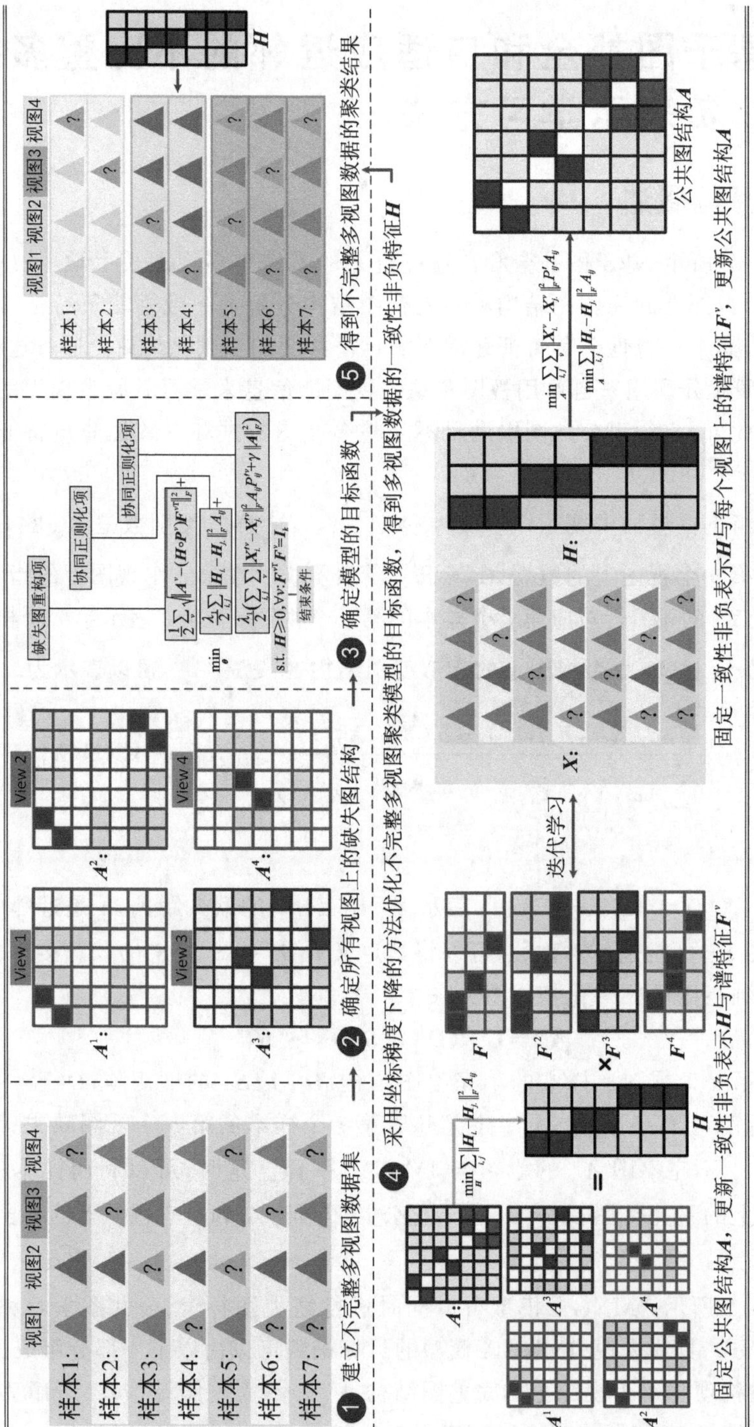

图7-1 IMNRL模型的示意图

说，它也强制公共图 $\boldsymbol{A}$ 满足一致性非负特征 $\boldsymbol{H}$ 的近邻约束；

- **公共图正则化项**约束公共图 $\boldsymbol{A}$ 保留不完整多视图数据的近邻信息；
- **图补全项**允许模型使用每个视图上的不完整图 $\boldsymbol{A}^v$ 和共同图 $\boldsymbol{A}$ 来学习每个视图上的完整图 $\widetilde{\boldsymbol{A}}^v$，这也意味着共同图 $\boldsymbol{A}$ 应该保留不同视图上不完整图信息与完整图信息。

因此，IMNGA 模型的目标函数可以写成

$$\left.\begin{aligned}&\min_{\boldsymbol{\theta}} \frac{1}{2}\sum_{v}\left(\delta^v\left(\|\widetilde{\boldsymbol{A}}^v - H\widetilde{\boldsymbol{F}}^{v\mathrm{T}}\|_F^2 + \alpha\|\boldsymbol{A}^v - (\boldsymbol{H}.\times\boldsymbol{P}^v)\boldsymbol{F}^{v\mathrm{T}}\|_F^2\right)\right) + \\&\quad \frac{\lambda_1}{2}\sum_{i,j}\left(\|\boldsymbol{H}_{i.} - \boldsymbol{H}_{j.}\|_F^2 A_{ij}\right) + \\&\quad \frac{\lambda_2}{2}\sum_{i,j,v}\left(\delta^v\|\boldsymbol{X'}^v_{i.} - \boldsymbol{X'}^v_{j.}\|_F^2 A_{ij}W_{ij}^v\right) + \\&\quad \frac{\lambda_3}{2}\sum_{v}\left(\delta^v\left(\|\widetilde{\boldsymbol{A}}^v - \boldsymbol{A}\|_F^2 + \|\widetilde{\boldsymbol{A}}^v.\times\boldsymbol{W}^v - \boldsymbol{A}^v\|_F^2\right)\right)\\&\text{s.t. } \boldsymbol{H}\geqslant 0, A_{ij}\geqslant 0, \sum_j A_{ij} = 1, \delta^v\geqslant 0, \sum_v \delta^v = 1,\\&\qquad \forall v: \widetilde{\boldsymbol{F}}^{v\mathrm{T}}\widetilde{\boldsymbol{F}}^v = \boldsymbol{I}_K, \boldsymbol{F}^{v\mathrm{T}}\boldsymbol{F}^v = \boldsymbol{I}_K, \widetilde{A}_{ij}^v\geqslant 0, \sum_j \widetilde{A}_{ij}^v = 1\end{aligned}\right\} \tag{7-3}$$

式中：$\boldsymbol{\theta} = \{\boldsymbol{A}, \boldsymbol{H}, \{\boldsymbol{F}^v, \widetilde{\boldsymbol{F}}^v, \widetilde{\boldsymbol{A}}^v, \delta_v\}_{v=1}^V\}$ 表示模型需要学习的变量，$.\times$ 表示对位元素相乘，$\boldsymbol{P}^v = \boldsymbol{G}^{v\mathrm{T}}\boldsymbol{1}_{N_v\times K}$，$\boldsymbol{W}^v = \boldsymbol{G}^{v\mathrm{T}}\boldsymbol{G}$，$\boldsymbol{X'}^v = \boldsymbol{G}^{v\mathrm{T}}\boldsymbol{X}^v$，$\boldsymbol{\delta} = \{\delta_v\}_{v=1}^V$ 是平衡不同视图的参数。根据 IMNRL 模型[8]，平衡不同视图的参数

$$\begin{aligned}\delta^v = &\left(\|\widetilde{\boldsymbol{A}}^v - \boldsymbol{H}\widetilde{\boldsymbol{F}}^{v\mathrm{T}}\|_F^2 + \alpha\|\boldsymbol{A}^v - (\boldsymbol{H}.\times\boldsymbol{P}^v)\boldsymbol{F}^{v\mathrm{T}}\|_F^2 + \right.\\&\lambda_3\left(\|\widetilde{\boldsymbol{A}}^v - \boldsymbol{A}\|_F^2 + \|\widetilde{\boldsymbol{A}}^v.\times\boldsymbol{W}^v - \boldsymbol{A}^v\|_F^2\right) + \\&\left.\lambda_2\sum_{i,j}\left(\|\boldsymbol{X'}^v_{i.} - \boldsymbol{X'}^v_{j.}\|_F^2 A_{ij}W_{ij}^v\right)\right)^{-1/2}\end{aligned}$$

可以自动确定。此时，IMNGA 模型的目标函数为

$$\left.\begin{aligned}&\min_{\boldsymbol{\theta}} \sum_{v}\left(\left(\|\widetilde{\boldsymbol{A}}^v - \boldsymbol{H}\widetilde{\boldsymbol{F}}^{v\mathrm{T}}\|_F^2 + \alpha\|\boldsymbol{A}^v - (\boldsymbol{H}.\times\boldsymbol{P}^v)\boldsymbol{F}^{v\mathrm{T}}\|_F^2\right) + \right.\\&\quad \lambda_2\sum_{i,j}\left(\|\boldsymbol{X'}^v_{i.} - \boldsymbol{X'}^v_{j.}\|_F^2 A_{ij}W_{ij}^v\right) + \\&\quad \left.\lambda_3\left(\|\widetilde{\boldsymbol{A}}^v - \boldsymbol{A}\|_F^2 + \|\widetilde{\boldsymbol{A}}^v.\times\boldsymbol{W}^v - \boldsymbol{A}^v\|_F^2\right)\right)^{1/2} + \\&\quad \frac{\lambda_1}{2}\sum_{i,j}\left(\|\boldsymbol{H}_{i.} - \boldsymbol{H}_{j.}\|_F^2 A_{ij}\right)\\&\text{s.t. } A_{ij}\geqslant 0, \sum_j A_{ij} = 1, \forall v: \widetilde{A}_{ij}^v\geqslant 0, \sum_j \widetilde{A}_{ij}^v = 1, \boldsymbol{H}\geqslant \boldsymbol{0},\\&\qquad \forall v: \widetilde{\boldsymbol{F}}^{v\mathrm{T}}\widetilde{\boldsymbol{F}}^v = \boldsymbol{I}_K, \boldsymbol{F}^{v\mathrm{T}}\boldsymbol{F}^v = \boldsymbol{I}_K\end{aligned}\right\} \tag{7-4}$$

可以看出，IMNGA 模型的优化是公共特征表示 $\boldsymbol{H}$，两种视图私有表示 $\{\boldsymbol{F}^v,\widetilde{\boldsymbol{F}}^v\}_{v=1}^V$，补全的图结构 $\{\widetilde{\boldsymbol{A}}^v\}_{v=1}^V$ 和公共图结构图 $\boldsymbol{A}$ 的联合优化问题。

7.1.2 优化和学习

IMNGA 的目标函数可以通过坐标下降法来解决。对于需要学习的变量 $\{\boldsymbol{H},\{\boldsymbol{F}^v,\widetilde{\boldsymbol{F}}^v\}_{v=1}^V,\{\widetilde{\boldsymbol{A}}^v\}_{v=1}^V,\boldsymbol{A}\}$，本小节通过固定剩余变量迭代更新一个变量，最终找到一个模型的局部最优解。具体优化过程可以分为以下 4 个步骤：

1. 固定 $\boldsymbol{A},\{\boldsymbol{F}^v,\widetilde{\boldsymbol{F}}^v,\widetilde{\boldsymbol{A}}^v\}_{v=1}^V$，更新 $\boldsymbol{H}$

固定 $\boldsymbol{A},\{\boldsymbol{F}^v,\widetilde{\boldsymbol{F}}^v,\widetilde{\boldsymbol{A}}^v\}_{v=1}^V$，IMNGA 的目标函数退化为

$$\min_{\boldsymbol{H}\geqslant 0} f(\boldsymbol{H})=\sum_v \sqrt{g_v}+\frac{\lambda_1}{2}\sum_{i,j}(\|\boldsymbol{H}_{i.}-\boldsymbol{H}_{j.}\|_F^2 A_{ij}) \tag{7-5}$$

式中：参数

$$g_v=\|\widetilde{\boldsymbol{A}}^v-\boldsymbol{H}\widetilde{\boldsymbol{F}}^{v\mathrm{T}}\|_F^2+\alpha\|\boldsymbol{A}^v-(\boldsymbol{H}.\times\boldsymbol{P}^v)\boldsymbol{F}^{v\mathrm{T}}\|_F^2+\lambda_2\sum_{i,j}\|\boldsymbol{X}'^v_{i.}-\boldsymbol{X}'^v_{j.}\|_F^2 A_{ij}W_{ij}^v+\lambda_3(\|\widetilde{\boldsymbol{A}}^v.\times\boldsymbol{W}^v-\boldsymbol{A}^v\|_F^2+\|\widetilde{\boldsymbol{A}}^v-\boldsymbol{A}\|_F^2)$$

是关于 $\boldsymbol{H}$ 的函数。令 $f(\boldsymbol{H})$ 对 $\boldsymbol{H}$ 求导，可得

$$\begin{aligned}\frac{\partial f(\boldsymbol{H})}{\partial\boldsymbol{H}}&=\sum_v\left(\frac{1}{2\sqrt{g_v}}\frac{\partial g_v}{\partial\boldsymbol{H}}\right)+\frac{\partial\left(\frac{\lambda_1}{2}\sum_{i,j}\|\boldsymbol{H}_{i.}-\boldsymbol{H}_{j.}\|_F^2A_{ij}\right)}{\partial\boldsymbol{H}}\\&=\sum_v\left(\frac{1}{2\sqrt{g_v}}\frac{\partial(\|\widetilde{\boldsymbol{A}}^v-H\widetilde{\boldsymbol{F}}^{v\mathrm{T}}\|_F^2+\alpha\|\boldsymbol{A}^v-(H.\times\boldsymbol{P}^v)\boldsymbol{F}^{v\mathrm{T}}\|_F^2)}{\partial\boldsymbol{H}}\right)+\\&\quad\frac{\partial\left(\frac{\lambda_1}{2}\sum_{i,j}\|\boldsymbol{H}_{i.}-\boldsymbol{H}_{j.}\|_F^2A_{ij}\right)}{\partial\boldsymbol{H}}\\&=\sum_v\left(\frac{\delta^v}{2}\frac{\partial(\|\widetilde{\boldsymbol{A}}^v-H\widetilde{\boldsymbol{F}}^{v\mathrm{T}}\|_F^2+\alpha\|\boldsymbol{A}^v-(\boldsymbol{H}.\times\boldsymbol{P}^v)\boldsymbol{F}^{v\mathrm{T}}\|_F^2)}{\partial\boldsymbol{H}}\right)+\\&\quad\frac{\partial\left(\frac{\lambda_1}{2}\sum_{i,j}\|\boldsymbol{H}_{i.}-\boldsymbol{H}_{j.}\|_F^2A_{ij}\right)}{\partial\boldsymbol{H}}\end{aligned} \tag{7-6}$$

式中：$\delta^v=g_v^{-1/2}$ 是关于 $\boldsymbol{H}$ 的函数，这样式(7-5)不能直接计算出来。如果令 $\{\delta_v\}_{v=1}^V$ 是常数，则式(7-5)可以转换为

$$\begin{aligned}\min_{\boldsymbol{H}\geqslant 0} f(\boldsymbol{H},\boldsymbol{\delta})=&\frac{\lambda_1}{2}\sum_{i,j}(\|\boldsymbol{H}_{i.}-\boldsymbol{H}_{j.}\|_F^2A_{ij})+\\&\frac{1}{2}\sum_v(\delta^v(\|\widetilde{\boldsymbol{A}}^v-\boldsymbol{H}\widetilde{\boldsymbol{F}}^{v\mathrm{T}}\|_F^2+\alpha\|\boldsymbol{A}^v-(\boldsymbol{H}.\times\boldsymbol{P}^v)\boldsymbol{F}^{v\mathrm{T}}\|_F^2)\end{aligned} \tag{7-7}$$

式中：$\sum_{i,j}\|\boldsymbol{H}_{i.}-\boldsymbol{H}_{j.}\|_F^2 A_{ij}=\mathrm{tr}(\boldsymbol{H}^{\mathrm{T}}\boldsymbol{L}_{\boldsymbol{A}}\boldsymbol{H})$，$\boldsymbol{L}_{\boldsymbol{A}}$ 是 $\boldsymbol{A}$ 的拉普拉斯矩阵。令 $f(\boldsymbol{H},\boldsymbol{\delta})$ 对 $\boldsymbol{H}$ 求导等于零，可以得到 $\boldsymbol{H}$ 的局部最优解：

$$\boldsymbol{H}=\max\left(\boldsymbol{0},\left(\sum_v\delta_v\boldsymbol{I}^v+2\lambda_1\boldsymbol{L}^{\boldsymbol{A}}\right)^{-1}\sum_v\delta_v(\widetilde{\boldsymbol{A}}^v\widetilde{\boldsymbol{F}}+\alpha\boldsymbol{A}^v\boldsymbol{F}^v)\right) \tag{7-8}$$

式中：$\boldsymbol{I}^v=\boldsymbol{I}_N+\alpha\boldsymbol{I}_N.\times\hat{\boldsymbol{P}}^v$，$\hat{\boldsymbol{P}}^v=\boldsymbol{1}_{N\times N_v}\boldsymbol{G}^v$。

2. 固定 $\boldsymbol{A},\boldsymbol{H},\{\boldsymbol{F}^v,\widetilde{\boldsymbol{F}}^v\}_{v=1}^V$，更新 $\{\widetilde{\boldsymbol{A}}^v\}_{v=1}^V$

固定 $\boldsymbol{A},\boldsymbol{H},\{\boldsymbol{F}^v,\widetilde{\boldsymbol{F}}^v\}_{v=1}^V$，IMNGA 的目标函数退化成

$$\begin{aligned}&\min_{\widetilde{\boldsymbol{A}}^v}\frac{1}{2}\|\widetilde{\boldsymbol{A}}^v-\boldsymbol{H}\widetilde{\boldsymbol{F}}^{v\mathrm{T}}\|_F^2+\frac{\lambda_3}{2}(\|\widetilde{\boldsymbol{A}}^v.\times\boldsymbol{W}^v-\boldsymbol{A}^v\|_F^2+\|\widetilde{\boldsymbol{A}}^v-\boldsymbol{A}\|_F^2)\\&\Leftrightarrow\min_{\widetilde{\boldsymbol{A}}_{ij}^v\geqslant0,\sum_j\widetilde{A}_{ij}^v=1}\|\widetilde{\boldsymbol{A}}_{i.}^v-\boldsymbol{d}_{i.}^v\|_F^2\\&\Leftrightarrow\min_{\widetilde{\boldsymbol{A}}_{i.}^v,\xi^v,\boldsymbol{\beta}_{i.}^v}\|\widetilde{\boldsymbol{A}}_{i.}^v-\boldsymbol{d}_{i.}^v\|_F^2-\xi^v(\widetilde{\boldsymbol{A}}_{i.}^{v\mathrm{T}}\boldsymbol{1}-1)-\boldsymbol{\beta}_{i.}^{v\mathrm{T}}\widetilde{\boldsymbol{A}}_{i.}^v\end{aligned} \tag{7-9}$$

式中：$\boldsymbol{d}^v=(\boldsymbol{H}\widetilde{\boldsymbol{F}}^{v\mathrm{T}}+\lambda_3\boldsymbol{A}+\lambda_3\boldsymbol{A}^v)./(\boldsymbol{1}+\lambda_3\boldsymbol{W}^v+\lambda_3\boldsymbol{1})$，./表示矩阵对位元素相除，$\xi^v$，$\boldsymbol{\beta}_{i.}^v\geqslant\boldsymbol{0}$ 表示拉格朗日系数。$\widetilde{\boldsymbol{A}}^v$ 是稀疏的，可以得到 $\widetilde{\boldsymbol{A}}^v$ 的局部最优解为

$$\widetilde{\boldsymbol{A}}_{i.}^v=\max(\xi^v+\boldsymbol{d}_{i.}^v,0) \tag{7-10}$$

式中：$\boldsymbol{A}_{i.}$ 有 k 个非零元素，$\xi^v=\dfrac{1}{k}-\dfrac{1}{k}\sum_{j=1}^k d_{ij}^v$。

3. 固定 $\boldsymbol{H},\{\boldsymbol{F}^v,\widetilde{\boldsymbol{F}}^v,\widetilde{\boldsymbol{A}}^v\}_{v=1}^V$，更新 $\boldsymbol{A}$

固定 $\boldsymbol{H},\{\boldsymbol{F}^v,\widetilde{\boldsymbol{F}}^v,\widetilde{\boldsymbol{A}}^v\}_{v=1}^V$，IMNGA 的目标函数退化为

$$\min_{\boldsymbol{A}}f(\boldsymbol{A})=\sum_v\sqrt{g_v}+\frac{\lambda_1}{2}\sum_{i,j}(\|\boldsymbol{H}_{i.}-\boldsymbol{H}_{j.}\|_F^2A_{ij}) \tag{7-11}$$

式中：参数

$$\begin{aligned}g_v=&\|\widetilde{\boldsymbol{A}}^v-\boldsymbol{H}\widetilde{\boldsymbol{F}}^{v\mathrm{T}}\|_F^2+\alpha\|\boldsymbol{A}^v-(\boldsymbol{H}.\times\boldsymbol{P}^v)\boldsymbol{F}^{v\mathrm{T}}\|_F^2+\\&\lambda_2\sum_{i,j}\|\boldsymbol{X}'^v_{i.}-\boldsymbol{X}'^v_{j.}\|_F^2A_{ij}W_{ij}^v+\\&\lambda_3(\|\widetilde{\boldsymbol{A}}^v.\times\boldsymbol{W}^v-\boldsymbol{A}^v\|_F^2+\|\widetilde{\boldsymbol{A}}^v-\boldsymbol{A}\|_F^2)\end{aligned}$$

是关于 $\boldsymbol{A}$ 的函数。令 $f(\boldsymbol{A})$ 对 $\boldsymbol{A}$ 求导，可得

$$\begin{aligned}\frac{\partial f(\boldsymbol{A})}{\partial\boldsymbol{A}}&=\sum_v\left(\frac{1}{2\sqrt{g_v}}\frac{\partial g_v}{\partial\boldsymbol{A}}\right)+\frac{\partial\left(\frac{\lambda_1}{2}\sum_{i,j}\|\boldsymbol{H}_{i.}-\boldsymbol{H}_{j.}\|_F^2A_{ij}\right)}{\partial\boldsymbol{A}}\\&=\sum_v\left(\frac{\delta^v}{2}\frac{\partial\left(\lambda_2\sum_{i,j}\|\boldsymbol{X}'^v_{i.}-\boldsymbol{X}'^v_{j.}\|_F^2A_{ij}W_{ij}^v+\lambda_3\|\widetilde{\boldsymbol{A}}^v-\boldsymbol{A}\|_F^2\right)}{\partial\boldsymbol{A}}\right)+\end{aligned}$$

$$\frac{\partial\left(\frac{\lambda_1}{2}\sum_{i,j}\|\boldsymbol{H}_{i.}-\boldsymbol{H}_{j.}\|_F^2 A_{ij}\right)}{\partial \boldsymbol{A}} \tag{7-12}$$

式中：$\delta^v = g_v^{-1/2}$ 是关于 $\boldsymbol{A}$ 的函数，这样式(7－11)不能直接计算出来。如果令 $\{\delta_v\}_{v=1}^V$ 是常数，则式(7－11)可以转换为

$$\begin{aligned}
&\min_{\boldsymbol{A}} \frac{\lambda_1}{2}\sum_{i,j}(\|\boldsymbol{H}_{i.}-\boldsymbol{H}_{j.}\|_F^2 A_{ij})+\frac{\lambda_3}{2}\sum_v(\delta^v\|\widetilde{\boldsymbol{A}}^v-\boldsymbol{A}\|_F^2)+\\
&\frac{\lambda_2}{2}\sum_{i,j,v}(\delta^v\|X'^v_{i.}-X'^v_{j.}\|_F^2 A_{ij}W_{ij}^v)\\
\Leftrightarrow &\min_{A_{ij}\geqslant 0,\sum_j A_{ij}=1}\|\boldsymbol{A}_{i.}-\boldsymbol{d}_{i.}\|_F^2\\
\Leftrightarrow &\min_{A_{ij},\xi,\boldsymbol{\beta}_{i.}}\|\boldsymbol{A}_{i.}-\boldsymbol{d}_{i.}\|_F^2-\xi(\boldsymbol{A}_{i.}^{\mathrm{T}}1-\boldsymbol{1})-\boldsymbol{\beta}_{i.}^{\mathrm{T}}\boldsymbol{A}_{i.}
\end{aligned} \tag{7-13}$$

式中：$d_{ij}=\dfrac{2\lambda_3\sum_v\delta_v^r\widetilde{A}_{ij}^v-\lambda_1\|\boldsymbol{H}_{i.}-\boldsymbol{H}_{j.}\|_F^2-\lambda_2\sum_v\delta_v^r\|\boldsymbol{X}_{i.}^v-\boldsymbol{X}_{j.}^v\|_F^2 W_{ij}^v}{2\left(\lambda_2\gamma+\lambda_3\sum_v\delta_v^r\right)}$，$\xi$，$\boldsymbol{\beta}_{i.}\geqslant\boldsymbol{0}$ 表示拉格朗日系数。

具体来说，公共图 $\boldsymbol{A}$ 不仅保留多个完成图 $\{\widetilde{\boldsymbol{A}}^v\}_{v=1}^V$ 的信息，还保留不完整数据和一致性特征的近邻信息。公共图 $\boldsymbol{A}$ 是稀疏的，可以得到 $\boldsymbol{A}$ 的局部最优解为

$$\boldsymbol{A}_{i.}=\max(\xi+\boldsymbol{d}_{i.},0) \tag{7-14}$$

式中：$\boldsymbol{A}_{i.}$ 有 k 个非零元素，ξ 的学习过程与 ξ^v 类似，$\xi=\dfrac{1}{k}-\dfrac{1}{k}\sum_{j=1}^k d_{ij}$。

4. 固定 $\boldsymbol{A}$，$\boldsymbol{H}$，$\{\widetilde{\boldsymbol{A}}^v\}_{v=1}^V$，更新 $\{\widetilde{\boldsymbol{F}}^v,\boldsymbol{F}^v\}_{v=1}^V$

固定 $\boldsymbol{A}$，$\boldsymbol{H}$，$\{\widetilde{\boldsymbol{A}}^v\}_{v=1}^V$，IMNGA 关于变量 $\widetilde{\boldsymbol{F}}^v$ 的目标函数是

$$\begin{aligned}
&\min_{\widetilde{\boldsymbol{F}}^{v\mathrm{T}}\widetilde{\boldsymbol{F}}^v=\boldsymbol{I}_K}\frac{1}{2}\sum_v\delta_v^r\|\widetilde{\boldsymbol{A}}^v-\boldsymbol{H}\widetilde{\boldsymbol{F}}^{v\mathrm{T}}\|_F^2\\
\Leftrightarrow &\min_{\widetilde{\boldsymbol{F}}^{v\mathrm{T}}\widetilde{\boldsymbol{F}}^v=\boldsymbol{I}_K} f(\widetilde{\boldsymbol{F}}^v)=\mathrm{tr}(\widetilde{\boldsymbol{A}}^{v\mathrm{T}}\boldsymbol{H}\widetilde{\boldsymbol{F}}^{v\mathrm{T}})
\end{aligned} \tag{7-15}$$

即正交 Procrustes 问题。这样，可以得到 $\widetilde{\boldsymbol{F}}^v$ 的解为

$$\widetilde{\boldsymbol{F}}^v=\widetilde{\boldsymbol{U}}\widetilde{\boldsymbol{V}}^{\mathrm{T}} \tag{7-16}$$

式中：$\widetilde{\boldsymbol{U}}\widetilde{\boldsymbol{S}}\widetilde{\boldsymbol{V}}^{\mathrm{T}}$ 通过 $\widetilde{\boldsymbol{A}}^{v\mathrm{T}}\boldsymbol{H}$ 由奇异值分解得到。类似地，固定 $\boldsymbol{A}$，$\boldsymbol{H}$，$\{\widetilde{\boldsymbol{A}}^v\}_{v=1}^V$，IMNGA 关于变量 $\boldsymbol{F}^v$ 的目标函数为

$$\begin{aligned}
&\min_{\boldsymbol{F}^{v\mathrm{T}}\boldsymbol{F}^v=\boldsymbol{I}_K}\frac{\alpha}{2}\sum_v\delta_v^r\|\boldsymbol{A}^v-(\boldsymbol{H}.\times\boldsymbol{P}^v)\boldsymbol{F}^{v\mathrm{T}}\|_F^2\\
\Leftrightarrow &\min_{\boldsymbol{F}^{v\mathrm{T}}\boldsymbol{F}^v=\boldsymbol{I}_K} f(\boldsymbol{F}^v)=\mathrm{tr}\left(\boldsymbol{A}^{v\mathrm{T}}(\boldsymbol{H}.\times\boldsymbol{P}^v)\boldsymbol{F}^{v\mathrm{T}}\right)
\end{aligned} \tag{7-17}$$

即正交 Procrustes 问题。这样，可以得到 $\boldsymbol{F}^v$ 的解为

$$\boldsymbol{F}^v=\boldsymbol{U}\boldsymbol{V}^{\mathrm{T}} \tag{7-18}$$

式中：$\boldsymbol{U}\boldsymbol{S}\boldsymbol{V}^{\mathrm{T}}$ 通过 $\boldsymbol{A}^{v\mathrm{T}}(\boldsymbol{H}.\times\boldsymbol{P}^v)$ 由奇异值分解得到。

7.2　模型分析

7.2.1　相关性分析

IMNGA 模型继承了基于图和基于矩阵分解的不完整多视图聚类方法的优点。最近有一些方法融合了这两种不完整多视图聚类方法，比如 GPMVC 模型[9] 和 GIMC - FLSD 模型[10]。这两种方法通常对原始不完整的多视图数据进行矩阵分解，并使用图约束一致性特征保留图信息。与 GPMVC 和 GIMC - FLSD 一样，IMNGA 也同时进行一致性特征学习和图学习。IMNGA 与这些方法的主要区别如下：① GPMVC 和 GIMC - FLSD 对原始不完整样本进行矩阵分解，而 IMNGA 对多个不完整和完整图进行矩阵分解。这样，IMNGA 得到的一致性特征直接保留了不同视图的非线性结构信息。② GPMVC 和 GIMC - FLSD 只从可用视图中学习一致性表示，而 IMNGA 充分利用可用视图和缺失视图中的信息来学习一致性特征。

AGC - IMC 模型[11] 是挖掘缺失视图隐藏信息的代表性方法。IMNGA 与 AGC - IMC 的主要区别在于：① AGC - IMC 模型利用视图间信息对不同视图上的不完整图进行补全，而 IMNGA 模型利用各视图的公共图和原始不完整图对相应的视图上的不完整图进行补全。② AGC - IMC 模型是一种基于图的不完整多视图聚类方法，它在完整图上使用拉普拉斯图正则化项来获得聚类的一致性表示。与 AGC - IMC 模型不同，IMNGA 模型是图补全、公共图学习、一致性非负表示学习的联合学习框架。③ 与 AGC - IMC 模型不同，IMNGA 模型的聚类结果可以直接得到，不需要后处理。具体来说，IMNGA 模型的聚类标签由一致性特征的每一行中最大值的列索引决定。

7.2.2　复杂性分析

与 $\{\boldsymbol{H},\{\boldsymbol{F}^v,\widetilde{\boldsymbol{F}}^v\}_{v=1}^V,\{\widetilde{\boldsymbol{A}}^v\}_{v=1}^V,A\}$ 的计算相比，IMNGA 模型中其他步骤的计算复杂度可以忽略不计。IMNGA 模型在学习过程中迭代更新 $\boldsymbol{H}$，$\{\boldsymbol{F}^v\}_{v=1}^V$，$\{\widetilde{\boldsymbol{A}}^v\}_{v=1}^V$，$\boldsymbol{A}$，它们的计算复杂度分别为 $O(N^3+N^2K)$，$O(N^2K)$，$O\left(N^2K+N^2\sum_v D_v\right)$ 和 $O(VNK^2)$。如果最大迭代次数是 T，那么 IMNGA 模型的计算复杂度为 $O\left(T(N^3+3N^2K+N^2\sum_v D_v+VNK^2)\right)$。由于 $V,K\leqslant N$，那么 IMNGA 模型的计算复杂度为

$O(TN^3 + TN^2 \sum_v D_v)$。

7.3 实验与分析

7.3.1 实验设置

本章用 7 个真实世界数据集评估所提出的模型，包括 4 个二视图数据集（Cora①、Cornell①、Handwritten② 和 Washington①）和 3 个多视图数据集（3 Sources③、BBCSport④ 和 Caltech7⑤）。在这些真实世界的数据集中，样本数从 116～2 708 不等，视图数从 2～7 不等。本章按照参考文献[8]的策略在这些数据集上构建不完整的多视图数据。对于二视图数据集，保留 p%的样本是完整的，其余样本只有一个视图，其中 p%完整的样本是随机选择的并且 $p \in \{30,50,70,90\}$。对于多视图数据集，从每个单独的视图中随机删除 p%的样本，其中 $p \in \{10,30,50\}$。此外，每个数据集中的不完整场景随机选择 15 次。

本章将 IMNGA 模型与 10 种代表性的不完整多视图聚类方法进行了比较，包括 OMVC 模型[3]、DAIMC 模型[4]、IMCRV 模型[6]、IMNRL 模型[8]、GPMVC 模型[9]、GIMC_FLSD 模型[10]、AGC-IMC 模型[11]、IMG 模型[12]、IMC-GRMF 模型[13]和 IMSC-AGL 模型[14]。AGC-IMC 模型、IMG 模型、IMCRV 模型和 IMNGA 模型都是基于缺失视图补全的方法，它们在不同的视图上重构样本的缺失视图或者每个视图上样本间的不完整图结构。OMVC 模型、DAIMC 模型、GPMVC 模型、IMC-GRMF 模型、GIMC-FLSD 模型、IMNRL 模型和 IMNGA 模型是基于矩阵分解的方法，它们对不同视图上的多视图样本或多视图样本的图结构进行矩阵分解。AGC-IMC 模型、IMC-GRMF 模型、IMSC-AGL 模型、GIMC-FLSD 模型、IMNRL 模型和 IMNGA 模型可以使公共表示保留多视图样本的图结构信息，具体如下：

- OMVC 模型　面向不完整视图的在线多视图聚类模型，可以处理各种不完整的多视图场景。
- DAIMC 模型　在加权负矩阵分解中引入了回归约束，利用给定的对齐信息来学习所有视图的一致性特征矩阵。
- IMCRV 模型　基于重构视角的不完整多视图聚类。IMCRV 模型对缺失视图进行重构，并对补全的样本进行矩阵分解，其中使用一致表示的图拉普拉

① http://lig-membres.imag.fr/grimal/data.html

② http://archive.ics.uci.edu/ml/datasets/Multiple+Features

③ http://erdos.ucd.ie/datasets/3sources

④ http://erdos.ucd.ie/datasets/bbc.html

⑤ https://drive.google.com/drive/folders/1O_3YmthAZGiq1ZPSdE74R7Nwos2PmnHH

斯项来提高聚类性能。

- IMNRL 模型　不完整多视图非负表示学习模型。IMNRL 模型利用每个单独的不完整视图的邻居结构来构建多个相似图,并将这些图分解为一致性非负特征和视图私有的图特征。
- GPMVC 模型　基于图正则化非负矩阵分解的部分多视图聚类模型。
- GIMC－FLSD 模型　基于灵活局部结构扩散的广义不完整多视图聚类模型。GIMC－FLSD 通过对样本的邻居进行矩阵分解,可以更充分地利用样本间的局部几何信息,并自适应地学习了不同视图的重要性。
- AGC－IMC 模型　双对齐不完整多视图聚类模型。AGC－IMC 模型利用视图间信息对不同视图上的不完整图进行补全,它在完整图上使用拉普拉斯图正则化项来获得聚类的公共特征表示。
- IMG 模型　IMG 模型将包含完整视图和不完整视图的样本转化为统一的特征表示并在此基础上学习一个公共图结构。
- IMC－GRMF 模型　基于图正则化矩阵分解的不完整多视图聚类模型。
- IMSC－AGL 模型　基于自适应图学习的不完整多视图谱聚类模型。IMSC－AGL 模型可以进行不同视图上的子空间学习和公共特征学习。

本章根据原始论文中的描述选择对比算法的参数。在 IMNGA 中,参数 λ_1 的值选自{0.0001,0.001,0.01,0.1,1},参数 λ_2 的值选自{0.0001,0.001,0.01,0.1,1,10,100,1 000,10 000},参数 λ_3 的值选自{0.1,1,10,100,1 000,10 000},参数 α 的值选自{0.5,1}。对于所有算法,聚类结果用聚类准确度(ACC)、归一化互信息(NMI)和 Purity 来衡量。对于这些评估指标,指标的值越大,模型性能越好。

7.3.2　算法比较与分析

本章首先测试 IMNGA 模型在不完整二视图场景上的性能。表 7－1 给出 IMNGA 模型和基准模型之间的性能比较。从表 7－1 中可以看出:① IMNGA 模型在"Mean"和"Rank Mean"上显著优于所有基准模型。具体来说,IMNGA 在 Mean 得分上与所有基准模型相比至少提高了 3.14%,而在 Rand Mean 得分也远低于所有基准模型。② IMG 模型、AGC－IMC 模型、IMCRV 模型和 IMNGA 模型都是基于缺失视图补全的方法,其中 IMG 模型的性能明显不如其他算法,因为它只使用可用样本的均值填充缺失的视图。AGC－IMC 模型、IMCRV 模型和 IMNGA 模型在大多数不完整二视图场景上表现最好,并且 IMNGA 模型在大多数不完整二视图场景下表现优于 AGC－IMC 模型和 IMCRV 模型。具体来说,与 IMCRV 模型和 AGC－IMC 模型不同,IMNGA 模型是图补全、公共图学习和公共特征表示的联合学习框架。③ OMVC 模型、DAIMC 模型、GPMVC 模型、IMC－GRMF 模型、GIMC－FLSD 模型、IMNRL 模型和 IMNGA 模型是基于矩阵分解的方法,其中 OMVC 模型和 DAIMC 模型的性能较差,因为其他方法都采用了一致性表示来保持多视图样本间的局部图信息。

表 7-1 IMNGA 和对比算法在不完整二视图基准数据集上的性能比较

数据集	完整比例	评价指标	OMVC	DAIMC	IMCRV	IMG	IMSC-AGL	AGC-IMC
Cora	0.3	ACC	30.77±0.77	31.29±2.73	38.68±1.40	34.94±1.99	43.65±6.04	44.73±6.09
		NMI	9.45±0.57	10.54±2.41	17.55±1.17	15.51±1.02	26.91±4.78	29.32±5.98
		Purity	35.95±0.64	37.05±2.04	42.72±1.08	41.39±1.25	51.42±4.46	52.91±5.82
	0.5	ACC	31.35±0.81	32.96±2.76	40.29±0.90	34.61±2.35	49.12±4.79	54.23±4.21
		NMI	12.14±1.35	12.37±2.35	18.58±0.66	16.23±0.96	31.48±3.44	37.37±3.23
		Purity	37.77±1.05	37.62±1.91	44.22±1.01	41.37±1.66	55.88±3.73	58.11±3.08
	0.7	ACC	35.12±0.87	34.64±2.21	43.05±1.63	34.82±1.72	47.77±4.14	58.86±2.65
		NMI	12.35±1.76	15.49±2.09	21.07±1.04	17.00±1.06	31.90±3.74	40.98±1.28
		Purity	39.45±1.92	39.49±2.02	45.89±1.21	41.84±1.20	54.54±3.29	60.60±1.64
	0.9	ACC	35.89±0.84	40.57±1.51	43.76±1.54	35.20±1.51	50.80±3.61	61.60±2.13
		NMI	14.79±1.23	20.91±1.84	22.19±0.81	17.65±0.51	34.97±3.86	44.04±1.52
		Purity	39.88±1.44	45.41±2.07	46.32±1.17	41.33±0.64	57.45±3.84	62.08±1.58
Cornell	0.3	ACC	41.85±6.78	39.04±4.58	56.53±3.10	44.49±3.02	43.39±4.52	50.10±4.31
		NMI	11.89±4.70	13.09±3.27	23.58±3.67	16.48±2.76	21.89±4.07	25.92±4.10
		Purity	48.30±4.10	48.67±3.69	60.25±2.06	51.01±2.39	56.20±4.14	58.94±1.69
	0.5	ACC	43.34±4.07	38.63±4.26	56.69±3.34	44.70±3.47	46.33±4.21	49.03±3.85
		NMI	12.50±2.73	13.19±4.16	26.77±3.06	17.82±3.06	25.13±2.44	25.03±3.78
		Purity	48.56±2.83	48.17±3.83	62.54±1.69	51.91±3.06	58.35±2.04	58.15±2.56
	0.7	ACC	43.78±4.52	39.04±3.16	59.21±2.86	45.22±1.41	45.38±2.46	51.62±3.43
		NMI	13.97±2.44	16.04±3.97	29.69±2.89	18.96±3.48	26.07±3.31	24.14±3.27
		Purity	49.85±2.84	49.61±4.01	64.27±1.94	52.56±3.53	59.12±2.03	58.70±1.82
	0.9	ACC	44.73±4.68	39.15±3.03	64.23±2.77	45.72±2.46	49.78±4.77	50.00±2.57
		NMI	14.55±3.42	17.39±4.40	36.08±1.87	21.79±3.85	30.35±3.79	24.37±2.68
		Purity	50.44±3.07	51.35±4.39	68.32±1.15	54.68±3.68	60.21±2.80	57.80±1.05

续表 7-1

数据集	完整比例	评价指标	OMVC	DAIMC	IMCRV	IMG	IMSC-AGL	AGC-IMC
Handwritten	0.3	ACC	62.63±3.96	67.77±4.96	75.00±2.30	74.52±2.56	87.63±2.59	82.45±0.97
		NMI	53.78±3.45	55.11±2.97	63.29±1.85	61.57±1.81	79.88±2.69	82.33±0.82
		Purity	63.40±4.11	68.80±4.17	75.13±2.15	73.59±2.42	87.63±2.59	84.64±0.52
	0.5	ACC	70.28±3.46	77.41±4.19	82.18±1.24	75.58±3.12	90.38±0.83	82.73±0.35
		NMI	60.33±4.05	64.20±2.29	70.48±1.76	64.42±2.01	83.04±1.58	83.62±0.62
		Purity	70.82±3.01	77.65±3.83	82.18±1.24	75.84±2.96	90.38±0.83	85.04±0.31
	0.7	ACC	75.29±2.74	81.35±3.72	86.09±0.98	76.42±3.62	92.33±0.70	82.98±0.49
		NMI	64.54±2.23	68.31±2.40	75.65±1.40	67.84±2.34	85.62±1.15	84.67±0.66
		Purity	75.09±2.83	81.47±3.44	86.09±0.98	76.98±3.94	92.31±0.70	85.33±0.40
	0.9	ACC	79.48±2.95	85.43±3.07	89.37±0.87	79.89±3.53	94.18±0.79	82.83±0.28
		NMI	70.57±2.91	74.47±2.01	80.63±1.22	72.38±2.14	88.38±1.36	85.06±0.40
		Purity	80.33±2.94	85.53±2.77	89.38±0.87	80.03±2.22	94.18±0.79	85.23±0.24
Washington	0.3	ACC	58.72±5.26	54.59±4.54	60.26±2.77	58.72±4.87	48.35±4.78	61.42±6.72
		NMI	20.62±4.54	19.36±4.24	26.39±2.19	22.24±2.75	24.56±3.11	29.99±3.80
		Purity	63.80±4.20	61.94±3.63	67.64±1.79	65.48±2.10	67.90±1.33	69.80±1.69
	0.5	ACC	59.41±5.81	55.36±4.40	63.00±2.67	62.12±3.74	54.44±3.59	68.01±1.95
		NMI	21.75±4.74	20.54±4.59	31.95±2.66	26.75±3.11	28.54±2.64	31.10±1.95
		Purity	64.32±4.96	62.69±3.21	70.38±1.62	68.05±2.13	68.64±1.93	70.62±1.01
	0.7	ACC	62.41±5.56	58.69±4.76	66.11±3.70	62.40±4.24	60.53±3.28	68.15±2.06
		NMI	23.74±4.63	28.14±4.03	36.70±2.24	29.07±3.26	32.82±2.75	32.33±2.22
		Purity	66.65±5.18	67.24±1.85	72.49±1.28	69.36±2.59	70.27±12.8	70.82±1.24
	0.9	ACC	64.13±5.08	60.54±3.12	68.03±2.55	63.74±4.16	64.10±3.13	69.30±1.92
		NMI	24.97±5.45	32.47±3.79	39.22±2.16	32.04±4.24	35.87±3.84	33.66±2.74
		Purity	67.19±5.28	69.39±1.86	73.67±1.72	71.02±1.74	70.48±2.04	71.40±1.15
Mean±Std			45.48±21.17	46.88±21.90	55.50±20.77	48.90±20.69	57.30±22.13	58.79±19.59
Rank Mean±Std			10.15±1.10	9.77±0.94	5.00±2.42	8.54±1.14	4.67±2.50	3.94±2.11

续表 7-1

数据集	完整比例	评价指标	GPMVC	IMC-GNMF	GIMC-FLSD	IMNRL	IMNGA	
Cora	0.3	ACC	32.32±2.29	39.18±2.58	41.55±2.34	51.97±3.56	53.92±3.38	
		NMI	14.92±2.00	20.64±1.80	22.56±1.45	27.99±2.80	33.23±2.68	
		Purity	39.45±2.11	45.13±1.59	46.64±1.68	55.38±2.68	57.61±3.25	
	0.5	ACC	32.22±3.33	42.70±2.92	44.21±2.29	56.59±3.31	58.32±2.16	
		NMI	14.30±2.11	23.20±1.56	24.79±1.36	34.07±2.51	37.31±1.86	
		Purity	38.62±1.67	47.64±2.20	48.69±2.10	59.59±2.85	62.26±2.30	
	0.7	ACC	35.33±2.03	44.19±2.31	47.72±1.13	59.38±3.25	61.05±4.06	
		NMI	18.18±2.19	25.52±1.54	27.45±0.87	37.81±2.41	41.46±3.13	
		Purity	41.46±2.23	48.78±2.29	52.01±1.92	62.33±2.54	63.40±3.95	
	0.9	ACC	36.56±2.35	48.00±2.09	50.95±1.52	57.49±2.30	64.22±2.31	
		NMI	23.38±2.17	30.22±1.16	30.84±1.63	38.99±1.68	45.78±2.55	
		Purity	46.63±2.34	52.17±2.00	55.70±2.59	62.00±1.92	66.37±1.63	
Cornell	0.3	ACC	40.69±5.30	46.83±4.17	50.93±3.83	52.34±4.85	53.88±4.63	
		NMI	16.13±4.21	19.13±3.08	19.54±3.73	25.15±3.27	24.59±2.66	
		Purity	51.84±4.07	56.10±2.44	56.62±2.19	60.62±1.62	61.03±2.48	
	0.5	ACC	41.62±4.06	47.18±4.57	51.13±5.38	51.69±4.96	54.84±4.89	
		NMI	15.21±3.57	20.93±1.44	21.36±3.75	27.13±3.95	29.28±1.96	
		Purity	50.53±3.89	56.14±1.79	57.12±3.03	62.26±2.17	63.25±2.07	
	0.7	ACC	43.75±1.69	46.66±5.25	51.32±6.14	54.56±3.63	56.55±4.86	
		NMI	15.63±3.15	20.25±3.61	23.70±3.36	33.97±2.64	36.35±3.87	
		Purity	50.68±3.23	56.27±3.42	58.36±3.37	66.39±2.17	66.09±2.95	
	0.9	ACC	44.30±1.52	48.31±2.89	50.53±2.33	58.02±2.81	60.03±4.21	
		NMI	15.29±3.84	23.81±3.25	26.66±2.09	39.49±2.87	39.75±2.23	
		Purity	48.91±3.56	58.64±2.93	61.02±2.14	67.76±2.30	68.07±1.83	

续表 7－1

数据集	完整比例	评价指标	GPMVC	IMC－GNMF	GIMC－FLSD	IMNRL	IMNGA	
Handwritten	0.3	ACC	74.30±6.01	78.18±3.42	78.35±2.31	88.14±2.00	88.79±0.73	
		NMI	70.58±3.61	71.09±2.01	71.33±1.73	82.19±1.07	82.01±0.92	
		Purity	76.13±4.71	78.25±3.34	78.55±1.87	88.28±1.53	88.79±0.73	
	0.5	ACC	79.97±4.42	85.77±1.58	85.85±1.68	87.47±1.57	88.39±0.97	
		NMI	71.72±3.62	76.98±1.62	77.23±1.37	81.39±1.09	82.31±1.12	
		Purity	80.37±3.68	85.49±1.47	85.86±1.49	87.50±1.49	88.39±0.97	
	0.7	ACC	84.87±3.12	88.54±0.68	88.89±1.74	89.27±1.71	90.75±0.43	
		NMI	75.87±2.55	79.88±0.86	80.44±1.15	80.77±1.41	82.03±0.63	
		Purity	84.75±3.15	87.59±0.68	88.45±1.65	89.27±1.71	90.75±0.43	
	0.9	ACC	85.57±3.96	90.36±1.06	91.02±0.57	92.17±0.55	93.86±0.25	
		NMI	78.75±2.99	83.09±1.36	83.75±0.85	84.50±0.79	87.18±0.50	
		Purity	85.81±3.65	90.39±1.06	91.02±0.57	92.17±0.55	93.86±0.25	
Washington	0.3	ACC	53.86±5.51	59.96±2.62	60.76±3.14	63.94±3.20	65.28±4.79	
		NMI	19.36±2.57	29.15±2.42	29.68±3.59	31.22±1.87	31.50±2.55	
		Purity	63.78±1.82	68.23±1.69	68.90±2.05	69.97±1.46	70.72±1.17	
	0.5	ACC	58.20±2.87	61.16±2.96	63.94±2.71	64.75±2.51	66.14±4.08	
		NMI	20.37±1.90	31.05±2.48	31.59±1.45	33.59±3.47	34.89±3.10	
		Purity	64.49±1.51	69.13±1.58	69.44±1.20	70.52±1.23	71.04±1.73	
	0.7	ACC	61.76±2.17	63.54±2.50	64.99±2.75	64.26±3.15	68.84±2.19	
		NMI	21.87±1.82	33.11±2.54	35.47±2.37	36.84±3.36	38.76±2.54	
		Purity	65.26±0.89	69.30±1.92	70.72±1.20	70.90±1.44	72.32±1.44	
	0.9	ACC	63.71±2.21	64.71±2.69	65.59±2.62	67.54±2.61	71.22±2.20	
		NMI	23.47±1.45	35.76±1.83	37.06±1.80	36.15±1.65	42.72±1.92	
		Purity	66.04±0.75	70.00±1.41	71.39±1.28	72.25±1.18	73.74±1.19	
Mean±Std			48.73±23.07	54.55±21.52	56.08±21.05	61.00±19.60	62.98±19.11	
Rank Mean±Std			8.96±1.27	6.08±0.73	4.69±0.68	2.71±0.76	1.50±0.65	

此外,图 7-2 所示为 BSV、Concat 和 IMNGA 在不完整二视图数据集上的性能比较,其中 BSV[12]表示在最佳单视图上的 k-means 模型,Concat[12]表示在所有视图的拼接上的 k-means 模型。可以看出,IMNGA 模型的性能明显优于 BSV 模型和 Concat 模型,说明 IMNGA 模型可以很好地利用两个视图之间的信息。

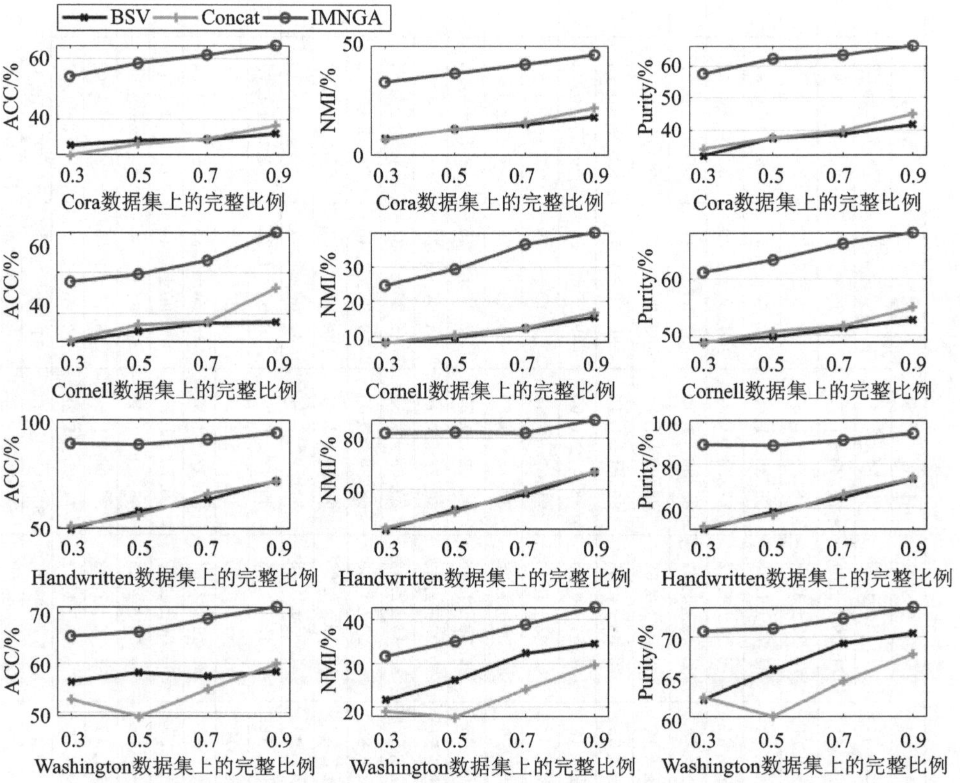

图 7-2 BSV、Concat 和 IMNGA 模型在不完整二视图数据集上的性能比较

本章接着测试 IMNGA 模型在不完整多视图场景上的性能。表 7-2 给出 IMNGA 模型和基准模型之间的性能比较。

从表 7-2 中可以看出:① IMNGA 模型在"Mean"和"Rank Mean"上显著优于所有基准模型。具体来说,IMNGA 在 Mean 得分上与所有基准模型相比至少提高了 2.13%,而在 Rand Mean 得分也远低于所有基准模型。② MG 模型的性能明显不如 AGC-IMC 模型、IMCRV 模型和 IMNGA 模型,因为它只使用可用样本的均值填充缺失的视图。AGC-IMC 模型、IMCRV 模型和 IMNGA 模型在大多数不完整二视图场景上表现最好,并且 IMNGA 模型在大多数不完整二视图场景下表现优于 AGC-IMC 模型和 IMCRV 模型。具体来说,与IMCRV 模型和 AGC-IMC 模型不同,IMNGA 模型是图补全、公共图学习和公共特征表示的联合学习框架。③ OMVC 模型和 DAIMC 模型的性能明显不如 GPMVC 模型、IMC-GRMF 模型、

GIMC－FLSD 模型、IMNRL 模型和 IMNGA 模型，因为其他方法都采用了一致性表示来保持多视图样本间的局部图信息。

表 7－2　IMNGA 和对比算法在不完整多视图基准数据集上的性能比较

数据集	缺失比例	评价指标	OMVC	DAIMC	IMCRV	IMSC－AGL	AGC－IMC
3 Sources	0.1	ACC	43.94±6.42	51.97±7.01	83.06±1.79	68.19±5.19	77.63±0.83
		NMI	32.13±6.62	52.02±4.89	67.59±1.77	65.81±4.68	68.84±1.71
		Purity	55.01±4.39	69.63±4.33	83.06±1.79	77.63±3.11	83.33±0.49
	0.3	ACC	39.51±2.84	50.43±6.92	79.06±4.30	68.12±5.37	71.06±5.48
		NMI	24.68±3.98	47.21±6.90	63.22±3.66	60.13±4.67	61.53±3.84
		Purity	49.19±3.69	66.98±6.19	79.38±3.90	75.23±2.91	77.87±3.68
	0.5	ACC	38.30±3.48	49.33±6.39	71.47±3.53	67.78±5.21	68.16±4.09
		NMI	22.09±2.53	40.38±6.68	55.89±4.26	59.18±5.69	51.59±3.92
		Purity	44.58±2.68	62.60±6.11	72.53±3.43	76.03±4.90	73.73±1.85
BBCSport	0.1	ACC	51.45±5.67	62.53±8.16	88.72±1.76	77.47±2.84	83.10±5.74
		NMI	39.37±6.46	49.24±8.20	72.06±2.63	72.77±4.04	73.19±4.73
		Purity	52.56±5.78	71.49±7.03	88.72±1.75	88.44±2.64	86.03±2.08
	0.3	ACC	44.28±5.01	60.66±9.71	83.18±4.14	76.38±4.50	80.17±3.19
		NMI	40.32±5.12	46.99±9.23	62.97±5.68	68.84±4.16	67.79±4.88
		Purity	54.52±5.24	69.71±9.91	83.18±4.14	86.64±3.42	83.79±3.83
	0.5	ACC	49.57±4.37	54.51±9.18	73.79±4.81	67.78±5.21	70.86±6.14
		NMI	42.65±4.91	36.54±9.40	52.16±4.33	59.18±5.69	52.41±5.92
		Purity	56.47±5.16	62.90±8.24	75.64±2.63	76.03±4.90	76.03±4.54
Caltech7	0.1	ACC	38.89±2.64	42.26±4.03	46.31±0.93	54.03±1.58	72.52±2.58
		NMI	27.74±1.57	42.71±2.65	45.01±0.61	45.54±1.20	53.92±0.55
		Purity	78.95±0.88	84.63±1.37	85.34±0.25	84.48±0.93	85.14±0.14
	0.3	ACC	37.77±3.91	41.16±3.49	45.67±2.47	55.43±2.37	68.23±3.08
		NMI	23.76±3.47	40.29±2.44	42.72±0.89	45.34±1.82	55.28±2.86
		Purity	76.90±2.19	83.79±1.25	84.65±0.26	84.68±0.74	86.11±1.31
	0.5	ACC	36.50±2.79	38.35±2.78	46.33±3.00	53.04±2.20	63.12±4.26
		NMI	19.87±3.32	36.22±2.27	37.82±1.11	41.00±2.00	48.04±9.56
		Purity	75.23±2.46	82.60±0.96	83.15±0.85	83.48±1.21	81.76±7.32
Mean±Std			44.30±15.29	55.45±14.47	68.62±16.02	68.10±12.99	71.16±11.25
Rank Mean±Std			8.44±0.57	7.00±0.38	4.26±1.60	4.63±1.19	3.81±1.31

续表 7-2

数据集	缺失比例	评价指标	GPMVC	GIMC FLSD	IMNRL	Ours	
3 Sources	0.1	ACC	48.85±7.09	69.28±5.45	77.71±1.38	79.80±3.76	
		NMI	34.73±8.26	61.44±4.31	74.13±1.52	75.47±2.74	
		Purity	59.78±6.51	80.83±2.62	82.88±1.46	84.54±2.61	
	0.3	ACC	44.39±6.25	68.76±5.31	79.21±6.13	82.70±6.42	
		NMI	29.42±6.86	60.48±3.02	73.17±4.15	74.66±5.08	
		Purity	56.42±4.94	80.06±2.43	83.93±3.95	86.12±3.86	
	0.5	ACC	41.44±6.91	63.78±4.69	77.15±5.19	78.73±6.78	
		NMI	26.33±6.52	53.92±3.56	69.09±3.57	70.75±3.60	
		Purity	54.31±5.88	75.21±2.97	81.99±3.47	83.82±3.28	
BBCSport	0.1	ACC	49.48±6.46	79.02±4.47	79.43±2.87	81.78±2.31	
		NMI	28.14±6.93	71.81±3.60	74.16±3.87	76.98±1.98	
		Purity	56.83±6.16	88.45±2.70	89.60±2.45	90.92±1.44	
	0.3	ACC	42.89±4.66	76.29±1.91	78.27±3.35	80.45±4.50	
		NMI	18.94±4.84	64.64±2.54	70.74±3.09	72.19±4.65	
		Purity	47.84±4.16	85.34±1.68	87.95±2.21	88.70±2.61	
	0.5	ACC	40.13±4.77	69.71±4.20	74.97±2.94	75.68±3.82	
		NMI	17.82±5.18	52.28±5.91	64.70±4.57	66.36±4.97	
		Purity	45.60±4.21	77.67±5.16	84.00±3.04	84.51±3.53	
Caltech7	0.1	ACC	43.34±3.30	48.20±1.55	70.62±4.13	69.10±1.57	
		NMI	29.08±3.00	44.84±0.85	56.45±2.73	58.04±2.68	
		Purity	78.41±1.86	86.62±0.34	88.79±0.96	89.59±0.71	
	0.3	ACC	40.81±4.90	47.14±1.12	68.33±2.82	69.81±2.22	
		NMI	21.24±7.05	42.32±1.05	55.51±4.00	56.48±3.48	
		Purity	74.31±6.28	85.63±0.65	89.16±1.82	89.79±1.28	
	0.5	ACC	34.25±3.93	44.08±2.41	68.23±4.15	69.51±1.91	
		NMI	13.41±3.31	36.53±1.91	51.52±4.17	56.56±2.17	
		Purity	68.71±3.75	83.33±0.96	87.99±1.52	90.03±1.48	
Mean±Std			42.48±16.53	66.58±15.37	75.54±10.21	77.15±9.99	
Rank Mean±Std			8.48±0.57	4.89±0.96	2.26±0.64	1.22±0.57	

此外，图 7 - 3 所示为 BSV、Concat 和 IMNGA 在不完整二视图数据集上的性能比较。可以看出，IMNGA 模型的性能明显优于 BSV 模型和 Concat 模型，说明 IMNGA 模型在不完整多视图场景上也可以很好地利用两个视图之间的信息。

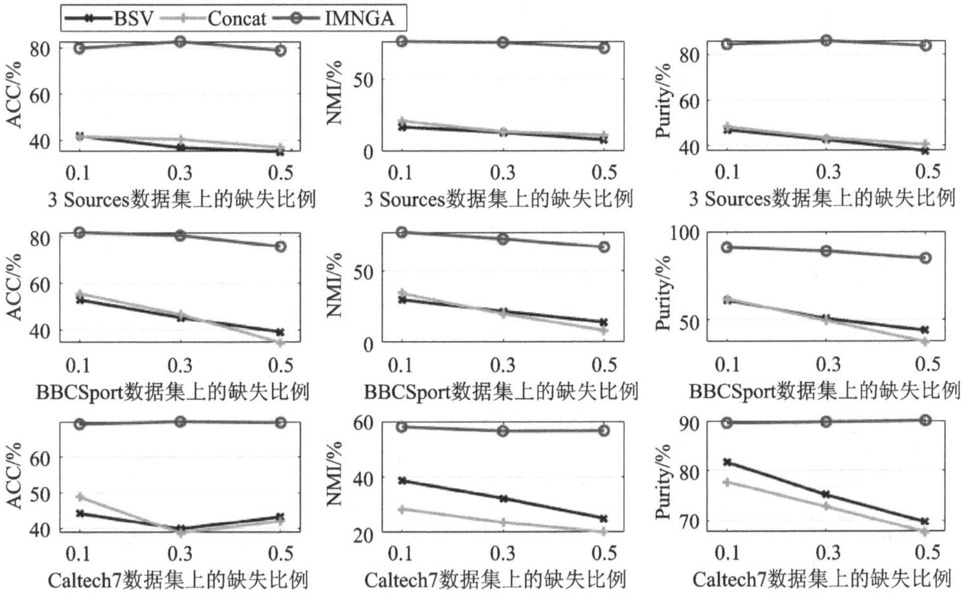

图 7 - 3　BSV、Concat 和 IMNGA 模型在不完整二视图数据集上的性能比较

在 IMNGA 模型中，公共特征表示需要同时满足不完整图和完整图重构约束以及公共图正则化约束。换句话说，公共特征表示不仅保留了可用视图和缺失视图的信息，还保留了多视图数据的图信息。为了演示每个组件如何对性能做出贡献，本章进行了消融实验。图 7 - 4 所示为 IMNGA 模型和消融模型的性能比较，其中消融模型和 IMNGA 模型的不同在于公共特征表示是否满足每个视图上的重构图正则化约束以及公共图正则化约束。在 Ablation - 1 中，公共特征表示不满足这两个约束；Ablation - 2 约束公共特征表示满足每个视图上的缺失图正则化约束；Ablation - 3 约束公共特征表示满足每个视图上的完整图正则化约束；Ablation - 4 约束公共特征表示满足每个视图上的缺失图重构约束。

通过图 7 - 4 中的结果可以看到：① IMNGA 在几乎所有不完整病例上的表现都优于 Ablation - 1/2/3/4，说明图补全和普通图形学习都能提高 IMNGA 的性能。② 在几乎所有的不完整情况下，Ablation - 2 和 Ablation - 3 的表现都优于 Ablation - 1，这说明在共识表示上的图正则化有助于学习更多的区别表示。此外，在大多数不完整情况下，Ablation - 3 优于 Ablation - 2，这表明在不同视图下，普通图正则化比视图特定图正则化更有效。③ Ablation - 4 的性能优于 Ablation - 1，因为 Ablation - 4 利用公共图重构不同视图上的不完整图。

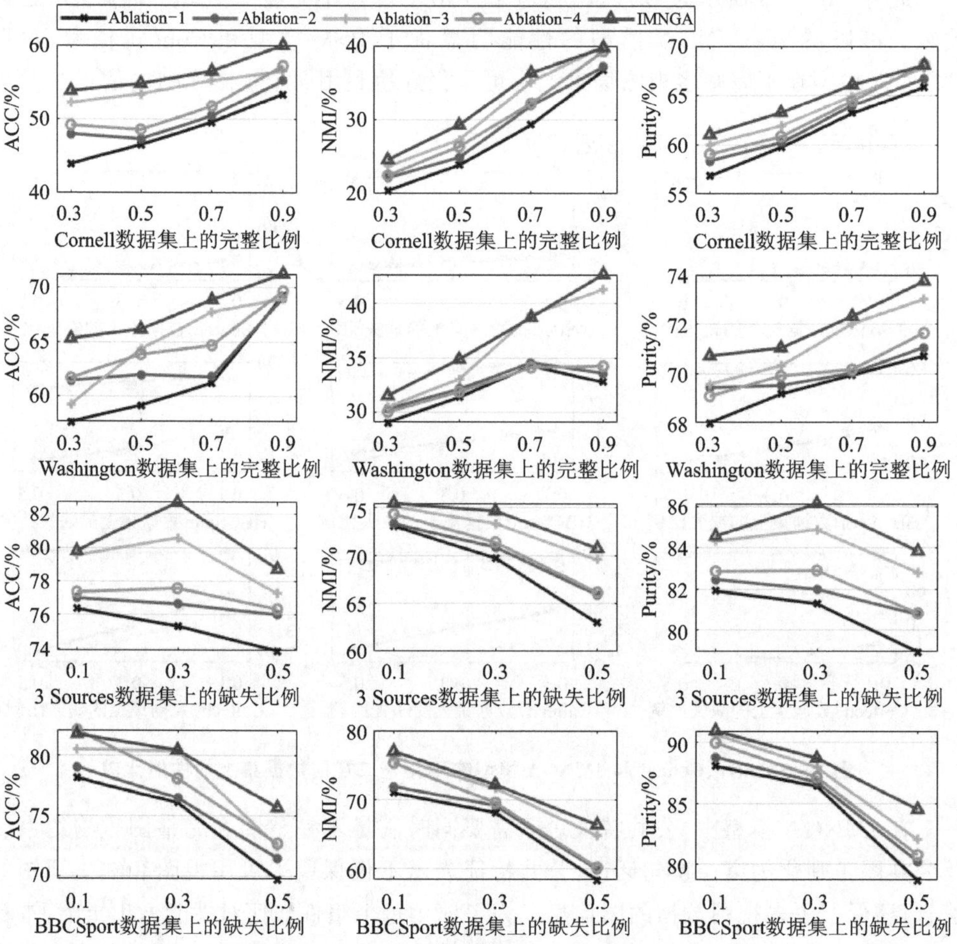

图 7-4　IMNGA 模型和消融模型的性能比较

公共特征表示的非负约束和不完整图重构同样是 IMNGA 模型的两个重要组成部分。图 7-5 所示为 IMNGA w/o $\boldsymbol{H}\geqslant\mathbf{0}$、IMNGA with $\alpha=0$ 和 IMNGA 模型间的性能比较。其中，IMNGA w/o $\boldsymbol{H}\geqslant\mathbf{0}$ 表示公共特征表示不再满足非负约束，IMNGA with $\alpha=0$ 表示仅进行补全图重构。从图中可以观察到：① IMNGA 模型的表现明显优于 IMNGA w/o $\boldsymbol{H}\geqslant\mathbf{0}$，这表明公共特征表示的非负约束有助于学习可解释的公共特征表示；② 虽然 IMNGA with $\alpha=0$ 在不完整二视图和多视图数据集上表现良好，但 IMNGA 模型在绝大多数不完整场景上的表现都优于 IMNGA with $\alpha=0$，这表明不完整图重构有助于学习更具区分性的公共特征表示。

IMNGA 模型中有 4 个关键的正则化参数，即 λ_1，λ_2，λ_3，α。IMNGA 模型进行缺失图补全、公共图结构和公共特征表示的联合学习模型，其中 λ_1，λ_2 与公共图结构学习相关，λ_3 与缺失图补全相关，α 与公共特征表示学习相关。

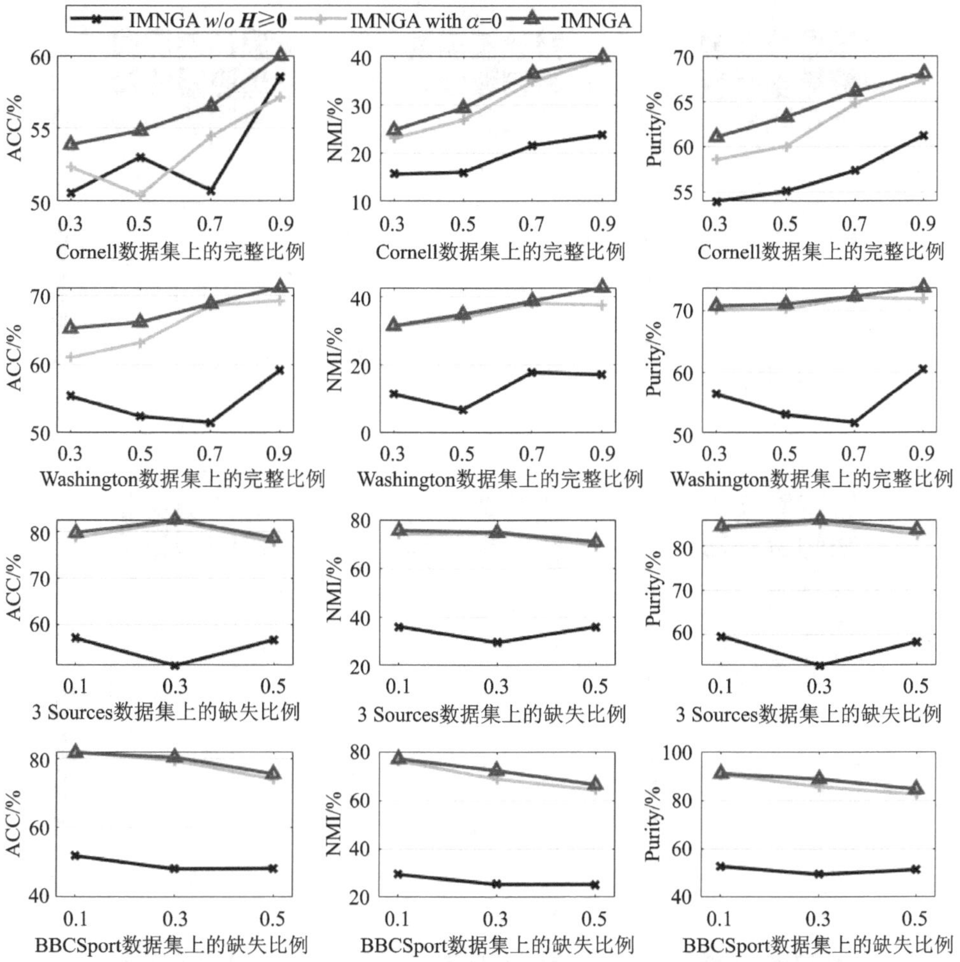

图 7-5　IMNGA w/o $H \geqslant 0$、IMNGA with $\alpha=0$ 和 IMNGA 模型的性能比较

图 7-6 和图 7-7 所示分别为 IMNGA 在 3 Sources 和 Cornell 数据集上使用不同的 λ_1，λ_2 值的性能变化。可以发现正则化参数 λ_1，λ_2 对 IMNGA 模型在 3 Sources 和 Cornell 上的性能都有着显著的影响，这表明公共图结构学习都可以有效提升 IMNGA 模型的多视图聚类性能。另外，IMNGA 在一定的参数空间范围内取得了很好的性能，这说明它在一定程度上对参数 λ_1，λ_2 不敏感；这也证明了公共特征表示可以在没有协同正则化约束的情况下保留多视图样本间的局部图结构信息。

图 7-8 和图 7-9 所示分别为 IMNGA 在 3 Sources 和 Cornell 数据集上使用不同的 λ_3，α 值的性能变化。由图 7-8 和图 7-9 可以看出：① 与 λ_1，λ_2 相比，正则化参数 λ_3 对模型性能更显著，这说明缺失图补全机制可以有效地重构每个视图上的缺失图结构，并能有效地提升模型性能；② 正则化参数 α 也会影响 IMNGA 的性能，这说明不完整图重构可以为完整图重构提供互补信息。

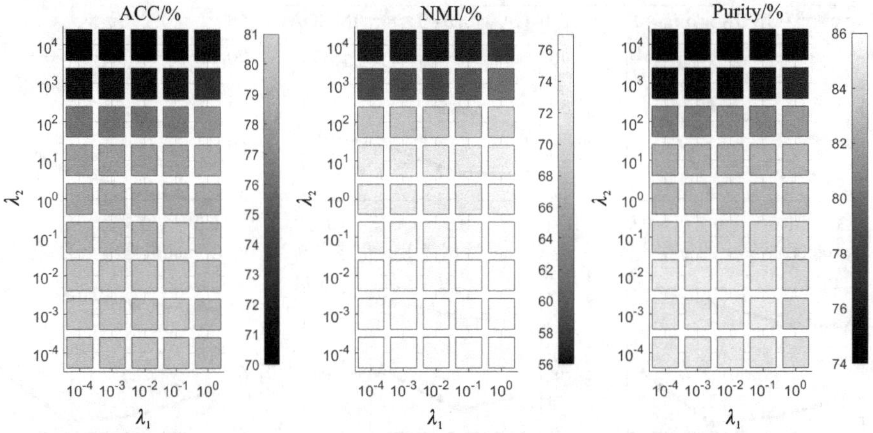

(a) 模型在10%缺失比例的数据集上的性能表现

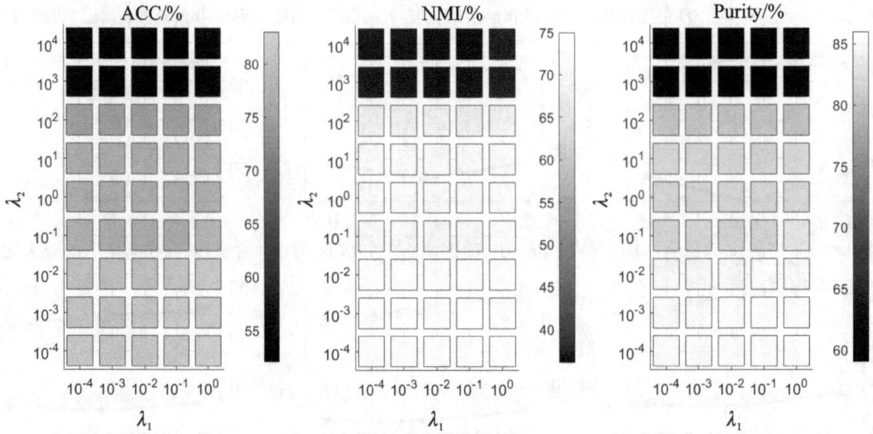

(b) 模型在30%缺失比例的数据集上的性能表现

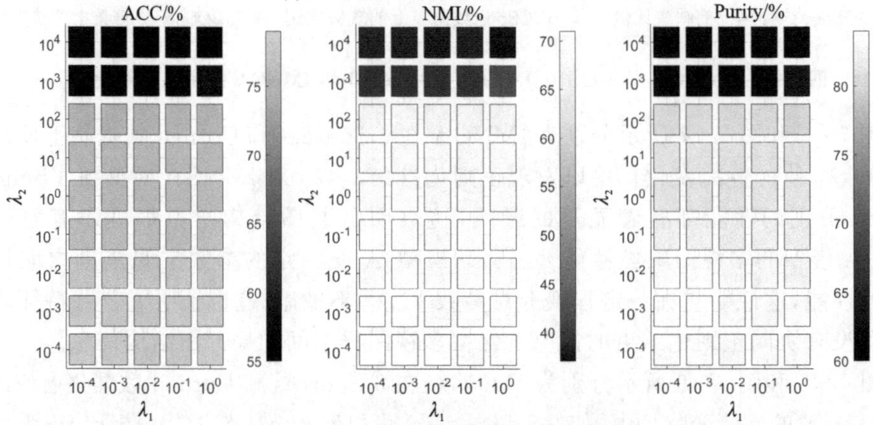

(c) 模型在50%缺失比例的数据集上的性能表现

图 7-6　IMNGA 模型在 3 Sources 数据集上使用不同的 λ_1, λ_2 值的性能变化

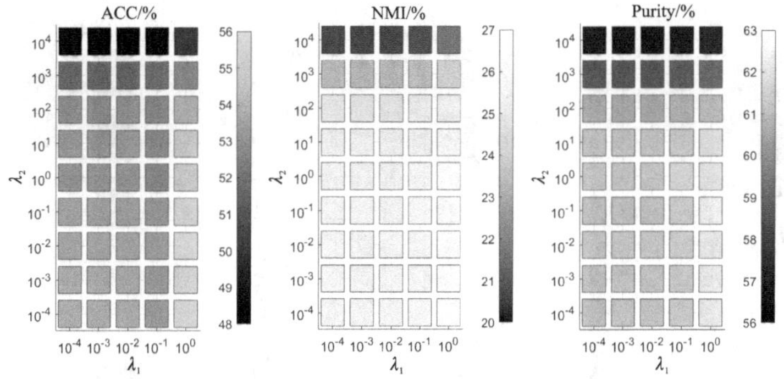

(a) 模型在30%完整比例的数据集上的性能表现

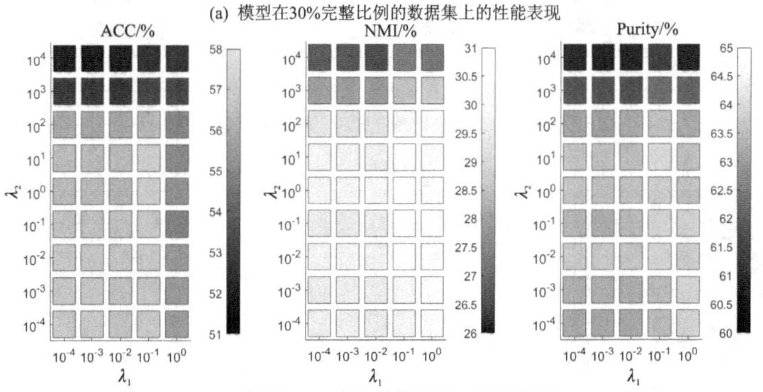

(b) 模型在50%完整比例的数据集上的性能表现

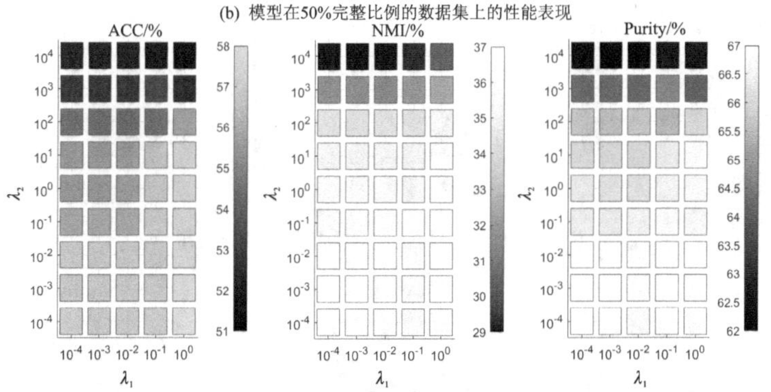

(c) 模型在70%完整比例的数据集上的性能表现

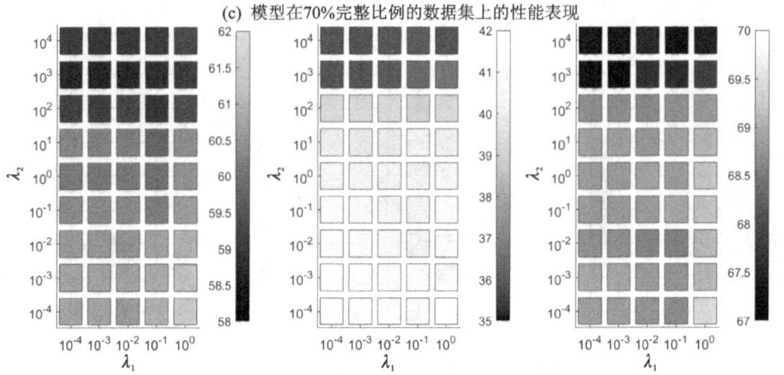

(d) 模型在90%完整比例的数据集上的性能表现

图 7-7　IMNGA 模型在 Cornell 数据集上使用不同的 λ_1，λ_2 值的性能变化

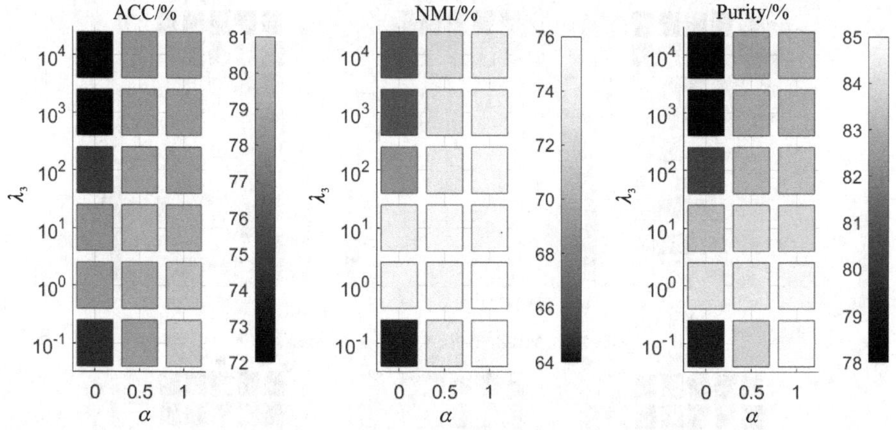

(a) 模型在10%缺失比例的数据集上的性能表现

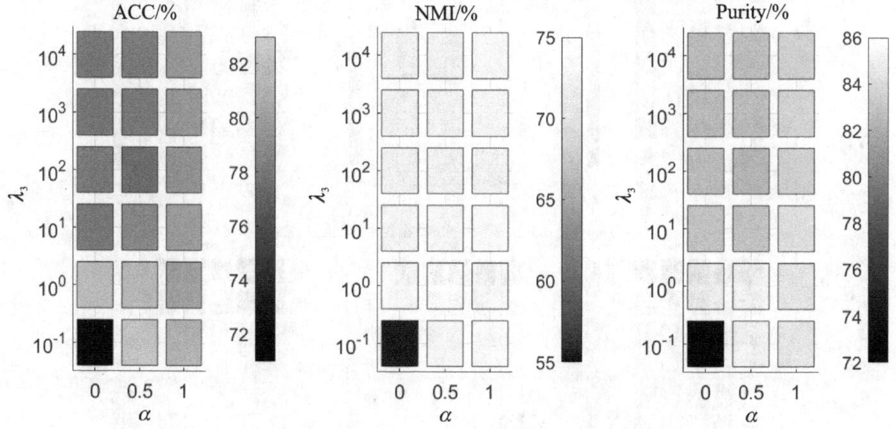

(b) 模型在30%缺失比例的数据集上的性能表现

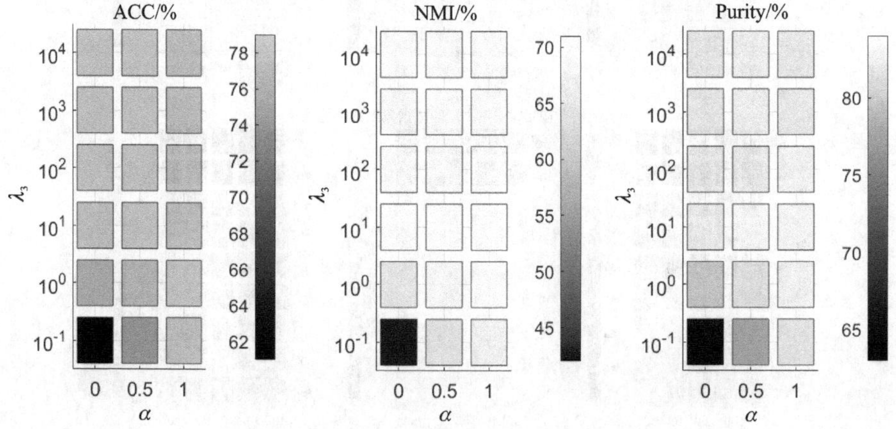

(c) 模型在50%缺失比例的数据集上的性能表现

图 7-8 IMNGA 模型在 3 Sources 数据集上使用不同的 λ_3, α 值的性能变化

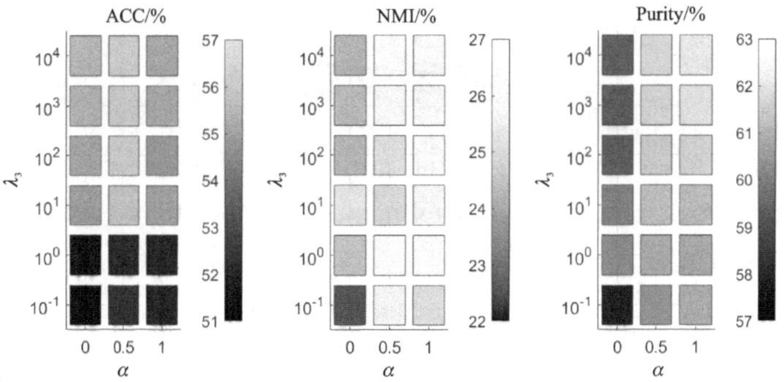

(a) 模型在30%完整比例的数据上的性能表现

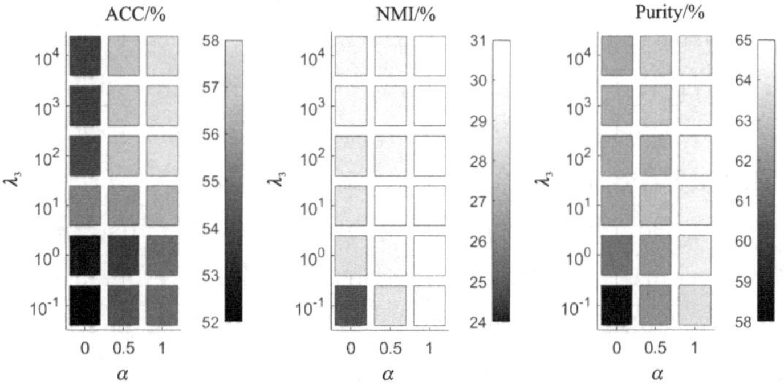

(b) 模型在50%完整比例的数据集上的性能表现

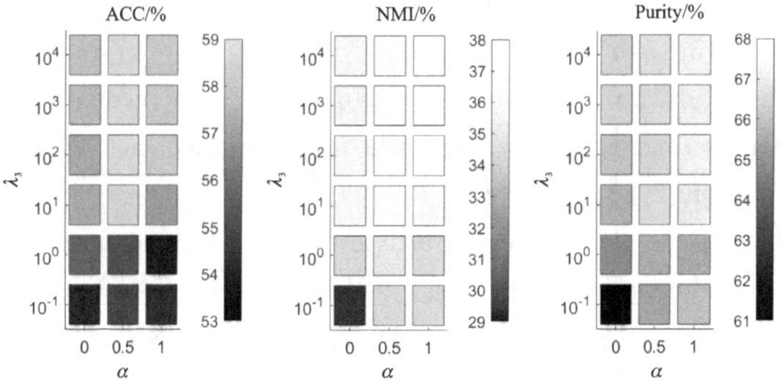

(c) 模型在70%完整比例的数据集上的性能表现

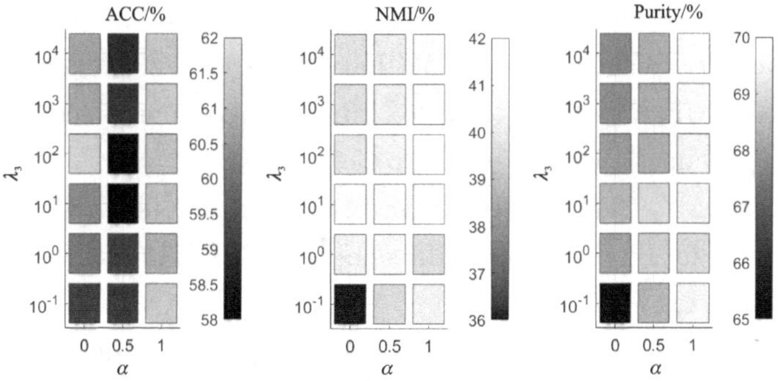

(d) 模型在90%完整比例的数据集上的性能表现

图 7-9　IMNGA 模型在 Cornell 数据集上使用不同的 λ_3, α 值的性能变化

参考文献

[1] Li S Y，Jiang Y，Zhou Z H. Partial multi-view clustering[C]//Proceedings of AAAI Conference on Artificial Intelligence. Québec City：AAAI Press，2014，28(1)：1969-1974.

[2] Shao W，He L，Yu P. Multiple incomplete views clustering via weighted non-negative matrix factorization with L2，1 regularization[C]//Proceedings of Joint European Conference on Machine Learning and Knowledge Discovery in Databases. Porto：Springer，2015：318-334.

[3] Shao W，He L，Lu C，et al. Online multi-view clustering with incomplete views[C]//Proceedings of IEEE International Conference on Big Data. Washington：IEEE，2016：1012-1017.

[4] Hu M，Chen S. Doubly aligned incomplete multi-view clustering[C]//Proceedings of International Joint Conference on Artificial Intelligence. Stockholm：ijcai.org，2018：2262-2268.

[5] Hu M，Chen S. One-pass incomplete multi-view clustering[C]//Proceedings of AAAI Conference on Artificial Intelligence. Honolulu：AAAI Press，2019，33(1)：3838-3845.

[6] Yin J，Sun S. Incomplete multi-view clustering with reconstructed views[J]. IEEE Transactions on Knowledge and Data Engineering，2021，1-14. DOI：10.1109/TKDE.2021.3112114.

[7] Sun S，Zhang N. Incomplete multiview representation learning with graph completion and adaptive neighbors[J]. IEEE Transactions on Neural Networks and Learning Systems，2022，1-15. DOI：10.1109/TNNLS.2022.3201562.

[8] Zhang N，Sun S. Incomplete multiview nonnegative representation learning with multiple graphs [J]. Pattern Recognition，2022，123：108412.

[9] Rai N，Negi S，Chaudhury S，et al. Partial multi-view clustering using graph regularized NMF[C]//Proceedings of International Conference on Pattern Recognition. Cancun：IEEE，2016：2192-2197.

[10] Wen J，Zhang Z，Zhang Z，et al. Generalized incomplete multiview clustering with flexible locality structure diffusion[J]. IEEE Transactions on Cybernetics，2021，51(1)：101-114.

[11] Wen J，Yan K，Zhang Z，et al. Adaptive graph completion based incomplete multi-view clustering[J]. IEEE Transactions on Multimedia，2020，23：2493-2504.

[12] Zhao H, Liu H, Fu Y. Incomplete multi-modal visual data grouping[C]//Proceedings of. International Joint Conference on Artificial Intelligence. New York: IJCAI/AAAI Press, 2016: 2392-2398.
[13] Wen J, Zhang Z, Xu Y, et al. Incomplete multi-view clustering via graph regularized matrix factorization[C]//Proceedings of the European Conference on Computer Vision Workshops. Munich: Springer, 2018: 593-608.
[14] Wen J, Xu Y, Liu H. Incomplete multiview spectral clustering with adaptive graph learning[J]. IEEE Transactions on Cybernetics, 2020, 50(4): 1418-1429.

第 8 章
总结与展望

8.1 总　结

随着计算机和信息技术的发展，当今数据越来越呈现出多源异构特性，具有多种不同表示的多视图数据大量涌现。多视图数据不同视图间既具有内在联系又存在差异，因此，充分、合理地利用多视图数据中的信息是提升多视图学习性能的关键。如何以多视图数据为基础，探索多视图联合学习机制，构建高效、动态、联合的表示学习模型已成为当前模式识别与机器学习领域的重要研究课题。本书以多视图表示学习思想为潜在主线，从基本概念到典型模型与算法再到具体多视图场景上的应用，循序渐进地对面向多视图数据融合的表示学习展开介绍，总结如下：

① 从基本概念与典型学习系统两个角度介绍了多视图表示学习。多视图表示学习模型能够从多视图数据中挖掘不同视图间的关联性与每个视图内的知识，从而发现多视图数据的规律并找到更好的数据表达。在多视图表示学习模型中，常见的两种假设是视图一致性假设和公共特征表示假设。从视图一致性假设或者公共特征表示假设出发，多视图表示学习系统在实际应用领域中普遍存在，如多模态生物特征识别、多传感器融合的自动驾驶、基于图像的多模态机器翻译。

② 多视图表示学习基础，包括视图一致性度量方法和多视图表示融合方法。在视图一致性度量方法中，不同视图的数据经过各自视图上的特征映射函数或标注函数能得到一致的特征表示，并且视图一致性可以通过视图间的相似性或相关性来度量。多视图表示融合方法能够根据每个视图的特征表示或图结构学习多个视图的公共表示或者公共图结构，并且多视图表示融合可以划分成基于图的方法和基于神经网络的方法。

③ 多视图受限玻耳兹曼机模型，包括后验一致性受限玻耳兹曼机模型与后验一

致性和领域适应受限玻耳兹曼机模型。后验一致性受限玻耳兹曼机模型针对每个视图建立受限玻耳兹曼机模型,并确保不同视图上隐藏层特征之间的一致性。在后验一致性受限玻耳兹曼机模型的基础上,后验一致性和领域适应受限玻耳兹曼机模型考虑到每个视图的特定信息,将每个视图上的受限玻耳兹曼机模型的隐藏层分成两部分:一部分包含不同视图之间的一致性信息,另一部分包含该视图特有的信息。

④ 基于图结构的多视图玻耳兹曼机模型,包括基于近邻正则化的图受限玻耳兹曼机模型和基于样本间图结构的多视图玻耳兹曼机模型。在传统图受限玻耳兹曼机模型的基础上,基于近邻正则化的图受限玻耳兹曼机模型根据样本自身和样本邻域确定每个样本的隐藏表示学习数据间的图结构信息,并将每个样本的邻域信息视为固定值以处理更大规模的数据。接着,基于样本间图结构的多视图玻耳兹曼机模型将视图一致性和互补性原则引入基于近邻正则化的图受限玻耳兹曼机模型,其继承了结构图学习和多视图生成模型的优点。

⑤ 基于多视图关键子序列的多元时间序列表示学习模型。多元时间序列聚类的目标是发现多个变量之间的相关性并将多元时间序列数据划分为多个子集,但大多数现有的多元时间序列聚类工作都无法找到关键多元子序列。针对无监督关键子序列学习问题,基于自适应近邻的无监督关键多元子序列学习模型可以进行关键多元子序列、样本间的局部图结构和伪标签的联合学习。接着,基于自适应近邻的多视图无监督关键多元子序列学习模型继承了无监督关键多元子序列学习方法和基于自适应近邻的多视图聚类方法的优点,把不同长度的关键多元子序列学习到的特征视为不同视图,并使用多视图自适应近邻聚类模型来指导关键多元子序列的更新。

⑥ 面向视图缺失场景的不完整多视图非负表示学习模型。传统多视图聚类方法的一个重要假设是实例的所有视图都应该是完整的,但在许多现实世界的多视图任务中许多实例都缺乏部分视图。针对这一问题,不完整多视图非负表示学习模型利用每个单独的不完整视图的邻域结构来构建多个相似图,并将这些图分解为一致性非负特征和视图私有的图特征。此外,不完整多视图非负表示学习模型还使用额外的图正则化项来约束一致性非负特征,以便学习到的一致性非负特征可以保留更多的图结构信息。

⑦ 基于图补全和自适应近邻的不完整多视图表示学习模型。基于图补全和自适应近邻的不完整多视图表示学习模型在不完整多视图非负表示学习模型的基础上考虑缺失图补全和一致性图结构学习,进行缺失图补全、公共图结构和公共特征表示的联合学习。此外,该模型将每个视图上的完整图结构和不完整图结构分解为一致性非负特征和两个视图私有表示,其中一致性非负特征还需要满足公共图的正则化约束。通过这种方式,该模型能够充分利用来自可用视图和缺失视图的信息来学习具有表现力的一致性非负特征。

8.2 研究前沿及展望

本书主要侧重描述一些重要的表示学习模型与方法，这里对多视图融合的表示学习前沿进行展望，以帮助读者对多视图融合的表示学习有个全面的认识。

8.2.1 可信多视图表示学习

随着人工智能应用的广度和深度不断拓展，其应用领域的风险与隐患也不断显现，比如算法安全导致的信用风险，黑箱模型导致算法不透明，数据歧视导致智能决策偏见，系统决策复杂导致责任事故主体难以界定等。多视图表示学习亦是如此，人工智能在这些应用中出错是因为这些突发的场景不在机器的训练范围。可信多视图表示学习模型应当可以应对人为恶意攻击干扰和其他意外情况，公平地对待每一个人且不包含任何歧视和偏见，能够学习得到可解释性的多视图数据融合的特征表示。

1. 鲁棒多视图表示学习

传统机器学习中的鲁棒性可以表现在两个方面：一方面是数据在收集过程中包含噪声或者标签是错误的；另一方面是训练样本和测试样本的分布不一致，出现数据漂移现象。多视图学习也会如此，其面临的问题与传统机器学习略有不同。多视图学习的鲁棒性可能不出现在所有视图上，部分视图可能会出现噪声数据或者数据漂移问题。因此，多视图学习的鲁棒性可以参考传统机器学习方法，并依据多视图数据的特性(即不同的视图通常包含一致性信息和互补的数据信息)设计算法，以提升模型的鲁棒性。

针对带噪声的数据，传统机器学习模型可以对噪声分布建模，将带噪声的数据分解成干净数据和噪声，根据训练数据学习得到数据分布和噪声分布。对抗攻击也是提升模型鲁棒性的手段，通过在训练过程中构建对抗数据(即人为添加不易察觉的扰动噪声从而得到欺骗的分类结果)提升模型对人为攻击的鲁棒性。鲁棒多视图表示学习模型可以学习每个视图上的数据分布和噪声分布，并利用不同视图间的一致性对每个视图数据分布对应的特征表示添加约束，从而学习得到更为鲁棒的特征表示。鲁棒多视图表示学习模型也可以在多视图数据上生成对抗视图，添加在多视图表示学习算法的训练过程中，提升多视图表示学习算法对人为攻击的鲁棒性。针对带噪声标签的数据，传统机器学习模型往往通过构建损失函数或者通过学习对数据清洗的策略消除噪声标签的影响。鲁棒多视图表示学习模型可以将视图一致性假设或公共特征表示假设与这两种策略结合学习得到多视图数据融合的特征表示。

针对数据漂移问题，对抗自编码网络、元学习、因果学习等机器学习方法都可以处理这个问题，但它们基本上都要求训练数据由多个不同的分布组成或知道测试数据的分布。对抗自编码网络可以通过训练对抗分类器来判断是否发生漂移以及哪些特征发生了漂移，进而删除发生漂移的特征来保证模型在新数据上的效果，也可以通过多个分布的生成学习得到分布间一致的特征表示，进而将编码网络学习测试数据的特征表示。元学习针对不同的分布采用同一个网络提取特征，从包含不同分布的训练数据上学习得到通用的特征提取网络用于处理测试数据。因果学习就是从多个分布上推理得到哪些关键变量直接导致决策的，即使测试分布差异也可以依据这些关键变量学习得到稳定的因果特征表示用于决策。鲁棒多视图表示学习模型可以将多视图数据的特性与上述模型结合在一起处理数据漂移问题。

2. 公平多视图表示学习

机器学习的技术越来越多地应用于社会的各个领域来帮助人们进行决策，其潜在的影响力已经变得越来越大，特别是在具有重要影响力的领域，例如自动驾驶、犯罪预测。因此，机器学习中的公平性与我们的社会生活息息相关。机器学习是基于数据学习得到的，如果数据本身是有偏见的，那么训练得到的模型可能会伤害到少数群体。通常来说，算法公正包含两方面：一方面是个体的公正，另一方面是群体的公正。公平机器学习方法通常可以通过构造损失函数或对数据加权学习得到与敏感属性无关的特征以供后续任务使用。如果多视图数据中一个视图包含敏感属性，其他视图也可能暗含敏感属性的歧视信息。公平多视图表示学习模型在处理带敏感属性的多视图数据在利用视图一致性假设或公共特征表示假设学习特征时，也可以通过对数据加权或构造损失函数学习得到与敏感属性无关的多视图一致性特征或公共特征。

3. 可靠多视图表示学习

多视图表示学习模型用来整合不同视图上的信息学习得到一致性特征或公共特征，其中关键是如何保障学习得到的特征表示比任一视图的特征上更有效。例如，一组多视图数据由两个视图组成，如果每个视图的数据单独训练分类准确率分别是 95%和 90%，那么如何保证多视图表示学习模型的分类准确率大于 95%。可以通过视图一致性假设学习更为可靠的多视图表示，也可以通过因果模型学习每个视图上的关键变量，并利用这些变量学习更为可靠的公共表示。另外，如果同一样本的两个视图学习得到的特征对应不同类如何决策。例如，一个自动驾驶系统包含两个视图——可见光图像和激光雷达，它对卡车的白色车身的感知决策分别是蓝天（白色车身的可见光图像的特征对应的标签）和障碍物（白色车身的激光雷达的特征对应的标签）。这时，对于一个样例的不同视图学习得到的特征表示在做决策时需要先对每个视图的特征进行不确定性打分，然后对不同视图的特征表示进行组合得到样例的公共特征表示或标签。

8.2.2 面向视图缺失场景/视图不对齐场景的多视图表示学习

随着信息技术的快速发展，当今数据越来越呈现出多源异构特性，具有多种不同表示的多视图数据大量涌现。然而在多视图数据的收集过程中，由于受到收集的难度、高额成本或设备故障等问题的影响，收集到的多视图数据往往会出现部分视图缺失或视图不对齐等问题，并且这些问题往往会导致现有的多视图表示学习方法无法处理这类数据。面向缺失场景/视图不对齐场景的多视图表示学习应当可以在视图缺失场景下实现多视图表示的学习，甚至能够生成数据中缺失的视图，应当能够实现自适应地发现不对齐的多视图数据并自动匹配得到对齐的多视图数据，与此同时实现缺失视图生成的多视图数据/对齐的多视图数据的特征表示学习。

1. 面向视图缺失场景的多视图表示学习

传统的多视图学习方法并不适用于视图缺失场景，直接的策略：一是只利用完整的多视图数据训练多视图模型，这样则会舍弃掉大量的缺失视图的数据并丢失大量数据信息；二是对每个视图上的数据单独训练，并在决策时融合不同视图的决策，这会导致在训练时忽略视图间的一致性和互补性信息；三是按照视图缺失情况对数据分组，各自数据单独训练，这会导致各组数据间的信息无法交换致使无法充分挖掘各视图间的关系，并且在视图数量多时导致分组复杂。因此，处理视图缺失场景最为合适的方法是针对这类数据设计模型挖掘数据间的关系。目前，面向视图缺失场景的多视图表示学习可以根据是否生成缺失视图分为两种：基于可用视图的多视图表示学习模型和生成缺失视图的多视图表示学习模型。基于可用视图的多视图表示学习模型需要将缺失视图的结构引入现有的多视图表示模型上，充分挖掘可用视图间的关系和不同多视图样例的关系学习得到多视图数据的特征表示。生成缺失视图的多视图表示学习模型往往利用不同视图学习得到样例的公共特征表示，利用同一视图的数据学习得到缺失视图到公共特征的映射关系，并且将生成缺失视图融入多视图数据特征的学习过程中，同时完成缺失视图的生成和多视图数据特征的学习。

2. 面向视图不对齐场景的多视图表示学习

视图不对齐场景是指已知的多视图样例中有部分或未知数量的多视图样例与对应的所有视图是不匹配的，其比视图缺失场景更为复杂。如果无法确定哪些数据存在视图不匹配并将它们重新匹配，那么传统的多视图表示学习模型就不能适用该类型数据。目前，面向视图不对齐场景的多视图表示学习的研究工作还不多，还需要学者解决这类问题。如果视图不对齐场景中已知部分数据是对齐的，那么一种直接的方案是分两步处理视图不对齐的多视图数据：首先预处理不对齐的数据得到高期望对齐的数据，然后将对齐的多视图数据传递到传统的多视图表示学习模型中来学习特征表示。然而，这种两阶段学习范式的性能是次优的，理想的做法是利用数据中的已知对应关系学习不同视图间的对应关系，进行多视图数据的对齐和多视图特征表示的联合学习。